工业和信息化精品系列教材

网络技术

Network Technique

软件定义网络 (SDN) 基础教程

刘江 黄韬 魏亮 杨帆 ◉ 主编

人民邮电出版社

北 京

图书在版编目（CIP）数据

软件定义网络（SDN）基础教程 / 刘江等主编. --
北京 ：人民邮电出版社，2022.7
工业和信息化精品系列教材. 网络技术
ISBN 978-7-115-59172-2

Ⅰ．①软… Ⅱ．①刘… Ⅲ．①计算机网络－高等职业
教育－教材 Ⅳ．①TP393

中国版本图书馆CIP数据核字(2022)第067197号

内 容 提 要

本书较全面地介绍了软件定义网络（SDN）的基础知识。全书共 7 章，分别介绍 SDN 基础知识、
SDN 仿真环境、SDN 数据平面、SDN 控制平面、SDN 接口协议、SDN 基础应用开发和 SDN 综合应
用开发。除理论知识的讲解外，书中还设置了对应的实验环节，各章节均配备本章练习模块。旨在通
过理论、实践和练习，不断强化和巩固读者所学内容。

本书可以作为高职高专计算机相关专业软件定义网络课程的教材，也可以作为广大网络开发者和
计算机网络爱好者的自学用书。

◆ 主　编　刘 江 黄 韬 魏 亮 杨 帆
　　责任编辑　郭　雯
　　责任印制　王　郁　焦志炜
◆ 人民邮电出版社出版发行　　北京市丰台区成寿寺路 11 号
　　邮编　100164　电子邮件　315@ptpress.com.cn
　　网址　https://www.ptpress.com.cn
　　山东华立印务有限公司印刷
◆ 开本：787×1092　1/16
　　印张：13.5　　　　　　　2022 年 7 月第 1 版
　　字数：370 千字　　　　　2025 年 1 月山东第 9 次印刷

定价：49.80 元

读者服务热线：(010)81055256　印装质量热线：(010)81055316
反盗版热线：(010)81055315
广告经营许可证：京东市监广登字 20170147 号

前言 PREFACE

当前正在运行的 Internet 架构从 ARPANet 诞生开始已经有 50 多年的历史。随着网络规模的继续扩大和业务类型的不断丰富，Internet 的架构和功能也日趋复杂，网络管控难度日渐增加，网络新功能难以快速部署，这促使人们重新思考网络架构的设计。软件定义网络（SDN）的提出与兴起为未来网络的发展提供了一个可行的方向。

SDN 之所以是一种革新的技术，是因为它打破了传统网络架构的设计理念。它一方面实现了控制平面与数据平面相分离，另一方面开放了网络可编程功能，从而提高了网络的灵活性和按需管控能力，可以显著提升新型网络业务的部署能力。在 SDN 架构下，许多当前网络难以有效支撑的新业务，如大带宽的全息、AR/VR、4K/8K，低时延的工业互联网、车联网，海量连接的物联网等，都有机会由理想逐渐转化为现实。

本书首先对当前 SDN 的定义、仿真环境搭建进行了介绍；然后对 SDN 进行了自下而上分层讲解，分别介绍了 SDN 数据平面、SDN 控制平面和 SDN 接口协议；最后介绍了 SDN 基础应用开发及 SDN 综合应用开发。

本书主要特点如下。

（1）实际项目开发与理论教学紧密结合。为了使读者快速地掌握相关技术并按实际项目开发要求熟练运用所学内容，本书在重要知识点后面根据实际项目设计了相关实验，注重理论知识的实用性和实验的可操作性。

（2）合理、有效地组织。本书由浅入深，先快速讲解总体概念，再深入讲解具体内容，最后讲解综合实验，按照层次的关系来介绍 SDN 的知识。

（3）内容充实、覆盖全面。本书的内容紧紧围绕理论知识和实验，尽可能全方位地介绍 SDN 领域的相关知识与操作实践。

本书的参考学时为 48~64 学时，建议采用理论实践一体化教学模式，各章的参考学时见下面的学时分配表。

学时分配表

章	课程内容	学　时
第 1 章	SDN 基础知识	6~8
第 2 章	SDN 仿真环境	6~8
第 3 章	SDN 数据平面	6~8
第 4 章	SDN 控制平面	6~8
第 5 章	SDN 接口协议	6~8
第 6 章	SDN 基础应用开发	8~10
第 7 章	SDN 综合应用开发	8~12
	课程考评	2
学时总计		48~64

　　本书由刘江、黄韬、魏亮、杨帆担任主编，李深昊、周宇柯、熊婷、王颖、高宁捷、张俊周、郑尧、黄玉栋、曾诗钦、周洪利、黄娟、崔丽娴参与编写。

　　由于编者水平和经验有限，书中难免有不足和疏漏之处，恳请读者批评指正。

编　者

2021 年 7 月

目录 CONTENTS

第 1 章

SDN 基础知识

第 2 章

SDN 仿真环境

第1章
SDN基础知识

01

软件定义网络（Software Defined Network，SDN）是由美国斯坦福大学 Clean Slate 项目组提出的一种新型网络架构。其核心技术 OpenFlow 通过将网络设备的控制平面与数据平面相分离，实现了网络流量的灵活控制，为网络智能化奠定了基础，也为网络技术及应用的创新提供了良好的平台。本章从整体角度上对 SDN 技术进行了分析，包括 SDN 的发展历程、定义、特征等内容，使读者对 SDN 技术有一个总体的了解。

知识要点

1. 了解SDN的发展历程。
2. 熟悉SDN的基础定义与架构模型。
3. 掌握SDN的两大特性。

1.1 SDN 概述

在 20 世纪 60 年代特定的历史背景下，美国国防部于 1969 年启动了计算机网络开发计划，即高级研究计划署网络（Advanced Research Projects Agency Network，ARPANet），这一网络最初连接了美国加利福尼亚大学洛杉矶分校、斯坦福大学、加利福尼亚大学圣塔芭芭拉分校以及犹他州立大学的几台大型计算机。虽然开始时规模很小，但是 ARPANet 的成功运行使计算机网络的概念发生了根本变化，同时标志着现代互联网的诞生。1974 年，国际标准化组织（International Organization for Standardization，ISO）发布了著名的 ISO/IEC 7498 标准，首次提出并定义了网络分层模型设计思想，也就是我们所熟知的开放系统互连（Open System Interconnection，OSI）7 层参考模型。同年 12 月，斯坦福大学的 Vinton G. Cerf 和 Robert E. Kahn 一起领导的研究小组提出了传输控制协议/互联网协议（Transmission Control Protocol/Internet Protocol，TCP/IP），实现计算机网络互连，以互连具有不同协议的网络，从而使构建大规模数据分组网络成为可能。1983 年，ARPANet 宣布将过去的通信协议——网络控制协议（Network Control Protocol，NCP）向 TCP/IP 过渡。1984 年，欧洲核子研究中心（CERN）的 Tim B. Lee 博士为解决由于 CERN 主机不兼容而无法共享文件的问题，提出了开发一个分布式系统的设想。1991 年夏，Tim B. Lee 利用超文本标记语言（Hypertext Markup Language，HTML）、超文本传送协议（Hypertext Transfer Protocol，HTTP）成功编制了第一个局部存取浏览器 Enguire，从此 Web 应用开始"起飞"，随后通过不断演进最终形成了著名的万维网（World Wide Web，WWW）技术。1996 年，随着万维网的大规模应用，互联网（Internet）一词广泛流传。之后 10 年，互联网基于"细腰"的设计理念成功容纳了各种不同的底层网络技术和丰富的上层应用，迅速风靡全世界。

可以看到，互联网最初设计的目标是要把分散的计算机连接起来，以达到资源共享的目的。在互联网发展的初期，一所大学、一家研究机构或者企业都能够把自己的计算机资源通过网络组织起来形成私有的网络，这个网络只为自己的小规模研究或者给员工提供辅助性服务。随着业务量的增长和数据中心的不断扩大，服务器的计算能力与最初的计算机相比提高了成百上千倍，但计算资源往往难以得到充分的利用。如果一台服务器只处理少量任务，或者有大量空闲时间没有操作系统的任务执行，显然是对计算资源的一种浪费，于是有研究者提出了一种新的技术设想——虚拟化。虚拟化技术的核心思想是希望能够实现在一台真实的物理机上创建多个虚拟的逻辑主机，每个逻辑主机都有自己的网卡、主板等虚拟设备，这些虚拟设备能够高效地复用真实物理设备，从而极大地提高物理基础设施资源的利用率。同时，为便于用户使用各逻辑资源，还特别强调灵活性和隔离性，即各台逻辑主机可以支持不同的操作系统，能够并行运行且互不干扰。正是由于上述这些技术特点，在随后几年中，虚拟化技术凭借种种优势逐步成了信息技术领域的热点之一。

从网络技术发展的角度来看，从 20 世纪 70 年代开始到现在，随着业务和应用的不断丰富与发展，用户对互联网提出的要求也在不断变化。网络最初设计的目标只是实现单纯的端到端数据传送，IP 地址数据分组主要包含源主机和目的主机的网络地址，互联网中几乎所有的流量都是建立在 TCP/IP 架构之上的。尽管设备性能有了飞跃性的提高，但网络本身的架构没有什么突破性的变化。随着网络中传输的流量越来越大，业务应用对网络的要求越来越高，传统的依靠端到端连接和尽力而为路由转发的网络架构，越来越难以满足可靠性、灵活性、服务质量保障等日益出现的新需求。

近年来，为了加快网络技术的创新发展，研究者们建设了一系列大规模网络实验基础平台，如美国 PlanetLab 和 Emulab，希望在此之上运行新的协议进行网络创新。2005 年，美国国家自然科学基金会（National Science Foundation，NSF）进一步资助启动了全球网络创新实验环境（Global Environment Networking Innovations，GENI）计划。从 2006 年开始，斯坦福大学研究生 Martin Casado 参与了 Clean Slate 项目，并着手领导了一个叫作 Ethane 的项目，该项目的最初目标是提出一个新型的企业网络架构，希望通过集中式控制来简化管理模型，并为企业网提供更高的安全性。因此，Ethane 的最初设计是允许网络管理员定义一个全网的安全策略，这些策略自动下发给各个交换机，以指导其处理网络流量。Ethane 项目最早部署了一个由 1 台控制器和 19 台交换机组成的实验环境，用于管理 300 个有线用户和一些无线用户的流量。随后，在 2007 年的 SIGCOMM 会议上，Martin Casado 发表了一篇名为 *Ethane*：*Taking Control of the Enterprise* 的论文，该论文引起了学术界的广泛关注。在 Ethane 的系统架构中，控制与转发完全解耦，控制器可通过 Pol-Ethane 语言向交换机分发策略，可以说 Ethane 包含了 SDN 早期的思想，也是 SDN 技术的雏形。

2007 年，Martin Casado 联合 Nick McKeown、Scott Shenker 等人共同创建了一家致力于网络虚拟化技术创新的公司——Nicira。2008 年，Nick McKeown 在 SIGCOMM 会议上发表了文章 *OpenFlow*：*Enabling Innovation in Campus Networks*，首次提出了将 OpenFlow 协议用于校园网络的试验创新。OpenFlow 开始正式进入人们的视野，SDN 呼之欲出。OpenFlow 协议是为了简化 Ethane 项目中的交换机设计而被提出的，它是控制平面和数据平面之间的一个交互协议，使控制和转发完全分离，从而使控制器专注于决策控制，而交换机完全专注于转发工作。OpenFlow 协议使网络具有高度的灵活性和强大的可编程能力。它获得了 2008 年和 2009 年的 SIGCOMM 最佳演示奖，被美国麻省理工学院和多家咨询机构评选为信息领域未来十大技术之一，为 SDN 早期的发展注入了强劲动力，并成了后续 SDN 领域备受关注的核心技术之一。

2011 年初，Google 等企业共同成立了开放网络基金会（Open Networking Foundation，ONF），并正式提出了 SDN 的概念。ONF 致力于推动 SDN 架构、技术的规范和发展工作。同年4 月，美国印第安纳大学、斯坦福大学 Clean Slate 计划工作组与 Internet2 联合发起了网络开发与部署行动计划（Network Development and Deployment Initiative，NDDI），旨在创建一个基于 SDN 的网络创新试验平台，以支持全球科学研究。NDDI 将提供一项名为"开放科学、学问与服务交流（Open Science，Scholarship and Services Exchange，OS3E）"的 Internet 服务，并通过与加拿大的 CANARIE、欧洲的 GÉANT、日本的 JGN-X 以及巴西的 RNP 等国际合作伙伴的实验平台协作，实现了与北美洲、欧洲、亚洲以及南美洲的互连。

SDN "大潮"的迅猛来袭，迫使传统网络设备厂商重新思考其未来的发展战略。2013 年 4 月，由 Cisco、Juniper、Broadcom、IBM 等公司主导的 SDN 开源控制器平台项目——OpenDaylight，引发了 IT 界一次巨大的震动。OpenDaylight 旨在促进 SDN 技术交流和产业化开源，提供开源代码和架构以推动标准化/健壮性的 SDN 控制器平台的发展演进。OpenDaylight 项目的成立对 SDN 技术的发展具有里程碑式的意义，它代表了传统网络芯片、设备 "巨头"对网络领域开源技术方向的认可。

在 2013 年 8 月的 SIGCOMM 会议上，Google 公司首次将其如何利用 SDN 技术解决数据中心之间流量问题的方案通过论文公之于众——B4: Experience with a Globally-Deployed Software Defined WAN。鉴于这篇论文在 SDN 在实际应用场景分析上的重要贡献，最终获得了 SIGCOMM 2013 的最佳论文奖。Google 的 B4 网络作为 SDN 实际部署的一个成功的商业案例，引起了业界的广泛关注与思考，同时也使 SDN 技术名声大震。它向人们证明了，针对传统网络架构所面临的一系列棘手问题，SDN 具有提供解决方案的能力，同时也增强了业界对 SDN 技术可行性的信心。

随着 B4 在 Google 数据中心的成功落地与应用，如何利用 SDN 技术改造运营商网络成了新的探索目标。AT&T 发布了一个基于 SDN 的产品服务理念——按需服务（On Demand Service），用户可以自己来添加或改变网络服务类型，例如实时设定需要的网络速率，并付出相应的费用。按需服务从概念提出到试商用仅花了 6 个月。另外，我国三大运营商也分别进行了 SDN 的商用部署探索。2014 年 4 月，中国电信与华为联合宣布双方合作完成了全球首个运营商 SDN 商用部署，将 SDN 技术成功应用于数据中心网络。2014 年 8 月，中国移动与华为合作利用 SDN 技术完成了政企专线业务在分组传送网（Packet Transport Network，PTN）中的改造，大幅提升了运维效率及带宽利用率。同年，中国联通首次成功实现了 SDN IPRAN 的商用，初步实现了运维精简、业务可视、快速创新的目标。2015 年 9 月，中国联通发布了新一代网络架构 CUBE-Net 2.0 白皮书，目标是基于 SDN/NFV、云和超宽带技术实现网络重构。

在 SDN 操作系统方面，2014 年 12 月，由斯坦福大学和加利福尼亚伯克利分校 SDN 先驱共同创立的 ON.Lab，推出了新的 SDN 开源操作系统——开放网络操作系统（Open Network Operating System，ONOS）的首个版本。至此，OpenDaylight 与 ONOS 两大阵营形成。ONOS 是业界首个面向运营商业务场景的开源 SDN 控制器平台，旨在满足用户高可靠性、高灵活性的使用需求。与 OpenDaylight 由设备厂商主导不同，ONOS 主要由运营商和研究机构推动，主要致力于运营商大规模组网场景下的应用，同时重点支持设备的白盒化。这在一定程度上代表了运营商的利益，可以帮助其降低开支、提高服务效率。

通过回顾整个互联网的发展历史可以看到，网络从最初的端到端模型已经发展到今天诸如多租户数据中心等复杂的应用场景；用户需求从最初的单纯可达性到现在对服务质量、流量工程等多方面的需求；网络协议从最初的 TCP/IP 模型发展到了现在 TCP/IP 协议簇和上千种补丁协议。整个网络越来越复杂，但设备架构还是一如既往的封闭，缺少灵活性，难以跟上日益变化的应用需求。同时，由于设备门槛很高，核心技术掌握在少数大型公司手中，这就制约了新技术和新协议的部署与实施。在这一背景下，SDN 技术应运而生，其使命就是加快网络创新，推动网络架构从注重标准到注重实现转型，打破设备的封闭性，使整个网络更加开放，以适应不断更新的业务和应用需求。可以说 SDN 技术是网络发展到这一阶段的必然产物，它的迅速发展自然也在情理之中。

SDN 技术目前仍处于发展中，在协议和处理机制上仍有诸多需要改进和完善的地方，其概念和架构也没有统一明确的定义和设计，甚至网络控制、网络管理以及业务编排之间的界限也尚未完全定义清晰。后文中将重点介绍 ONF 对 SDN 的定义与架构，并通过分析其基本属性，使读者对 SDN 基本原理有进一步的理解和认识。

1.2　SDN 的定义和架构

本节介绍 SDN 的定义与架构，包括 SDN 与传统网络的区别，SDN 的数据平面、控制平面、应用平面、管理平面的功能，以及 SDN 的基本特性。

1.2.1　SDN 的定义

顾名思义，SDN 与传统网络的最大区别就在于它可以通过编写软件的方式来灵活定义网络设备的转发功能。在传统网络中，控制平面功能是分布式地运行在各个网络节点中的，如集线器（Hub）、交换机（Switch）、路由器（Router）等。因此，新型网络功能的部署需要所有相应网络设备升级，这导致网络创新往往难以落地。而 SDN 将网络设备的控制平面与转发平面分离，并将控制平面集中实现，这样新型网络功能的部署只需要在控制节点进行集中的软件升级，即可实现快速、灵活地定制网络功能。另外，SDN 架构还具有很强的开放性，它通过对整个网络进行抽象，为用户提供完备的编程接口，使用户可以根据上层应用个性化地定制网络资源来满足其特有的需求。由于其具有开放可编程的特性，SDN 有可能打破某些厂商对设备、协议以及软件等方面的垄断，从而使更多的人可以参与网络技术的研发工作。

根据业界对通用性的理解，可以将 SDN 定义为一种数据控制分离、软件可编程的新型网络架构，其基本架构如图 1-1 所示。SDN 采用了集中式的控制平面和分布式的转发平面，两个平面相互分离。控制平面利用控制-转发通信接口对转发平面上的网络设备进行集中式控制，并向上提供灵活的可编程能力，具备以上特点的网络架构都可以被认为是广义的 SDN 架构。

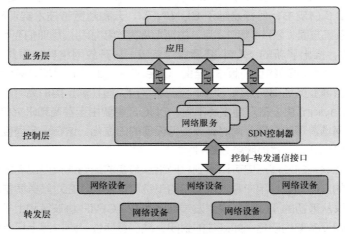

图 1-1　SDN 的基本架构

SDN 的数据控制分离如图 1-2 所示，控制平面（控制器）通过控制-转发通信接口对网络设备进行集中式控制（如虚线所示）；这部分控制信令的流量发生在控制器与网络设备之间（如实线箭头所示），独立于终端间通信产生的数据流量；网络设备通过接收控制信令生成转发表，并据此决定数据流量的处理，不再需要使用复杂的分布式网络协议来决策数据转发。

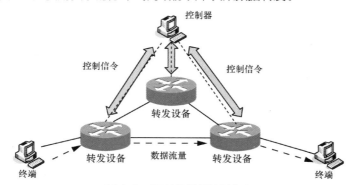

图 1-2　SDN 的数据控制分离

　　需要明确的是，SDN 并不是某一种具体的网络协议，而是一种网络体系框架，这种框架中可以包含多种接口协议。如使用 OpenFlow 等南向接口协议实现控制器与交换机的交互，使用北向应用程序接口（Application Programming Interface，API）实现应用与控制器的交互。这样就使得基于 SDN 的网络架构更加系统化，具备更好的感知与管控能力，从而推动网络向新的方向发展。

　　上述定义是目前业界对 SDN 技术的基本共识，当然，不同的标准化组织都有自己的参考架构，研究和关注的侧重点也各不相同。其中，最有影响力的 ONF 在 SDN 的标准化进程中占有重要地位，它所理解的 SDN 主要是从网络用户角度进行定义的，尤其强调未来的网络系统应能够根据业务需求，对底层网络资源进行灵活的定义与操作。ONF 对 SDN 核心架构进行了明确的定义，同时定义了完全开放的 SDN 南向接口协议——OpenFlow，并致力于推进其标准化。

1.2.2　SDN 的架构

　　目前，各大厂商对 SDN 架构都有自己的理解和认识，且都有自己独特的实现方式，这种多样性使得 SDN 充满活力。ONF 作为 SDN 最重要的标准化组织，自成立开始，就一直致力于 SDN 架构的标准化，它提出的架构对 SDN 的技术发展产生了很大影响。下面将首先分析 ONF 提出的 SDN 架构，力求使读者对架构中的几个组成部分有一个明确的理解，并对 SDN 技术有一个宏观的认识；然后详细介绍其他厂商的理念，使读者能够尽可能完整地了解业界对 SDN 技术的理解与思考。

　　图 1-3 给出了 ONF 定义的 SDN 架构。ONF 认为 SDN 的最终目标是为应用提供一套完整的编程接口，上层应用可以通过这套编程接口灵活地控制网络中的资源以及经过这些网络资源的流量，并能按照应用需求灵活地调度这些流量。由图 1-3 可以看到，ONF 定义的架构共由 4 个平面组成，即数据平面（Data Plane）、控制平面（Control Plane）、应用平面（Application Plane）以及右侧的管理平面（Management Plane）。各平面之间使用不同的接口协议进行交互，下面首先来介绍各平面的主要功能。

　　（1）数据平面

　　数据平面由若干网元（Net Element）构成，每个网元可以包含一个或多个 SDN 数据路径（SDN Datapath），是一个被管理的资源在逻辑上的抽象集合。每个 SDN 数据路径是一个逻辑上的网络设备，没有控制能力，只是单纯用来转发和处理数据的。它在逻辑上代表全部或部分的物理资源，可以包括与转发相关的各类计算、存储、网络功能等虚拟化资源。同时，一个网元应该支持多种物理连接类型（如分组交换和电路交换），支持多种物理和软件平台，支持多种转发协议。如图 1-3 所示，一个 SDN 数据路径包含控制－数据平面接口（Control Data Plane Interface，CDPI）代理、转发引擎（Forwarding Engine）表和处理功能（Processing Function）模块 3 个部分。

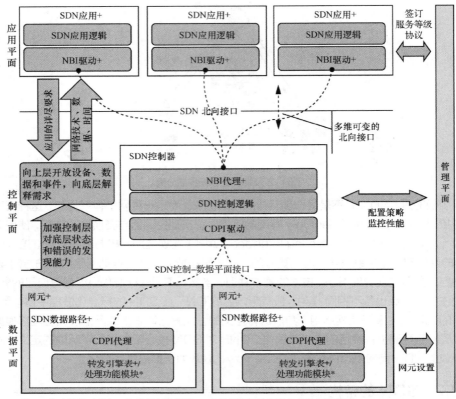

注：+表示此处可以有一个或多个该实例；*表示此处可以有零个或多个该实例。

图 1-3　ONF 定义的 SDN 架构

（2）控制平面

图 1-3 所示控制平面为 SDN 控制器（SDN Controller）。SDN 控制器是一个逻辑上集中的实体，它主要承担两个任务：一是将 SDN 应用层请求转发到 SDN 数据路径，二是为 SDN 应用提供底层网络的抽象模型（可以是状态，也可以是事件）。一个 SDN 控制器包含北向接口（Northbound Interface，NBI）代理、SDN 控制逻辑（Control Logic）以及控制-数据平面接口驱动 3 个部分。SDN 控制器只要求逻辑上完整，因此它可以由多个控制器实例协同组成，也可以是层级式的控制器集群。从地理位置上来讲，多个控制器实例既可以被部署在同一位置，也可以是多个实例分散在不同位置。

（3）应用平面

应用平面由若干用户需要的 SDN 应用（SDN Application）构成，它可以通过北向接口与 SDN 控制器进行交互，即这些应用能够通过可编程方式把需要请求的网络行为提交给控制器。一个 SDN 应用可以包含多个北向接口驱动（使用多种不同的北向 API），同时 SDN 应用可以对本身的功能进行抽象、封装来对外提供北向代理接口，封装后的接口就形成了更高级的北向接口。

（4）管理平面

管理平面主要负责一系列静态的工作，这些工作比较适合在应用、控制、数据平面外实现，例如，进行网元设置，指定 SDN 控制器，定义 SDN 控制器以及设定 SDN 应用的控制范围等。

在初步了解了几个平面的基本功能后，下面来看看数据平面、控制平面、应用平面和管理平面之间是如何通过接口协议进行协作的，以及需要共同支持哪些基本功能。不同平面之间的接口实现都由驱动（Driver）和代理（Agent）配对构成，其中代理表示运行在南向的、底层的部分，而驱动则表示运行在北向的、上层的部分。具体说明如下。

（1）SDN 控制-数据平面接口

SDN 控制-数据平面接口是控制平面和数据平面之间的接口。它提供的主要功能包括对所有转发行为进行控制、设备性能查询、统计报告、事件通知等。SDN 一个非常重要的价值就体现在 CDPI 实现上，CDPI 应该是一个开放的、与厂商无关的接口。

（2）SDN 北向接口

SDN 北向接口是应用平面和控制平面之间的一系列接口。它主要负责提供抽象的网络视图，并使应用能直接控制网络的行为，其中包含从不同层次对网络及功能进行的抽象。这个接口也应该是一个开放的、与厂商无关的接口。

从 ONF 对 SDN 架构的定义可以看到，SDN 架构下集中式的控制平面与分布式的数据平面是相互分离的。SDN 控制器负责收集网络的实时状态，将其开放并通知给上层应用，同时把上层应用翻译成更为底层、低级的规则或者设备硬件指令下发给底层网络设备。考虑到可扩展性、可靠性等问题，SDN 控制器可以不是物理上集中的，而是可以通过分布式的多个控制器实例协同工作来实现逻辑上的集中。通过 SDN 架构，控制策略建立在整个网络视图之上，而不再是传统的分布式控制策略，控制平面演变成了一个单一、逻辑集中的网络操作系统，这个操作系统可以实现对底层网络资源的抽象隔离，并在全局网络视图的基础上有效解决资源冲突与高效分配问题。

ONF 定义的 SDN 架构最突出的特点是标准化的南向接口协议，它希望所有的底层网络设备都能实现一个标准化的接口协议，这样控制平面和应用平面就不再依赖于底层具体厂商的交换设备。控制平面可以使用标准的南向接口协议来控制底层数据平面的设备，从而使任何使用这套标准化南向接口协议的设备都可以进入市场并投入使用。交换设备生产厂商可以专注于底层的硬件设备，甚至交换设备能够逐步向白盒化的方向发展。

通常来讲，各个厂商需要自己负责设计硬件，同时负责设计自己的软件系统。因此，底层硬件没有统一的设计标准，软件控制也没有使用统一的指令集，于是网络协议基本上只能由设备厂商实现，从而造成了少量设备厂商对网络设备领域的垄断，最终设备缺乏足够的开放性。随着网络新需求的日益增加，开放最短路径优先协议（OSPF）、边界网关协议（BGP）、网络地址转换（NAT）、多协议标记交换（MPLS）等众多功能不断被加入到设备的体系中，网络设备越来越复杂，最初简单的转发设备如今已经非常臃肿，设备的管理系统也十分复杂。这导致网络技术的发展相对缓慢，基于网络应用的软件设计变得烦琐不堪，网络缺乏良好的可编程性。

因此，ONF 期望达到 SDN 技术最初的目标，即希望定义一个标准化的南向接口协议。期望这个南向接口协议和控制器的关系，与 x86 指令集和计算机操作系统的关系相似，即硬件厂商专注于底层设备性能的突破，而软件厂商专注于上层应用。事实上，如果这一目标真正实现，将有可能彻底改变整个网络领域的产业生态链，尤其可能会对传统设备厂商带来巨大冲击，因此产业各方都予以了高度关注。2013 年 4 月 8 日，一个以设备厂商为首的项目——OpenDaylight 开源项目诞生了，其主要参与者大多是设备厂商，其中包括 Cisco、Juniper、IBM 等。该开源项目的核心目标是通过社区方式设计一套开源的控制器，而不是对 SDN 进行标准化。在控制器架构中，一个突出的特点就是以插件（Plug-in）的形式支持众多南向接口协议，并通过引入一个新的服务抽象层来对底层南向接口协议进行抽象与适配，从而使底层可以自由地扩展多个协议，如 OpenFlow、I2RS、NETCONF、XMPP 等。

此外，还有一些厂商认为交换设备的软件仍然能够以目前的方式，即分布式地集成在交换机内部，只需要把一些实时性要求较低的功能分离出来，在远端实现集中式控制即可。仔细思考不难看出，这种理念与前面介绍的 SDN 技术在系统架构上的理念有非常大的不同，它并没有严格地实现所有网络功能的集中式控制，但在某种程度上也确实使网络具备了一定程度的可编程性，因此宽泛地讲它也算是一种 SDN 技术。事实上，这种思路的产生与设备厂商自身利益密不可分，在提供一定开放性的同时，其可以继续控制交换设备大部分的软件和硬件。

虽然 ONF 和 OpenDaylight 在南向接口是否需要开放标准化上的观点仍略有差别，但是它们对 SDN 架构的理解是大致相同的，主要表现为都支持数据控制分离以实现集中式控制，整体架构都分为数据、控制和应用 3 个平面，并通过南向和北向接口实现 3 个平面之间的交互，且二者都支持开放网络的可编程，实现用软件来定义网络。

综上所述，SDN 技术之所以能够如此吸引业界的目光，主要是因为它有两个重要的属性：一是数据控制分离以实现集中式控制，二是网络可编程以实现灵活可定义。下面将通过回顾历史上网络技术的发展来详细分析 SDN 这两大属性，以便使读者进一步地深入理解 SDN 技术。

1.3 SDN 特征——数据控制分离

本节介绍 SDN 的数据控制分离的特性，包括该特性的基本概念，在数据平面、控制平面的功能，以及数据控制分离的历史等。

1.3.1 基本概念

数据控制分离是 SDN 自提出以来业界广泛认同的核心特征之一。为了能够更好地理解这个概念，本节首先介绍当前网络架构中的控制平面与数据平面情况以及它们的基本组件和行为，并详细分析它们在功能和工程实现上的特点，以及它们可能会部署在什么样的场景中，为后文详细介绍 SDN 数据控制分离打下基础。

首先我们提一个问题，传统互联网设备的数据平面和控制平面是一体的还是分离的？对于这个问题，大部分读者会认为当然是一体的，因为数据平面和控制平面都集成在网络设备（交换机、路由器）中，它们通过分布式的协议实现了相应的控制决策。但是如果把任意一个传统网络设备打开并研究，那么这个问题似乎又是另外一个答案了。图 1-4 所示为传统网络设备中的数据平面和控制平面的架构示意。不难看出，在传统网络节点内部，数据平面与控制平面一直以来都是相互分离的。控制平面的执行在独立的处理器或存储卡上，而数据平面的执行一般在另一个处理器或存储卡上。只不过这种分离在物理上并没有距离很远，一般情况下两者被放置在同一个网络设备的机箱中。数据平面与控制平面在机箱中设计的区别在于：控制平面由于要完成更多灵活的功能，因此经常运行在网络节点中可编程性良好的通用处理器上；而数据平面需要保证高速的交换能力，因此通常运行在网络节点中具备高速硬件转发能力的线卡上。两者之间一般通过高速总线互连，或者在有些设备中通过专门的光纤互连，以保证高速连接。

这一架构说明，虽然在当前的传统网络设备中，控制平面和数据平面在物理距离上非常近，但其实质上已经是相互分离的，并分别执行各自擅长的功能，这一点为 SDN 的可行性奠定了基础。

从功能实现来说，控制平面的主要功能是建立本地的数据集合，该数据集合一般被称为路由信息库（Routing Information Base，RIB）。RIB 需要与网络内其他控制平面实例的信息保持一致，这一点通常使用分布式路由协议（如 OSPF、BGP 等）来完成。控制平面需要基于 RIB 创建转发表，用于指导设备输出/输入端口之间的数据流量转发。转发表通常被称为转发信息库（Forwarding

Information Base，FIB）。FIB 需要经常在设备的控制平面和数据平面之间进行镜像，以保证转发行为与路由决策一致，因此，FIB 实际上是两个平面连接的纽带。在此基础上，数据平面就可以根据 RIB 创建的 FIB 进行数据的高速转发。

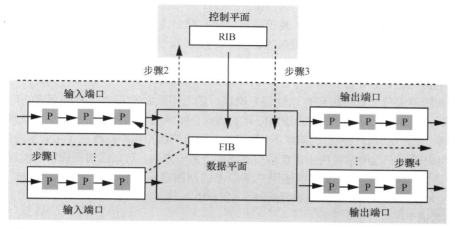

注：P 表示数据分组。

图 1-4　传统网络设备中的数据平面和控制平面的架构示意

当然，这只是对控制平面和数据平面极简化的说明，具体情况会更复杂一些。下面将进一步对两个平面的具体功能进行详细介绍，以便读者建立较为完整的基础概念框架。

（1）控制平面

传统网络设备的控制平面依据功能层面细分来讲，可以分为二层控制平面、三层控制平面以及跨二/三层控制平面等。

二层控制平面主要关注硬件或物理地址（MAC 地址）。在二层网络中，学习介质访问控制（Media Access Control，MAC）地址的行为、保证无环图的机制（如最小生成树协议）、对 BUM（广播、未知单播和多播）流量的泛洪等行为均在自身的可扩展性方面面临着挑战。为了解决这些问题，业界提出了多种二层控制协议并进行了广泛应用，例如，电气电子工程师协会（Institute of Electrical and Electronics Engineers，IEEE）的最短路径桥接（Shortest Path Bridging，SPB）以及因特网工程任务组（Internet Engineering Task Force，IETF）的多链接透明互联（Transparent Interconnection of Lots of Links，TRILL）协议等。在可扩展性问题上，由于二层网络中存在大量终端主机，在使用广播协议的情况下扩展性较差，这也导致二/三层的解决方案总是混杂在一起。这些问题的核心是终端主机在网络之间迁移时，会导致转发表的大规模失效，因此必须以足够快的速度更新转发表才能保证数据流的正常传输而不被中断。在二层网络中，转发更关注 MAC 地址的可达性，因此二层网络控制平面主要实现了 MAC 地址的存储与管理。但是由于大型企业网络中存在大量主机，使得主机的 MAC 地址数目十分巨大，因此这些 MAC 地址在交换机中的管理变得非常困难。

三层网络控制平面则侧重完成网络层寻址与转发，主要关注网络地址，如 IPv4/IPv6。在三层网络中，转发主要关注网络地址的可达性，具体来说是一个可达的目的 IP 地址前缀，这包括关于单播和多播的多个地址簇网络前缀。在当前常见的情况下，三层网络主要用于分割或连通二层网络，从而解决二层网络规模受限的问题。具体来说，一些代表 IP 地址子网的二层交换机通常与三层路由器连接在一起以形成较大规模的网络，这些较大规模的网络通过网关路由器连接。然而，在大多数情况下，路由器仅在三层网络之间传递数据流量。只有得知报文已经到达目的主机所在的三层网络时，才会在二层网络将数据转发给特定的目的主机。

此外，还有一些著名的跨二、三层协议，如多协议标记交换（Multi-Protocol Label Switching，MPLS）协议、以太网虚拟专用网络（Ethernet Virtual Private Network，EVPN）协议和位置标识分离协议（Locator ID Separation Protocol，LISP）等。MPLS协议是一个协议簇，它既集成了二层交换的性能（基于快速分组的异步传送模式交换技术），又集成了三层路由的性能（IP地址所采用的灵活且复杂的路由信令技术）。因此，MPLS是一种三层路由结合二层交换的技术。EVPN协议尝试解决第二层网络可扩展问题，它将距离较远的二层网桥通过MPLS或通用路由封装（Generic Routing Encapsulation，GRE）设备打通连接在一起，然后通过这些隧道进行二层寻址和可达性信息交换，因此不会影响基本的三层网络的可扩展性。LISP主要试图弥补控制平面分布式模型固有的缺点，如多宿主场景、新增地址域或封装控制和转发协议等。在大规模数据中心的需求下，基于三层网络的虚拟租户网络成了主要解决方案之一，一方面，可以通过三层网络解决终端数量多的问题，另一方面，可以通过规模可控的租户网络提升网络的弹性，但是这个方案要求使用三层以上的网络虚拟化封装技术，如虚拟扩展局域网（Virtual eXtensible Local Area Network，VXLAN）等。

（2）数据平面

数据平面的首要工作是通过一系列链路级操作采集传入的数据分组，并执行基本的完整性检查。接下来，数据平面将查找FIB表（FIB表已通过控制平面生成，并通过镜像复制到数据平面），识别数据分组的目的地址，这样的流程被称为快速数据分组处理。这里的快速数据分组处理主要体现在不再需要每次都到控制平面进行查询匹配，从而有效节省了处理时间。当然，当报文不能匹配已有规则时，这些数据分组将会被发送到控制平面进行处理。

数据平面的查表采用硬件查表和通用处理器查表两类技术，依性能需求而定。首先，在对高带宽有明确需求的网络设备设计过程中，主要使用硬件查表技术，这是由于硬件查表具有更高的数据分组转发性能。当然，硬件转发的设计目标主要针对数据分组维持线速转发，在设计时需要考虑多种因素，包括板卡和机架的空间、预算、电源利用率和吞吐量等。在这些因素条件下设计出来的数据平面会存在可扩展性的差异，如不同的转发表数、不同的转发表项数等。其次，在中低性能需求的场景下，可以使用通用处理器查表，这样可以在定制功能时节约成本。考虑到通用处理器的输入/输出（Input/Output，I/O）能力近年来正在大幅提升，因此，基于通用硬件的数据平面设计与应用也成为一个重要的发展方向。

数据平面查表后的下一步典型动作是转发（也存在特殊情况，如多播时下一个动作是复制）、丢弃、重新标记、计数和排队，这些动作也可以组合或链接在一起。在某些情况下，转发判决返回一个本地端口，说明流量目的地是本地控制平面运行的进程，如OSPF协议或BGP。这些数据分组由此离开了数据平面，使用内部通信信道转发到路由器的处理器。这个路径通常是较低吞吐量的路径，因为它不适合高吞吐量的数据分组转发。当然，也有一些设计通过简单地添加一个额外的光纤以连接内部交换结构，从而实现盒内接近线速的转发。

除正常转发功能外，数据平面还可以根据特殊需要提供一些特定的辅助服务功能，如访问控制列表（Access Control List，ACL）和服务质量（Quality of Service，QoS）策略等。此外，由于一些服务有非常严格的性能需求，如较短的事件侦测时间，需要放在数据平面以保证快速执行，而不是通过本地的控制平面进行决策。这些功能既可以使用独立的表，又可以借助增加转发表条目数量来执行，不同的设计可以实现不同的功能和转发操作顺序。图1-5所示为一种典型的转发操作顺序，这样的实现要求硬件的支持，而硬件转发的处理流程往往是设备厂商的核心商业机密，因此，将会影响SDN灵活可定义的转发芯片的设计，这在后文将进一步详细分析。

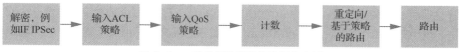

图 1-5　一种典型的转发操作顺序实例

1.3.2　数据控制分离历史

1.3.1 小节中对数据平面和控制平面的基本知识进行了简要介绍,下面讲述传统网络领域数据平面和控制平面分离的历史。早期的数据控制分离思想来源于电话网络。电话网络的初期设计模式是话音数据和控制信令混合传输的模式,信道中的一些特定频段用于传输信令,例如,2600Hz 可以重置电话中继线。直流脉冲拨号也是一个典型的例子,可以为电话做路由,这种方案的一个较明显的挑战就是安全性问题,因为攻击可以从数据平面发起。为了解决这样的问题,美国 AT&T 公司在20 世纪 80 年代早期决定采取数据控制分离的网络模型,为电话网络引入了网络控制点(Network Control Point,NCP)的概念。NCP 的主要功能是承载网络的所有控制信令,同时可以查询用户数据库,以获得更加丰富的数据,可以支持多种附加业务,如 800 电话、电话卡服务等。值得一提的是,由于具有了全局数据(如用户信息、网络空闲状态等),这个网络模型非常便于新业务的开发。截至目前,这个系统的很多技术还在使用,足以证明数据控制分离模式的可用性和稳定性。然而,与互联网相比,这是一个业务相对简单、流量相对较小的网络。当然,数据控制分离的思想也为理解 SDN 技术的发展提供了一些参考,例如,SDN 是否应当将注意力局限于特定的业务流,而不是试图替代全网业务,还是 SDN 应该追求设计一套更为通用的完整方案?

真正拥有海量数据和丰富业务的通信网络应该是运行 TCP/IP 的互联网。与传统的电信网络(如电话网)相比,互联网具有网络功能简单、终端功能复杂的特点,这个结构特征使互联网得以迅速发展。因为大家只需要遵守简单的网络层规则就可以实现互联,其他层面的功能则是开放和多样的,这非常有利于发挥海量互联网用户的潜力。然而,任何一项技术都有其弱点,并有可能随着发展而逐渐凸显。采用"尽力而为"模式的互联网的最大的一个问题就是难以保证承载业务的服务质量,也缺少对网络状态的感知和控制。这些特点决定了互联网只能用间接的方法解决一些网络问题,例如,不断升级路由器/交换机的能力、扩大骨干网带宽、用轻载方式(冗余带宽)提升 QoS 等。然而,这种模式既不够经济高效,也不具备可控可管性。因此,学术界和业界不断涌现对互联网进行改进的方案,如 ATM 网络和主动网络(Active Networking)等。它们都或多或少使用了数据控制分离的管控策略,虽然由于各种原因未能替代现有互联网,但是也体现了对可管可控的需求。

随着互联网的蓬勃发展,诸如 Google 之类的大型服务商逐渐壮大,甚至构建了覆盖全球的网络基础设施。与传统因特网服务提供方(Internet Service Provider,ISP)一样,这些服务商也开始努力思考如何对日益扩大的网络进行更好的运营与管理,同时迫于业务变化以及建设成本方面的考虑,他们对网络灵活优化的管控能力更加渴求。此外,随着通用计算平台的迅速发展,通用服务器与专用路由设备控制平面之间的性能差距正在逐步减小,这些趋势催化了一些数据控制分离的原始创新,例如,在 Linux 中实现内核级数据分组转发功能的 Netlink 技术,IETF ForCES 工作组提出的转发和控制单元分离(Forwarding and Control Element Seperation,ForCES)技术以及路由控制平台(Routing Control Platform,RCP)技术等。

ForCES 工作组是 IETF 在 2002 年专门成立的,并于 2003 年针对一般网络设备提出了控制平面-转发平面分离的基本结构,而后一直专注于 ForCES 协议等标准草案文件的制定。满足ForCES 规范的网络设备的基本结构如图 1-6 所示。从图中可以看出,一个 ForCES 的网络单元(Network Element,NE)可以包含至少一个(其余用于冗余备份)控制单元(Control Element,

CE）和多达几百个的转发单元（Forwarding Element，FE）。每个转发单元包含一个或多个物理介质接口 Fi/f，该接口用来接收从该网络单元外部发来的报文或将报文传输到其他的网络单元，这些接口的集合就是网络单元的外部接口。在网络单元外部还有两个辅助实体：控制单元管理者（CE Manager，CEM）和转发单元管理者（FE Manager，FEM），它们用来在配置阶段对相应的控制单元和转发单元进行配置。图 1-6 中 Fp 为控制单元和转发单元间的接口（通信过程由 ForCES 协议的标准协议完成），其间可以经过一跳（Single Hop）或多跳（Multi-Hop）网络实现。Fi 表示转发单元间的接口，Fr 表示控制单元间的接口，Fe 表示控制单元管理者和控制单元间的接口，Ff 表示转发单元管理者和转发单元间的接口，Fl 表示控制单元管理者和转发单元管理者之间的接口。ForCES 的这种架构具有底层资源功能模块以及控制平面与转发平面分离的特点，为新一代网络提供了较好的功能灵活性。

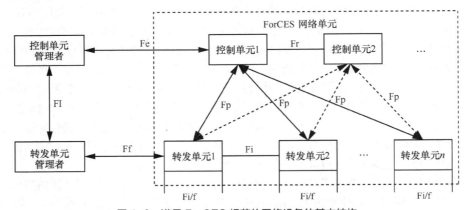

图 1-6　满足 ForCES 规范的网络设备的基本结构

　　另一个支撑数据控制分离的创新是逻辑集中控制网络，如 RCP 和 SoftRouter 架构以及 IETF 的路径计算单元（Path Computation Element，PCE）协议。RCP 利用现有的标准控制平面协议（BGP）在传统路由器中安装转发表条目，以支持快速部署。这些创新与前期的数据控制分离机制相比，一个较为突出的区别是将注意力集中在网络管理问题上，即关注为网络管理员提供开放可编程、全网视图以及网络控制能力，而不是直接面向用户。这样做的好处在于，用户面对的网络其实是有限的、局部的，而网络管理员面对的网络才是全网范围的。网络管理员的主要工作（例如，基于当前业务负载选择更优的网络路径，或在规划路由过程中最大限度地减少瞬态干扰产生的变化）都是基于全网信息实现的。SoftRouter 使用 ForCES API，以允许分离的控制器能够安装数据平面转发表中的条目，从而彻底从路由器中清除控制功能。另外，类似 Open vSwitch（简称 OVS）的开源虚拟交换软件的出现以及高性能服务器技术的进步，为创建逻辑集中的路由控制器原型降低了门槛，也提供了可能。

　　随后，学术界为拓展控制平面和数据平面分离的概念提出了一些逻辑集中的新型控制架构。例如，针对当前网络逻辑决策平面和分布式硬件设备结合过紧的问题，Greenberg 等人重新设计了互联网控制和管理结构，提出了将决策逻辑从底层协议中完全分离出来的 4D 项目，其框架系统模型如图 1-7 所示。4D 项目倡导 4 个主要平面：数据平面基于决策平面产生的状态来处理报文；发现平面用于在网络中发现物理网元并创建逻辑标识符来识别它们，发现平

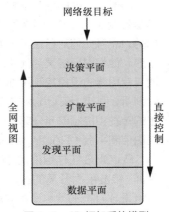

图 1-7　4D 框架系统模型

面定义了标识符的范围和持久化，并执行彼此间的自动发现和管理；扩散平面提供一个连接路由器或交换机的健壮、高效的通信基础结构，从而能够将决策平面生成的状态扩散到数据平面上，而自身不产生任何状态；决策平面用于处理网络控制，诸如可达性、负载均衡、访问控制、安全和接口配置等功能。这样做的优势在于可以从分布式系统问题中独立出网络的控制逻辑。这种架构有助于实现更健壮、更安全的网络，同时便于对异构网络进行有效管理。

在 4D 项目的基础上，SANE 项目出现了。SANE 项目来自斯坦福大学研究人员 Martin Casado 等提出的面向企业网的管理架构，其主要工作是创建一个逻辑集中的企业接入控制流级解决方案。具体来说，SANE 在链路层和 IP 层之间定义了一个可以管理所有连接的保护层，所有路由和接入控制决策都通过这个保护层由一台中央服务器进行集中式控制。虽然 SANE 实现了以 4D 框架系统模型为基础的设计原则，但是由于面向企业网，因此其重点在于安全控制，而不是实现复杂的路由决策。同时，SANE 也没有经过大规模的测试验证，因此距离实际部署还比较远。2007 年提出的 Ethane 项目则在 SANE 项目的基础上进行了功能扩展，将安全管理策略添加到网络管理当中，扩充了中央控制器的管理功能，实现了更细粒度的流表转发策略。Ethane 网络的设计遵循 3 条基本原则：网络应该被高层次发布的网络策略所管理；网络策略决定数据分组的转发路径；网络策略应该在数据分组与其源之间进行强制绑定。在 Ethane 网络中，中央控制器和 Ethane 交换机是两个主要部件。其中，中央控制器负责完成网络主机认证、IP 地址分配和产生交换机流表等基本功能，是整个网络的控制决策层；Ethane 交换机则负责根据控制器部署的流表进行报文转发，是一个简单的、"哑"的数据转发单元。事实上，Ethane 项目实现了 OpenFlow 交换机和中央控制器的大部分功能，并最终奠定了 OpenFlow 的技术基础。

在以上相关工作的基础上，斯坦福大学的研究人员于 2008 年提出了 OpenFlow 技术。OpenFlow 技术更加明确地提出了数据控制分离的基本概念，打破了传统网络的分布式框架，简化了网络管理和配置操作，实现了高层控制逻辑的灵活性和可部署性，使 SDN 概念和生态系统的发展迈出了重要的第一步。基于 OpenFlow 的数据控制分离将会在 1.3.3 小节中详细介绍。

1.3.3　SDN 数据控制分离

数据控制分离是 SDN 的核心思想之一。在传统的网络设备中，控制平面和数据平面在物理位置上是紧密耦合的。这样的耦合有利于两个平面之间数据的快速交互，从而实现网络设备性能的提升。然而，这种分布式的网络控制方式也带来了一些问题。例如，网络设备管理非常困难，只能逐个配置，任何错误都可能导致管理行为失效，并且难以排查与定位故障；另外，灵活性也不够，当网络设备需求的功能越来越复杂时，在分布式平面上进行新功能部署的难度非常大，尤其对于数据中心这种变化较快、管控灵活的应用场景，当前数据和控制耦合的技术模式的缺点日益凸显。

下面举一个简单的例子。一个企业级规模的传统网络，用户希望对时延敏感的声音视频流量提供一个相对更高的优先级来保证用户体验，那么基于传统网络架构技术可以利用转发帧中的某些特定字段来实现流量优先级，如通常可基于数据分组头的服务类型（Type of Service，ToS）或区分服务码点（Differentiated Services Code Point，DSCP）等字段来标识优先级。但仔细分析后发现，这些字段必须在整个网络中被一致地标识并使用一致的规则，才能真正有效地区分不同的网络流量。事实上，在传统多交换网络中实现这一功能并不简单，因为配置工作必须按照某种方式在每个单独的交换设备上重复、无遗漏地完整做一遍。考虑到跨运营商场景以及网络规模动态变化等因素，在现实的互联网中实现这一功能极其困难。尤其网络中的每个端口都被看作一个管理点，这意味着每个端口都被单独地配置，不仅费时还难以发现配置错误的位置，这对于网络管理来说是非常耗费时间和精力的工作模式。

为了解决这样的问题，SDN 以网络设备的 FIB 表为界分割数据平面和控制平面，其中交换设备只是一个轻量级的、"哑"的数据平面，仅保留 FIB 和高速交换转发能力，而上层的控制决策全部由远端的统一控制器节点完成，在这个节点上，网络管理员可以看到网络的全局信息，并根据该信息做出优化的决策，数据平面和控制平面之间采用 SDN 南向接口协议连接，这个协议将提供数据平面可编程性。

SDN 的数据控制分离的特征与挑战主要体现在以下两个方面。

一是采用逻辑集中控制，对数据平面采用开放式接口。这个技术特点实际上和 ForCES 面临同样的挑战，即开放接口打乱了传统网络设备厂商的垄断地位，因此要面临巨大的阻力。然而，与几十年前网络规模普遍较小、需求较为单一的情况不同的是，大型互联网服务商的出现和快速成长使他们的需求成了主要矛盾，设备厂商的市场定位也要由他们的需求决定，因此，这给了传统设备厂商向软件转型的动力。另外，通用处理器的能力也在不断提升，使逻辑集中成为可能。

二是需要解决分布式的状态管理问题。首先，逻辑上集中的路由控制器面临着分布式状态管理的挑战，一个逻辑上集中的控制器必须考虑冗余副本以防止控制器故障，但在整个副本中可能存在潜在的状态不一致。其次，为了获得更好的可扩展性，每个控制器实例可负责拓扑的一个单独部分，或一个单独功能，这些控制器之间的实例需要交换路由信息，以确保一致的策略。此外，在分布式 SDN 控制器的背景下，仍然存在分布式控制器放置策略的挑战，以及支持任意应用这一更为普遍的问题，这些都需要更复杂的分布式状态管理解决方案。

虽然数据平面和控制平面的分离确实会让 SDN 在灵活性和可优化性上占据优势，但这也是其极具争议的地方。事实上，数据控制分离不是一个新的概念，如前文所述，当前网络设备的数据平面和控制平面在逻辑上也是分离的，这样有利于各个平面功能的独立开发与优化，但 SDN 的创举在于，它认为数据平面和控制平面可以运行在物理距离较远的两个设备上，并通过一个开放的接口协议相互连接。同时，这样的模型会产生一些性能方面的问题。例如，转发前等待远程处理是否会影响转发效率，控制平面的可扩展性是否能得到保证等，这些都是数据控制分离特性中不可避免的部分。

为更加综合客观地评述 SDN 数据控制分离机制的优劣，我们再从技术演进发展的历程看待数据平面和控制平面的分离。SDN 的数据控制分离经历了两个阶段。在早期刚提出 SDN 概念时，SDN 的代表协议仅是 OpenFlow，此时定义的数据控制分离就是将控制平面从网络设备中完全剥离，并将其放置于一个远端的集中节点。这个定义并未在可实现性和性能上探讨过多，仅描绘了一个理想的模式：远端集中节点上的全局调度控制结合本地的快速转发，可以使网络智能充分提升，使网络功能的灵活性最大化。主张这种模式的是以 OpenFlow 为代表的、期望网络产生革命式发展的研究团队（如 Clean Slate 等）。这些团队主要来自高校、研究院所以及代表先进方向的网络创业公司。虽然这种控制平面严格集中的模式引发了相当大的争议，但也说明了 SDN 思想的超前性。

随着 SDN 的影响力的增加，越来越多的传统网络设备提供商也加入 SDN 的研究阵营。出于自身利益考虑，他们对 SDN 的数据控制分离有了新的解读：远端的集中控制节点是必要的，但是控制平面的完全剥离在实现上有难度，因此，控制平面功能哪些在远端、哪些在本地，应该是 SDN 发展道路上需要研究的主要内容之一。这个概念比上面的原始概念更加宽泛，不仅包含了激进的革命化思路，也涵盖了从当前网络设备的设计模式进行逐渐演化的思想。例如，当前大多数的管理平面功能就是在远端集中的，只需要将少量控制平面功能移至管理平面实现，就能够实现一个新的 SDN 架构。对于传统网络设备厂商来说，这是一个性价比更高的方案，同时可以回避开放性问题。

事实上，虽然本书的出发点是探讨 SDN 的学术发展和技术革新，但互联网是一个从来都没能离开商业应用的复杂系统。因此，在 SDN 的发展中，学术上理想的模型和普遍的商业认可都是不可或缺的。本书将这两种思路都呈现给读者，希望读者能够对 SDN 的各种思想有全面的了解。

最后，这里结合前面介绍的内容，总结 SDN 数据控制分离的特点。具体来讲，SDN 数据控制分离的优点包括以下几点。

① 全局集中控制与优化：这是 SDN 的最主要的优势之一，集中式的控制平面有利于实现更好的全局优化，可以高效解决传统网络中复杂的问题。

② 灵活可编程与高速转发相结合：事实上，OVS 和 Click 等软件路由器可编程性更好，但是 SDN 数据控制分离的设计更加平衡，以 FIB 为分界线实际上降低了 SDN 的编程灵活性，但是没有暴露商用设备的高速转发实现细节，因此也使得网络设备厂商更容易接受 SDN 的理念。

③ 开放性和 IT 化：数据控制分离在一定程度上可以降低网络设备和控制软件的成本。当前的网络设备是捆绑控制平面功能软件一起出售的。由于软件开发由网络设备厂商完成，对用户不透明，因此网络设备及其控制平面软件的定价权基本掌握在少数厂商手中，造成了总体价格高昂。在数据控制分离以后，尤其是使用开放的接口协议后，将会实现交换设备的制造与功能软件开发的分离，这样可以实现模块的透明化，从而有效降低成本。虽然硬件价格降低后，相应的软件成本会增加，但是总体来说，IT 化将会是一个有效的节约成本的方案。

当然，数据控制分离也给 SDN 架构带来了一些待解决的问题，我们认为 SDN 数据控制分离目前面临的问题包括以下几种。

① 可扩展性问题：这是 SDN 面临的最大问题之一。数据控制分离后，原来分布式的控制平面集中化了，即随着网络规模扩大，单个控制节点的服务能力极有可能会成为网络性能的瓶颈。因此，控制架构的可扩展性是数据控制分离后的主要研究方向之一。

② 一致性问题：在传统网络中，网络状态一致性是由分布式协议保证的。在 SDN 数据控制分离后，集中控制器需要承担这个责任。如何快速侦测到分布式网络节点的状态不一致，并快速解决这类问题，也是数据控制分离后的主要研究方向之一。

③ 可用性问题：可用性是指网络无故障的时间占总时间的比例。传统网络设备是高可用的，即发向控制平面的请求会实时得到响应，因此网络比较稳定，但是在 SDN 数据控制分离后，控制平面网络的延迟可能会导致出现数据平面可用性问题。

通过上述分析，我们可以将传统的网络类比为植物，分布式的交换机就是植物的根、茎、叶等各部分。植物的各部分能通过相互配合、协调维持植物的生命，但是缺少一个统一的协调系统，所以植物大多数是静止的，无法完成移动、奔跑等复杂的动作。而 SDN 中的控制器类似于动物的"大脑"，通过"大脑"协调各个部分的功能，动物可以完成移动、奔跑等复杂的动作。因此，SDN 的创新之处就在于提供了一个控制系统，可以控制网络的各个部分。无论是激进式的全部集中式控制，还是演进式的部分集中式控制，要实现的都是一个由高级控制系统调度的智能网络。但是可以看到，目前全部集中式控制遇到了上述的诸多问题，因此整体分布、部分集中、部分分布有可能才是未来的发展趋势。正如动物的大脑只负责协调和下发高级的指令，各个器官还是要自身完成一些基本功能一样，SDN 的集中式控制也最好只完成高级的控制功能来实现部分集中式控制，然后通过下移部分基本控制功能到交换机来优化、提升性能。

综上所述，SDN 在数据控制分离方面对网络工作模式进行了创新，这种模式能否得到普遍认可还有待研究和市场的检验。但是可以肯定的是，SDN 目前在某些特定的场景下已经有基于数据控制分离思想的商业使用案例，并已经得到了市场的认可，这些案例在本书后文会有详细介绍。

1.4 SDN 特征——网络可编程

本节介绍 SDN 的网络可编程，包括网络可编程的基本概念、网络可编程的发展历史、SDN 内的可编程特性等。

1.4.1　基本概念

网络可编程性是 SDN 的另一个重要属性。说到可编程性，大家首先想到的往往是计算机软件。计算机发展到现在已经衍生出了各种各样的编程语言，包括汇编语言、C 语言、Java 语言等。同时，计算机操作系统为开发者提供了各种丰富的编程接口和函数库，开发者通过这些接口可在计算机操作系统中构建丰富、强大的应用。但是说到网络的可编程性，人们还是很陌生的。随着 SDN 的出现，网络可编程性越来越频繁地出现在了人们的视野当中。

网络可编程性最初是指网络管理员可以通过命令行对设备进行配置，后来有了可编程路由器、NetFPGA 等设备，这些设备的可编程性主要是对设备本身硬件电路级的可编程，即开发者通过编译代码直接控制这些硬件来实现自己的协议或者功能。这种可编程的能力是对某台设备而言的，是一种处于最底层的编程能力，相当于计算机中汇编等级的编程语言，不够灵活便捷。然而，SDN 的网络可编程性是从另一个角度来看的，传统网络设备需要通过命令行或者直接基于硬件的编译写入来对网络设备进行编程管理，现在管理者希望有更高级的编程方式，相当于 Java 等高级语言。管理者可以通过 SDN 中这种高级的编程能力实现与网络设备的双向交互，通过软件更加方便、灵活地管理网络。这种可编程性是基于整个网络的，而不是基于某台设备的。它是对网络整体功能的抽象，使程序能通过这种抽象来为网络添加新的功能。例如，管理人员可能希望编写一个软件，这个软件能够根据实时的链路负载情况自动配置路由器的转发策略，这就是对网络设备编程能力的一种需求。SDN 很好地满足了这种需求，并体现了网络的可编程性。早在 SDN 出现之前，就有研究人员提出过主动网络的概念，以使网络具有可编程性。主动网络和 SDN 之间有很多的相似之处，但它并没有发展起来，这一点值得思考，后文我们来进行具体分析。下面先介绍网络可编程的历史，再回过头来仔细分析 SDN 对网络可编程性的推动及其进一步的发展方向。

1.4.2　网络可编程历史

互联网于 20 世纪 70 年代中期开始飞速发展。随着电子邮件、文件传输这样的服务在互联网中被广泛使用，越来越多的研究者开始应用和改造网络，他们致力于在网络中测试并实现自己的新想法。刚开始，许多新的想法和网络协议都是在小的实验网络环境下并在大的网络环境中验证的。后来，成立的 IETF 工作组对新的网络协议进行了标准化。但是，由于标准化过程非常缓慢，新的网络技术得到应用往往需要很长的时间，在一定程度上打击了不少研究者的积极性。

为了解决这个问题，一些网络研究者提出了一种新的途径，通过开放网络的控制权，使研究者能够对网络进行编程。早期很难将计算机中的编程观念应用到网络领域，传统的网络根本就没有可编程这个概念，直到主动网络被作为一种激进的解决方案提出。1994 年，美国国防部高级研究计划署（DARPA）在有关未来网络发展方向的研讨会上指出，未来网络系统应是运行时刻可扩展的，提出了主动网络这一新的网络架构。

主动网络的基本思想是，打破传统网络只能被动传输信息的模式，允许网络中的节点在用户数据上执行用户所需的计算。例如，主动网络的用户可以向网络中的主动节点（如路由器）发送一个定制化的压缩程序，并要求该节点收到相应的分组时都执行这个压缩程序。DARPA 主动网络架构可以划分成 3 个主要层次，即主动应用（Active Application，AA）、执行环境（Execution Environment，EE）和节点操作系统（Node OS），如图 1-8 所示。

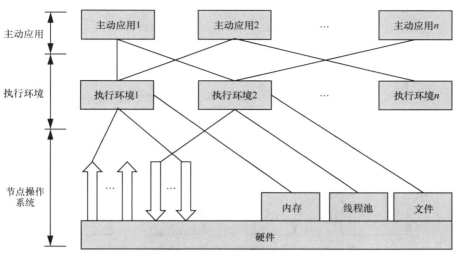

图 1-8　主动网络架构

主动应用是一个协议的程序代码，它通过主动分组加载到主动节点中，并在主动节点中对分组进行转发和计算来完成某种通信功能。执行环境是在节点操作系统上的一个用户级操作系统，它可以同时支持多个主动应用的执行，并负责主动应用之间的互相隔离。执行环境为主动应用提供了一个可调用的编程接口，一个主动网络节点可以具有多种执行环境，每一种执行环境完成一种特定的功能。节点操作系统类似于一般操作系统的内核，它位于主动网络节点最底层的功能层次，管理和控制对主动网络节点硬件资源的使用。因此，执行环境在节点操作系统中运行，一个节点操作系统可以并发地支持多种执行环境，可以协调执行环境对节点中可利用资源（内存区域、CPU 周期、链路带宽等）的使用。一般来说，主动网络包含以下两种主要的数据模型。

（1）封装模型（Capsule Model）

节点的可执行代码被封装在数据分组内，为带内（In-Band）方式。封装模型利用数据分组携带代码从而在网络中添加新的功能，同时使用缓存来改善代码分发的效率，而可编程路由器根据数据分组的分组头由管理员定义一系列的操作行为。图 1-9 所示为主动网络封装报文的一种格式，其中包含了 IP 头、可执行的程序码和 IP 用户数据，交换设备会根据原先的目的地址来转发报文。可以看到，每条消息甚至每个报文都携带了一段可执行的代码，当报文到达交换机或路由器后，报文中的代码就会被分发到每个交换机的可执行环境中，然后控制交换机的行为或者修改报文。

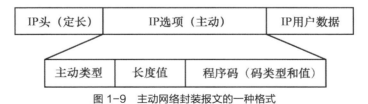

图 1-9　主动网络封装报文的一种格式

（2）可编程路由器/交换机模型（Programmable Router/Switch Model）

节点的可执行代码与数据分组分离，为带外（Out-of-Band）方式。图 1-10 所示为报文在主动网络节点和传统网络中传输的情况。用户可以在协议栈中添加自己的操作，网络中可以同时有传统网络节点和主动网络节点。当数据通过传统的设备时，报文只是被简单地通过器件转发并不做任何修改；而当数据报文通过主动网络节点时，节点能够根据用户定义的行为对数据报文进行计算与操作，然后通过器件发送。

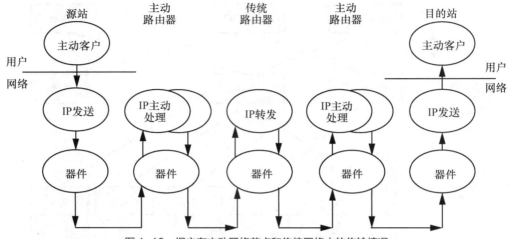

图 1-10　报文在主动网络节点和传统网络中的传输情况

前文介绍了主动网络的通用架构及其数据分组格式。在主动网络发展的进程中出现了几个重要的项目，这些项目促进了主动网络的快速发展。

① ANTS 项目：ANTS 是由美国麻省理工学院提出的基于 Java 实现的主动网络工具箱。ANTS 基于动态代码、需求读取和缓存技术，允许新的协议分布于端系统和中间路由节点上。

② SwitchWare 项目：该项目由美国宾夕法尼亚大学主导。其提出了一种创新的 SwitchWare 交换机。该交换机使用一个编程元件完成交换功能，由可编程元件控制的入端口组成，被称为交换插件的程序被发送到交换机端口，然后编译并执行。

③ Smart Packets 项目：该项目将主动网络技术引入网络管理，以到达管理节点可编程化的目的。

④ Netscript 项目：该项目的架构应用了压缩技术，使用脚本语言对传统网络的原始功能进行一系列简单的抽象。

从上面的介绍可以看出，主动网络通过提供一系列的编程接口来控制网络节点内的资源，如处理器、存储、数据分组的队列，并且支持构造自定义的行为来对一些通过节点的数据分组进行处理，例如，在每个路由器上对数据分组进行追踪和记录。像防火墙、代理这些需要对数据分组进行计算、分析的服务也是主动网络的应用。因此，主动网络节点不仅能转发数据分组，还可以执行用户自己定制的程序来对经过该节点的数据进行处理，从而更好地满足用户的需求。这种可编程的网络结构使新的标准和技术的实现变得更为简单，从而加快了网络创新。然而，主动网络并没有得到广泛的应用，主要有以下原因：缺乏具备特色的应用，缺乏大规模实践检验，开放了太多的可编程能力而带来网络安全性隐患等。

1.4.3　SDN 网络可编程

可以看到，主动网络允许开发者把具体的代码下发到交换设备或者在数据分组中添加可执行代码，以提供网络的可编程性。而 SDN 的做法不同，它通过为开发者们提供强大的编程接口，从而使网络有了很好的编程能力。对上层应用的开发者来说，SDN 的编程接口主要体现在北向接口上，北向接口提供了一系列丰富的 API，开发者可以在此基础上设计自己的应用而不必关心底层的硬件细节，就像目前在 x86 体系的计算机上编程一样，不用关心底层寄存器、驱动等具体的细节。SDN 的南向接口用于控制器和网络设备建立双向会话。通过不同的南向接口协议，SDN 控制器就可以兼容不同的硬件设备，同时可以在设备中实现上层应用的逻辑。SDN 的东西向接口主要用于控制器集群内部控制器之间的通信，以增强整个控制平面的可靠性和可拓展性。SDN 各层接口示意如图 1-11 所示。

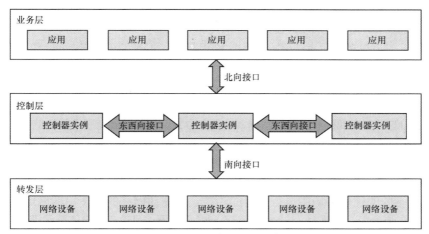

图 1-11　SDN 各层接口示意图

（1）SDN 的北向接口是上层应用与控制器交互的接口，可以是基于控制器本身提供的各种接口函数，也可以是现在十分流行的描述性状态迁移（Representational State Transfer，REST）API。北向接口是直接为上层应用服务的，其设计需要密切考虑应用的需求，为业务提供底层网络的逻辑抽象和模型。北向接口的设计是否完善会直接影响整个 SDN 的可编程能力。虽然现在南向接口已有 OpenFlow 等诸多标准，但是北向接口方面还缺少一个业界公认的标准，而不同的控制器厂商都有各自的北向接口。部分传统的网络设备厂商在其现有设备上提供了可编程接口供应用直接调用，这也可被视作北向接口的一种形式，目的是在不改变其现有设备架构的条件下提升配置管理灵活性，应对开放协议的竞争。

（2）SDN 南向接口协议是集中式的控制平面和分布式的转发平面之间交互的接口协议，用于实现控制器对底层转发设备的管控。SDN 交换机需要与控制平面协同后才能工作，而与之相关的消息都是通过南向接口协议传达的。当前，SDN 中较为成熟的南向接口协议是 ONF 倡导的 OpenFlow 协议，用于完全控制数据平面的转发行为。此外，很多厂商提出了其他的南向接口协议，其中比较有代表性的有 XMPP（可扩展消息处理协议）、PCEP（路径计算单元协议）、I2RS（路由系统接口）协议等。同时，ONF 还提出了 OF-CONFIG 协议，用于对 SDN 交换机进行远程配置和管理，其目标都是为了更好地对分散部署的 SDN 交换机实现集中化管控。OpenFlow 协议作为 SDN 发展的代表性协议，已经获得了业界的广泛支持，它也体现了 SDN 的开放性。ONF 希望通过 OpenFlow 协议实现南向接口的标准化，从而解除用户对厂商的锁定，同时希望厂商可以借此专注于提高转发设备的性能。但是由于协议本身不够完善和一些非技术因素，目前 SDN 南向接口协议的标准化仍在持续进行中。

（3）SDN 的控制平面可以是分布式的，在这种情况下，就需要一种接口协议来负责控制器之间的通信。SDN 东西向接口主要解决控制器之间物理资源共享、身份认证、授权数据库间协作以及保持控制逻辑一致性等问题，实现多域间控制信息交互，从而实现底层基础设施透明化的多控制器组网策略。同时，控制平面全局网络视图构建是 SDN 东西向接口设计必须考虑的关键问题。控制平面能够对全网资源进行统一管理。利用控制平面的这个特性可以动态创建并维护网络全局视图，将网络以最直观的形式呈现给网络管理者，简化故障定位，降低故障定位等网管功能的复杂度，极大地提高网管效率，有利于网络管理者基于全局视图进行资源抽象，从而向业务适配层提供虚拟化的网络资源。

由上面的介绍可以看到，SDN 技术的发展动机与主动网络类似。Ethane 作为 SDN 技术的雏形，最开始被提出是因为企业需要通过集中式来实现一个更为可靠、安全的网络。同时，为了更好地加速网络创新，SDN 的先驱者在美国斯坦福大学建设了 SDN 的试验床。而推动主动网络发展的动机主要来自以下几个方面：网络服务提供商遇到了很多的挫折，所以其亟须新的技术来发展和部署新的网络服务；第三方希望有更多的附加价值、更好的管控能力，并能满足其在特定应用或网络场景中的需求；研究者也希望有一个可扩展的实验平台。由此看来，SDN 和主动网络最初的目标是一致的，但它们的具体实现存在很大的差异，这直接导致它们的发展有了不同的结果。

下面我们从几个方面分析 SDN 相比于主动网络的优势。

（1）SDN 应用多集中在对控制平面的编程上，上层应用通过北向接口与控制器交互，控制器再通过南向接口与底层硬件交互。这样降低了程序与硬件的耦合程度，只需要实现不同的南向接口协议就可以在不同的硬件环境中执行相同的功能。而主动网络的许多早期应用集中在中间件（Middlebox）、防火墙、代理上，这些应用都需要分开部署，且都有各自的编程模型。主动网络主要是在数据平面上增加可编程性，试图直接控制数据平面来实现这些功能，程序代码与数据平面耦合性较高。同样的应用功能对不同的硬件设备有不同的实现，缺乏灵活性，这无疑会影响到主动网络技术的普及。

（2）SDN 有一些明确的应用场景（如在数据中心和网络试验床中），这在很大程度上体现了 SDN 的商用能力，使得业界对于 SDN 的"落地"持有非常乐观的态度。而主动网络的应用主要体现在中间件和对数据平面的控制上，总体来说其应用场景相对狭窄。

（3）SDN 出现时硬件技术能基本支撑它的发展，而主动网络出现的年代过早，当时许多技术都不是很先进，尤其是硬件方面。当时只能使用造价昂贵的专用集成电路（Application Specific Integrated Circuit，ASIC）去实现，造成了主动网络设备造价过高，很少有人使用它。现在可以使用三态内容寻址存储器（Ternary Content Addressable Memory，TCAM）、现场可编程门阵列（FPGA）、网络处理器（Network Processor，NP），现在的 CPU 能力是过去的成百上千倍，价格也便宜了很多，而且有大批的厂商开发出了自己的 SDN 设备，因此 SDN 设备的造价也会越来越低。

（4）SDN 的发展方向更为明确。SDN 将目标放在为网络管理者和应用开发者提供强大的编程能力上，真正做到了为开发者提供一整套编程接口，让网络有强大的可编程能力，从而使开发者能在网络中加入自己新的服务，专注于编程与服务。例如，OpenFlow 在现有的协议基础上提供的编程能力做得很好。它只是在现有硬件的基础上进行改进，提供了一套方便的管理协议，而不是大规模地革新现有网络数据平面中的协议。这使得网络有一个相对平缓的演进，有利于网络可编程性更好地"落地"。与之相比，主动网络过于关注编程语言以及数据分组中怎样更加安全地携带代码，而忽视了更为重要的目标，即人们更为关注网络方便快捷的编程能力。同时，主动网络主要是为端用户提供服务，而不是网络的管理者。大多数端用户不怎么关心网络的编程能力，他们更加关注网络能提供哪些更好的服务。

SDN 虽然为网络提供了强大的可编程性，但目前在实现过程中也遇到了一些问题。事实上，SDN 所提供的强大的可编程能力需要数据平面的转发设备来支撑，只有转发设备提供了丰富的功能，SDN 才能真正提供强大的编程能力。但是目前主流的设备厂商都有自己的交换芯片，转发设备数据模型的设计也各不相同，这就导致了 SDN 功能实现起来复杂度较高。例如，OpenFlow v1.3 协议中规定的多级流表，许多硬件厂商受到自己设备原始设计的限制，很难提供足够的支持，目前普遍支持的只有功能受限的两级流表。因此，虽然 SDN 所定义的一些基本功能网络设备可以很好地满足，但是很多高级的功能目前仍很难实现。这就需要设备能及时把自己的功能和所提供的操作（如所支持的流表大小、分组头匹配范围等）上报给控制器，使控制器可以根据转发设备不同的功能来调整开放部分的编程能力，优化底层实现的效率。

根据前文所述，SDN 在初始发展阶段虽然明确提出了网络的可编程性，但是实际应用过程中依然受到了基于流水架构的转发芯片的制约，因此高性能网络可编程仍有非常大的空间。Nick McKeown 曾指出，传统转发速度比可编程设备的转发速度快 10～100 倍。即使如此，网络可编程所具有的优势依然吸引着学术界和业界的目光。网络可编程不仅可以使控制平面更好地实现自动化的网络部署和管理，还能让数据平面实时更改数据流的网络行为，灵活修改已有的网络协议，甚至快速部署新的网络协议，使其更好地支持创新型应用，满足更广泛的场景需求。为了增强 SDN 的网络可编程性，业界分别提出了一些新的标准和协议，如华为公司主导的协议无关转发（Protocol Oblivious Forwarding，POF）和斯坦福大学主导的 P4（Programming Protocol-independent Packet Processors，可编程协议无关包处理器）。这些都可以不依赖于现有的网络协议而根据网络管理人员自定义的报文协议对数据进行转发。这从很大程度上提高了网络的可编程性，因此受到业界的广泛关注。下面对 POF 和 P4 的网络可编程性进行简单介绍。

（1）POF

目前主流的南向接口协议 OpenFlow 面临以下挑战：处于被动演进的模式，即不断有新的协议内容加入、扩充到原有版本中，形成迭代更新的新版本，版本间互相隔离，导致数据平面交换机和控制平面控制器对于新的版本要做重新的定制和改动，牵一发而动全一身，可扩展性和灵活性大打折扣；转发层面无状态性，即基于 OpenFlow 的数据层面缺少流状态的主动监控能力，无控制器参与时无法完成带有状态的流操作行为。基于这一背景，2013 年 4 月，华为提出了 POF。

POF 基于 OpenFlow 进行了增强改进，POF 的转发设备对数据报文处理转发时无须协议感知功能，网络行为完全由控制平面负责定义。POF 还可以实现基于自定义协议的网络服务，这是目前 OpenFlow 无法做到的，这无疑给网络开发者提供了新的空间。因此，POF 从很大程度上提高了 SDN 的可编程能力，满足了更多的网络需求。

在 POF 中，控制器主要通过定义数据的偏移和长度，识别已有协议类型和新的协议类型，并且可以控制所有协议报文的业务逻辑和转发规则。如果网络中需要部署新的协议，如部署基于 VXLAN 和 NVGRE 网络，开发更多的服务与应用（如二层/三层 VPN 服务、状态防火墙等服务）等，网络管理员只需要下发一些报文转发操作指令到支持 POF 的交换机上即可。因此，在 SDN 发展的道路上，POF 为南向接口协议的扩展性、网络可编程性提供了新思路，使得 SDN 可以应用于更多的网络场景中。

目前，华为已针对 POF 开发了相应控制器和交换机。POF 控制器由基于 Java 开发的 Floodlight 改进实现，采用 BSD/Apache 许可授权。POF 转发单元基于 Linux C，同样采用 BSD 许可授权。华为通过开源网站向业界共享了 POF 控制单元和转发单元原型的软件代码及文档，以激发业界和学术界对推进 POF 技术的广泛兴趣。读者可以通过访问 POF 官方网站，自由下载和运行软件、修改源代码，或者在原有 POF 交换机和 POF 控制器上开发新的功能。

（2）P4

2014 年 7 月，斯坦福大学提出了 SDN 编程语言 P4。这是一种声明式编程语言，开发者通过 P4 可以灵活地定义各种协议报文的格式。它主要用于编写程序以下达指令给数据转发平面的设备（如交换机、网卡、防火墙、过滤器等）处理数据分组。此外，P4 程序具有很强的可移植性，可适用于所有支持 P4 的转发设备。P4 是对 OpenFlow 协议的进一步发展演进，也被部分学者形象地称为 OpenFlow v2.0。

众所周知，实现网络可编程是 SDN 发展的一大目标，而各种 SDN 方案的实现都需要交换设备的支持。如今，设计一款高性能的网络设备相当困难。首先，需要确定所需的设备有哪些特性；其次，要找到一块最符合特性需求的交换机芯片，并签署一份保密协议以获得软件开发工具包（SDK）；最后，需要调用合适的 API 进行编程使芯片满足系统需求。但是由于系统取决于 SDK，因此设计是被芯片厂商锁定的。

P4 试图从根本上改变人们设计网络系统的方式。首先需要确定系统的设计要求，然后编写一个 P4 程序来描述系统需要如何处理数据分组，最后编译程序通知转发设备该做什么。从本质上讲，通过 P4 语言，可以很大程度上提升网络的可编程性。无论是在软件设计（编程、调试、代码覆盖、模块检查等）方面，还是在网络系统的设计上，都给用户带来了很多好处。综上所述，P4 具有以下三大特性。

① 域可重构性：P4 支持网络工程师在已经部署交换机后再更改交换机处理数据分组的方式。

② 协议无关：P4 编程定义了如何处理数据分组的转发，交换机不应该绑定任何网络协议。

③ 目标无关：网络工程师通过 P4 能够描述从高性能硬件到软件交换机的包处理功能。

1.5 本章小结

通过本章的学习可以看出，在 SDN 的发展过程中，虽然各大厂商和组织出于利益的考虑在协议标准以及架构方面存在一些分歧，但其对 SDN 核心思想的理解基本类似。SDN 的核心思想就是要实现控制平面与数据平面分离，并使用集中式的控制器来完成对网络的可编程任务，而控制器通过北向接口和南向接口协议分别与上层应用和下层转发设备实现交互。正是这种控制和数据分离（解耦）的特点使 SDN 具有了强大的可编程能力。这种强大的可编程性使网络能够真正地被软件所定义，达到简化网络运维、灵活管理调度的目标。同时，为了使 SDN 能够实现大规模的部署，需要通过东西向接口协议支持多控制器间的协同。后续将在第 5 章中介绍 SDN 的这几类接口协议，以帮助读者进一步认识和理解 SDN 技术。

1.6 本章练习

1. SDN 相对于传统网络的优势在哪里？会带来哪些问题？
2. SDN 架构包含哪些模块？
3. SDN 是如何实现控制平面与数据平面分离的？
4. SDN 是如何实现网络可编程的？

第2章
SDN仿真环境

02

传统的网络仿真平台（如 NS2、OPNET）或多或少存在着某些缺陷，难以准确地模拟网络实际状态且不具备交互特性，使得基于这些平台开发的代码不能直接部署到真实网络中。斯坦福大学 Nick McKeown 研究小组基于 Linux Container 架构，开发了 Mininet 这一轻量级的进程虚拟化网络仿真工具。Mininet 最重要的一个特点是，它的所有代码几乎可以无缝迁移到真实的硬件环境中，方便为网络添加新的功能并进行相关测试。本章将从安装虚拟机开始，对如何搭建 SDN 仿真环境进行介绍，然后着重介绍 Mininet 的原理及使用方法，帮助读者理解和掌握这套强大的仿真工具，以便搭建自己的 SDN 仿真环境。

知识要点

1. 熟悉SDN仿真环境搭建的流程。
2. 掌握Mininet仿真平台的常规命令。
3. 熟悉Mininet可视化应用的使用方法。
4. 能够使用Mininet来进行实例开发。

2.1 配置 Linux 环境

VMware Workstation（简称 VM）是美国 VMware 公司出品的一款用于运行虚拟机的软件。它可以在一台计算机中同时运行多个操作系统，包括 Windows 2003、Windows XP、Windows 7、Windows 8、Windows 10、Linux 等。利用它，用户可以在一台计算机中将硬盘和内存的一部分"拿出来"并虚拟出若干台计算机，虚拟的每台计算机可以运行单独的操作系统而互不干扰。这些"新"计算机各自拥有自己独立的 CMOS、硬盘和操作系统，用户可以像使用普通计算机一样对它们进行分区、格式化、安装系统和应用软件等操作，还可以将这几个"计算机"连接成一个网络。在虚拟系统崩溃之后可直接删除，并不影响本机系统，本机系统崩溃后也不影响虚拟系统，可以在重装本机系统后再加入以前做的虚拟系统。同时，VMware Workstation 是唯一能在 Windows 和 Linux 主机平台上运行的虚拟计算机软件。

Ubuntu 是一个以桌面应用为主的开源 GNU/Linux 操作系统。Ubuntu 基于 Debian GNU/Linux，支持 x86、AMD64（x64）和 PPC 架构，由全球化的专业开发团队（Canonical 公司）打造。Ubuntu 基于 Debian 和 GNOME，而从 11.04 版起，Ubuntu 发行版放弃了 GNOME，改为 Unity。与 Debian 的不同之处在于，它每 6 个月会发布一个新版本。Ubuntu 具有庞大的社区力量，用户可以方便地从社区获得帮助。Ubuntu 对 GNU/Linux 的普及（特别是桌面普及）做出了巨大贡献，由此使更多人共享开源的成果。

本书的 SDN 的 Linux 环境是在 VMware Workstation 上安装的 Ubuntu 操作系统。

首先，在 VMware 官方网站下载并安装 VMware Workstation（后文简称 VMware）。

其次，在 Ubuntu 官网下载 Ubuntu 镜像系统，本书统一使用的版本是 Ubuntu 14.04。

最后，开始在 VMware 上安装 Ubuntu 操作系统，步骤如下。

步骤 1：运行 VMware，创建新的虚拟机，选中"典型"单选按钮，转至下一步。

步骤 2：选中"稍后安装操作系统"单选按钮，转至下一步。

步骤 3：选择"Linux"→"Ubuntu64 位"选项，转至下一步。

步骤 4：填写虚拟机名称，选择保存位置，转至下一步。

步骤 5：设置磁盘容量使用默认值，转至下一步，单击"完成"按钮。

步骤 6：进行编辑虚拟机设置。

步骤 7：在 CD/DVD 右侧的选项中，选中"使用 ISO 映像文件"单选按钮，单击"浏览"按钮，选择下载好的 Ubuntu 映像文件，单击"确定"按钮。

步骤 8：单击"开启此虚拟机"按钮，进入安装。推荐使用英文，选择"Install Ubuntu"选项。

步骤 9：直接单击"Continue"按钮。

步骤 10：使用 Ubuntu 默认的分区，不自己进行分区，分别单击"Install Now"和"Continue"按钮。

步骤 11：选择所在地，选择语言键盘，填写用户名、主机名和密码。

步骤 12：开始安装 Ubuntu，完成后会提示重启，单击"Restart Now"按钮。

步骤 13：Ubuntu 安装完成。

2.2　Mininet 简介

2.2.1　Mininet 介绍

Mininet 是一种可以在有限资源的普通计算机上快速建立大规模 SDN 原型系统的网络仿真工具。该系统由虚拟的终端节点（End-Host）、OpenFlow 交换机、控制器（也支持远程控制器）组成，这使得它可以模拟真实网络，可对各种想法或网络协议等进行开发验证。目前 Mininet 已经作为官方的演示平台对各个版本的 OpenFlow 协议进行演示和测试。

Mininet 仿真工具主要基于 Python 语言，其代码主要可以分为两大部分：运行文件和库文件。在库文件中，Mininet 对网络中的元素进行抽象和实现，例如，定义主机类来表示网络中的一台主机，运行文件则基于这些库文件完成模拟过程。

Mininet 源代码中共有 bin、custom、doc、mininet.egg-info、build、debian、examples、dist、mininet、util 这 10 个子目录以及 mnexec.c、setup.py 等文件，其文件结构如图 2-1 所示，接下来对其中重要的文件予以介绍。

① bin/：该文件夹下的 mn 文件是 Mininet 的运行文件，是应用 Python 编写的文件，定义了

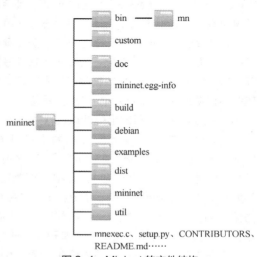

图 2-1　Mininet 的文件结构

MininetRunner 类。Mininet 安装后执行 mn 时即调用此程序，为整个测试创建基础平台。该文件的代码结构如图 2-2 所示。

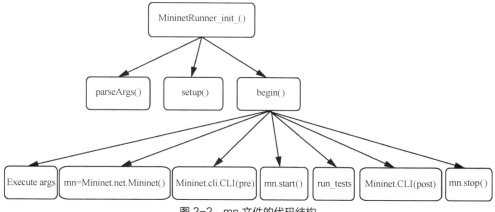

图 2-2　mn 文件的代码结构

　　mn 文件执行过程中函数调用如下：MininetRunner_init_()进行运行初始化，应用 parseArgs()解析命令行传递的参数；通过 setup()调用 Mininet.net.init()来校验运行环境配置；调用 begin()执行给定参数，完成创建拓扑、地址分配等操作；调用 Mininet.net.Mininet()创建网络平台 mn；应用 Mininet.cli.CLI()函数创建命令行界面（Command Line Interface，CLI）对象；通过调用 mn.start()启动网络实例；启动网络实例后，执行指定的测试命令，默认为 CLI，即调用 Mininet.CLI(mn)进入交互环境；执行结束后调用 mn.stop()退出应用的网络实例。

　　② custom/：可以放置用户自定义的 Python 文件，如自定义的拓扑等。

　　③ doc/：doxygen.cfg 文件执行 doxygen 生成文档时的配置文件。

　　④ debian/：生成 deb 安装包时的配置文件。

　　⑤ mininet/：Mininet 的核心代码都在该文件夹内。此外，该文件夹下的 initpy 文件用于将 Python 代码导入控制文件；clean.py 文件提供了两个函数，sh(cmd)用于调用 Shell 来执行 cmd，cleanup()函数用于清理残余进程或临时文件；test 子文件夹用于存放测试的例子。

　　⑥ util/：可放置辅助文件，包括安装脚本、辅助生成文档等。

　　⑦ 其他文件具体描述如下。

　　● mnexec.c：执行一些快速命令，如关闭文件描述等。该文件是 C 程序，编译后生成的二进制文件 mnexec 被 Python 库调用。

　　● setup.py：安装 Python 包时的配置文件，在 Makefile 中调用。

　　● CONTRIBUTORS：作者信息。

　　● README.md：说明文件。

　　● INSTALL：安装说明。

2.2.2　Mininet 的安装和配置

　　如上文所述，Mininet 是一个轻量级的网络虚拟化平台，它对安装环境并没有太高要求，研究者在单机环境中即可安装使用。Mininet 主要有 3 种安装方法，下面介绍 Mininet 的安装与配置。

1. Mininet 的 VM 安装

本书使用的 Mininet 的版本是 Mininet 2.2.0。Mininet 的 VM 安装是安装 Mininet 最简单的方法之一，Mininet 官方网站提供配置好相关环境的基于 Debian_Lenny 的虚拟机镜像文件。以下是其安装步骤。

下载并解压 Mininet VM 镜像文件，可以在官方网站直接下载，路径如下。

http://mininet.org/download/

下载并安装虚拟系统（运行于 Windows 或者 Linux 中的 VirtualBox、VMware，运行于 Mac 中的 VMware Fusion，运行于 Linux 中的 KVM 等），在虚拟软件中直接打开 Mininet 虚拟机即可。

需要注意的是，虚拟系统最好采用桥接方式联网，以使 Mininet 获得独立的 IP 地址。同时，为方便在后续研究中使用 Wireshark、xterm 等工具，建议启动 Mininet 前先安装软件 Xming，并使用 PuTTY 软件安全外壳（Secure Shell，SSH）登录 Mininet。具体步骤：启动 PuTTY 软件，选择"Connection-"→"SSH"→"X11"选项，再选择"X11 forwarding"→"Enable X11 forwarding"选项，单击"Session"按钮，在"HostName"文本框中输入 Mininet 的 IP 地址，即可登录 Mininet。

2. 本地安装 Mininet 源代码

先获取 Mininet 源代码。

#git clone git://github.com/mininet/mininet

获取 Mininet 源代码后即可安装 Mininet。以下命令将安装 Mininet VM 中的所有工具，包括 Open vSwitch、Wireshark 抓包工具和 POX。默认情况下，这些工具安装在用户的主目录（root 目录）下。

#mininet/util/install.sh - a

执行以下命令默认安装 Mininet、UserSwitch 和 Open vSwitch。

#mininet/util/install.sh - nfv

在上述命令之前（install.sh-s mydir a/nfv）使用以下命令，可以将 Mininet 安装在指定的目录下，而不是安装在默认主目录下。

#mininet/util/install.sh -s mydir -a/nfv

如果想了解更多工具安装的内容，则可使用如下代码。

#install.sh - h

3. 安装 Mininet 文件包

如果曾更新过 Ubuntu 或者 Mininet，则在安装前可以运行以下命令以确保删除 Mininet、Open vSwitch 等以前版本的痕迹，否则将影响新版本的安装。

#rm -rf /usr/local/bin/mn /usr/local/bin/mnexec\
>/usr/local/lib/python*/*/*mininet*
>/usr/local/bin/ovs-*
>/usr/local/sbin/ovs-*

对于不同的 Ubuntu 版本，安装 Mininet 文件包的命令有所区别，具体如下。

Mininet2.1.0 on Ubuntu14.10: sudo apt -get install mininet
Mininet2.1.0 on Ubuntu14.04: sudo apt -get install mininet
Mininet2.0.0 on Ubuntu12.04: sudo apt -get install mininet/precise-backports

Mininet 安装完成后，验证 Open vSwitch -controller 是否在运行。如果正在运行，则应将其停止，以确保 Mininet 在启动时可以指定自己的控制器。

#service open vswitch -controller stop

```
#update-rc.d open vswitch -controller disable
```

Mininet 安装完成后，即可使用 Mininet 创建模拟的 SDN。为检验网络搭建后是否可以进行正常通信，一般的做法是使用 ping 命令在两个主机之间进行 ping 操作。同样，可以使用如下命令直接检验 Mininet 是否安装成功。

```
#sudo mn- -test pingall
```

Mininet 安装成功后，启动 Mininet 的操作十分简单，只需用如下命令即可启动 Mininet。

```
#sudo mn
```

执行上述命令后，会创建默认的一个小型测试网络。经过短暂时间的等待即可进入 "mininet>" 命令行界面。进入 "mininet>" 命令行界面后，默认拓扑将创建成功，即拥有一个由一台控制器、一台交换机和两台主机构成的网络。

除此之外，Mininet 也可以通过参数设定或者自定义脚本创建不同的网络拓扑，详情请参阅 2.2.3 小节。

2.2.3　Mininet 常用命令

Mininet 常用的交互命令如表 2-1 所示。

表 2-1　Mininet 常用的交互命令

命令	作用
help	默认列出所有命令文档，若后面加命令名将介绍该命令用法
gterm	给定节点上开启 gnome-terminal。 注：可能导致 mn 崩溃
xterm	给定节点上开启 xterm
intfs	列出所有的网络接口
iperf	两个节点之间进行简单的 iPerf TCP 测试
iperfudp	两个节点之间用指定带宽的 UDP 进行测试
net	显示网络连接情况
noecho	运行交互式窗口，关闭回应（Echoing）
pingpair	在前两台主机之间进行 ping 测试
source	从外部文件中读入命令
dump	显示所有节点的具体信息
dpctl	在所有交换机上使用 dpctl 执行相关命令，本地为 tcp127.0.0.1:6634
link	禁用或启用两个节点之间的链路
nodes	列出所有的节点信息
pingall	所有主机节点之间进行 ping 测试
py	执行 Python 表达式
sh	运行外部 Shell 命令
quit/exit	退出 Mininet

除了创建默认的网络拓扑之外，Mininet 还提供了丰富的启动选项来配合交互式命令来设置网络的各种属性，以满足使用者在仿真过程中的多样性需求。Mininet 启动选项如表 2-2 所示。

表 2-2　Mininet 启动选项

选项	作用
-h,--help	显示帮助信息
--switch=SWITCH	设置交换机类型和个数
--host=HOST	设置主机参数和个数
--controller=CONTROLLER	设置控制器，指定控制器类型
--link-LINK	设置链路属性
--topo=TOPO	指定网络拓扑
-c,--clean	清理配置
--custom=CUSTOM	运行拓扑脚本。Mininet 支持自定义的拓扑，使用一个简单的 Python API 即可
--test=TEST	测试命令
-x,--xterms	打开 xterm 终端
--mac	自动设置 MAC 地址，MAC 地址与 IP 地址的最后一个字节相同
--arp	主机设置静态 ARP 表
-vVERBOSITY,--verbosity=VERBOSITY	输出调试、告警等信息
--ip=IP	设置远程控制器的 IP 地址
--port=PORT	设置远程控制器的端口
--innamespace	让所有节点拥有各自的名称空间
--listenport=LISTENPORT	使用监听端口
--nolistenport	不使用监听端口
--pre=PRE	命令脚本在测试前端运行
--post=POST	命令脚本在测试后台运行

基于以上命令，可以在 Mininet 上进行各种所需要的操作。

1. 设置网络拓扑

该操作用于指定 OpenFlow 的网络拓扑。Mininet 已经为大多数应用实现了 5 种类型的 OpenFlow 网络拓扑，分别为 Tree、Single、Reversed、Linear 和 Minimal。默认情况下，创建的是 Minimal 拓扑，该拓扑为一个交换机与两个主机相连。命令--toposingle,n 表示 1 个 OpenFlow 交换机下挂连接 n 个主机。Reversed 与 Single 类型相似，区别在于 Single 的主机编号和相连的交换机端口编号同序，而 Reversed 的主机编号和相连的交换机端口编号反序。命令--topolinear,n 表示将创建 n 个 OpenFlow 交换机，每个交换机只连接一个主机，并且所有交换机连接成直线。命令--topotree,depth=n,fanout=m 表示创建一个树状拓扑，深度是 n，扇出是 m，例如，当 depth=2,fanout=8 时，将创建 9 个交换机连接 64 个主机（每个交换机连接 8 个设备，设备包括交换机及主机）。

在上述已有拓扑的基础上，Mininet 支持自定义拓扑，使用一个简单的 Python API 即可，例如，导入自定义的 mytopo 的命令如下。

```
#sudo mn --custom ~/mininet/custom/topo-2sw-2host.py --topo mytopo --test pingall
```

2. 设置交换机

Mininet 支持 4 类交换机，分别是 UserSwitch、OVS、OVSLegacyKernelSwitch 和 IVS。其中，运行在内核空间中的交换机的性能和吞吐量要高于用户空间交换机，可以通过运行 iperf 命令测试链路的 TCP 带宽速率来验证。

```
#sudo mn --switch ovsk --test iperf
```

此外，在 switch 属性中添加 protocols 参数可以指定 OpenFlow 协议版本，例如，OpenFlow v1.0 和 OpenFlow v1.3 的指定命令如下。

```
#sudo mn ––topo single,3 ––controller=remote,ip=[controllerIP] --switch ovsk,protocols=OpenFlow10
#sudo mn ––topo single,3 ––controller=remote,ip=[controllerIP] --switch ovsk,protocols=OpenFlow13
```

可以使用以下命令查看不同 OpenFlow 版本的 OVS 信息。

```
#ovs –ofctl –O OpenFlow10 shows1
#ovs –ofctl –O OpenFlow13 shows1
```

3. 设置控制器

通过参数设置的控制器可以是 Mininet 默认的控制器（NOX）或者虚拟机之外的远端控制器，如 Floodlight、POX 等，指定远端控制器的方法如下。

```
#sudo mn --controller=remote,ip=[controller IP], port=[controllerlistening port]
```

4. 设置 MAC 地址

设置 MAC 地址的作用是增强设备 MAC 地址的易读性，即将交换机和主机的 MAC 地址设置为一个较小的、唯一的、易读的 ID，以便在后续工作中减少对设备识别的难度。

```
#sudo mn--mac
```

5. 设置链路属性

链路属性可以是默认 Link 及 TC Link。将链路类型指定为 TC 后，可以进一步指定具体参数。具体参数命令显示如下。

```
#sudo mn --linkt c,bw=[bandwidth],delay=[delaytime],loss=[lossrate], max_que_size=[queuesize]
```

其中，bw 表示链路带宽，使用 Mbit/s 为单位表示；延迟 delay 以字符串形式表示，如"5ms""100μs""1s"；loss 表示数据分组丢失率的百分比，用 0 ~ 100 的一个百分数表示；max_que_size 表示最大排队长度，使用数据分组的数量表示。

Mininet 拓扑创建成功后，一般可用 nodes、dump、net 等基本命令查看拓扑的节点、链路及网络等。

2.3 实验一 Mininet 的可视化应用

1. 实验目的

① 了解 Mininet 的可视化界面。

② 熟练掌握使用 Mininet 的可视化界面来生成拓扑。

2. 实验环境

实验环境配置说明如表 2-3 所示。

表 2-3　实验环境配置说明

设备名称	软件环境	硬件环境
主机 1	Ubuntu 14.04 桌面版 Mininet 2.2.0	CPU：1 核 内存：2GB 磁盘：20GB

3. 实验内容

利用 Mininet 的可视化应用完成自定义拓扑的创建。

4. 实验原理

Mininet 2.2.0 中内置了一个 Mininet 可视化工具 MiniEdit，使用该工具可以很方便用户自定义拓扑地创建 Mininet 可视化工具，为不熟悉 Python 脚本的使用者创造了更简单的环境。Mininet 在 "/home/openlab/openlab/mininet/mininet/examples" 目录下提供了 miniedit.py 脚本，执行此脚本后将显示 Mininet 的可视化界面，在界面中可自定义拓扑和自定义设置。使用可视化界面创建拓扑会生成一个 Python 文件，创建的拓扑可以直接运行，也可以通过 Python 文件启动。MiniEdit 脚本位于 Mininet 的示例文件夹。运行 MiniEdit 需要使用 root 权限，需执行如下命令。

```
#sudo ~/mininet/examples/miniedit.py
```

MiniEdit 的用户界面如图 2-3 所示。

图 2-3　MiniEdit 的用户界面

MiniEdit 有一个简单的用户界面，在界面的左侧有一排工具图标，在界面顶部有一条菜单栏。左侧图标依次是 Select、Host、Switch、Legancyswitch、Legancyrouter、Netlink、Controller、Run、Stop。

① Select：选择工具，用于移动画布（界面中的空白区域称为画布）上的节点，可单击并拖动任何现有的节点。选择现有的节点或链接时，可将鼠标指针悬停在其上面，右键单击以显示所选元素的快捷菜单，并进行相关操作。

② Host：主机工具，用于在画布上创建主机节点。单击该工具，并单击画布上希望放置节点的任何位置即可。只要该工具保持选定状态，就可以通过单击画布上的任意位置继续添加主机。用户可以通过右键单击主机并从快捷菜单中选择 "Properties" 选项来进行配置主机。

③ Switch：交换机工具，用于在画布上创建支持 OpenFlow 的交换机，这些交换机将连接到控制器。该工具的操作方法与 Host 工具相同，用户可以通过在右键快捷菜单中选择 "Properties" 选项来配置交换机。

④ Legancyswitch：传统交换机工具，用于创建具有默认设置的学习以太网交换机。交换机将独立运行，无须控制器。传统交换机不能被配置，也不能设置生成树禁用功能，所以不能在环中连接传统交换机。

⑤ Legancyrouter：传统路由器工具，用于创建独立运作且无须控制器的基本路由器。它基本上只是一个启用了 IP 地址转发的主机。传统路由器不能在 MiniEdit GUI 上配置。

⑥ Netlink：网络链路工具，用于在画布上创建节点之间的联系。创建链接时，先单击该工具，再单击一个节点并将链接拖动到目标节点即可。用户可以通过选择右键快捷菜单中的"Properties"选项来配置链接的属性。

⑦ Controller：控制器工具，用于创建控制器，可以添加多个控制器。默认情况下，MiniEdit会创建一个 MininetOpenFlow 控制器，它可控制交换机的行为。控制器类型可以配置，用户可以通过选择右键快捷菜单中的"Properties"选项来配置控制器。

⑧ Run/Stop：运行按钮将运行结果显示在当前画布上的 MiniEdit 模拟场景中，停止按钮将停止运行中的节点。当 MininEdit 仿真处于运行状态时，右键单击网络组件，在快捷菜单中会显示操作功能。例如，打开终端窗口，查看交换机配置或将链接状态设置为"up"或"down"。

有了以上的知识储备，读者可以基于 MiniEdit 来自主创建一个网络拓扑。

5. 实验步骤

（1）环境检查

步骤① 选择控制器，单击终端图标，打开终端，执行 ifconfig 命令查看控制器的 IP 地址，如图 2-4 所示。

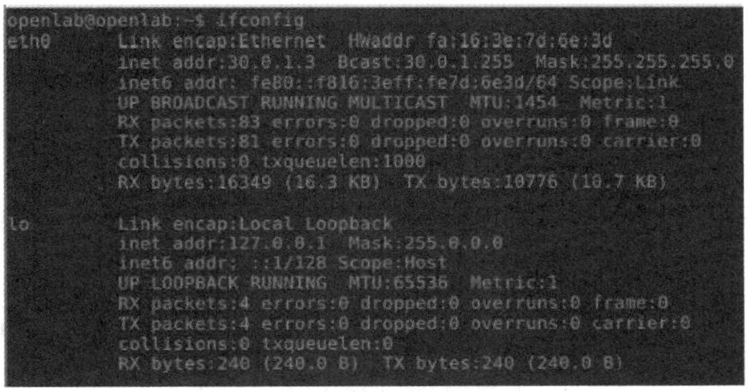

图 2-4　查看控制器的 IP 地址

步骤② 选择 Mininet 主机，单击终端图标，打开终端，执行 ifconfig 命令查看 Mininet 的 IP 地址，如图 2-5 所示。

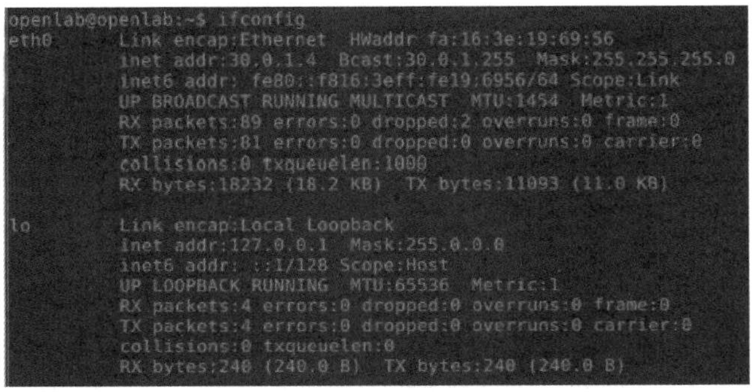

图 2-5　查看 Mininet 的 IP 地址

（2）通过可视化界面构建拓扑

步骤① 选择 Mininet 主机，执行如下命令进入 Mininet 可视化界面，如图 2-6 所示。

```
#cd    ~openlab/mininet/mininet/examples
#sudo   ~/miniedit.py
```

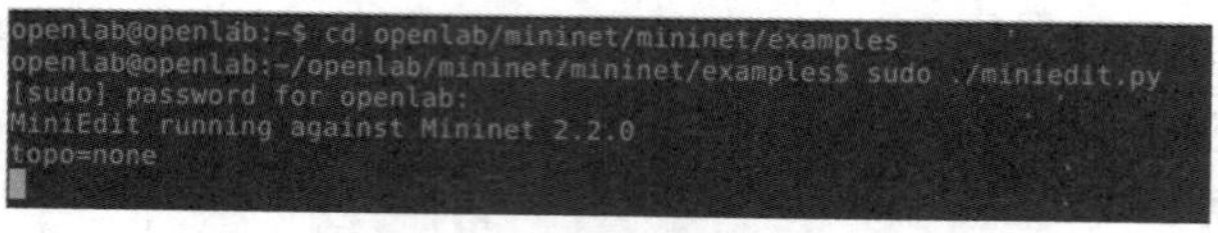

openlab@openlab:~$ cd openlab/mininet/mininet/examples
openlab@openlab:~/openlab/mininet/mininet/examples$ sudo ./miniedit.py
[sudo] password for openlab:
MiniEdit running against Mininet 2.2.0
topo=none

图 2-6　进入 Mininet 可视化界面

Mininet 可视化界面如图 2-7 所示。

MiniEdit
File Edit Run Help
Run
Stop

图 2-7　Mininet 可视化界面

步骤②　添加图 2-8 所示的网络组件，选择左侧的“Netlink”选项，拖动鼠标连接网络组件。

说明　**选择左侧对应的网络组件，并在空白区域中单击即可添加网络组件。**

步骤③　将鼠标指针悬停在控制器上并右键单击，选择“Properties”选项即可设置其属性，设置 Controller Type 为“Remote Controller”，并填写控制器的端口和 IP 地址，如图 2-9 所示。

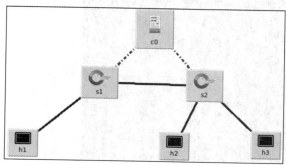

c0
s1
s2
h1
h2
h3

图 2-8　添加网络组件

Controller Details
Name: c0
Controller Port: 6633
Controller Type: Remote Controller
Protocol: TCP
Remote/In-Band Controller
IP Address: 30.0.1.3
OK
Cancel

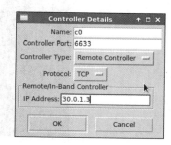

图 2-9　配置控制器属性

步骤④　单击“OK”按钮，命令行反馈信息如图 2-10 所示。

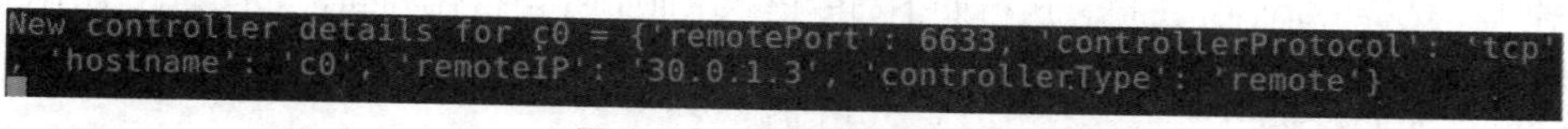

New controller details for c0 = {'remotePort': 6633, 'controllerProtocol': 'tcp'
, 'hostname': 'c0', 'remoteIP': '30.0.1.3', 'controllerType': 'remote'}

图 2-10　命令行反馈信息

步骤⑤　将鼠标指针悬停在主机上并右键单击，选择"Properties"选项即可设置其属性，在主机的属性中自行设置主机的 IP 地址等，如图 2-11 所示。

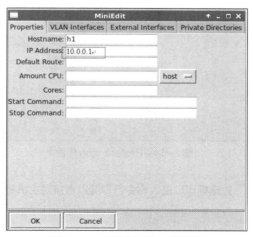

图 2-11　设置主机的 IP 地址等

步骤⑥　单击"OK"按钮，命令行反馈信息如图 2-12 所示。

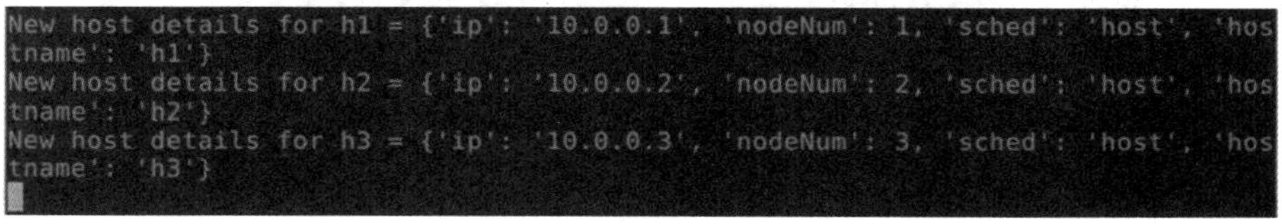

```
New host details for h1 = {'ip': '10.0.0.1', 'nodeNum': 1, 'sched': 'host', 'hos
tname': 'h1'}
New host details for h2 = {'ip': '10.0.0.2', 'nodeNum': 2, 'sched': 'host', 'hos
tname': 'h2'}
New host details for h3 = {'ip': '10.0.0.3', 'nodeNum': 3, 'sched': 'host', 'hos
tname': 'h3'}
```

图 2-12　命令行反馈信息

步骤⑦　将鼠标指针悬停在交换机上并右键单击，选择"Properties"选项即可设置其属性，交换机属性配置界面如图 2-13 所示，本实验中交换机采用默认配置即可。

图 2-13　交换机属性配置界面

步骤⑧　在菜单栏中选择"Edit"→"Preferences"选项，进入 Preferences 界面，勾选"Start CLI"复选框和 OpenFlow 协议版本，如图 2-14 所示。

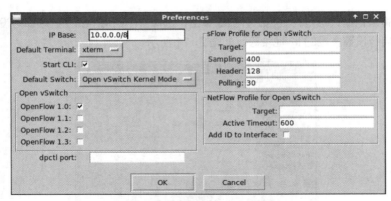

图 2-14　Preferences 界面

> **说明**　勾选"Start CLI"复选框可以进入命令行界面以直接对主机等进行命令操作。

步骤⑨　单击"OK"按钮，命令行反馈信息如图 2-15 所示。

图 2-15　命令行反馈信息

步骤⑩　单击 Mininet 可视化界面左下角的"Run"按钮，即可启动 Mininet 并运行设置好的网络拓扑，如图 2-16 所示。

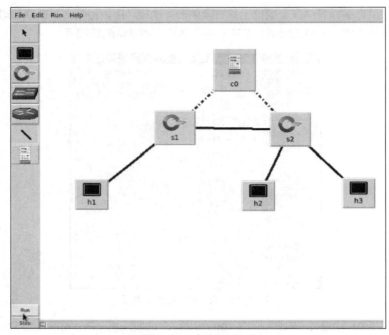

图 2-16　启动 Mininet

步骤⑪ 查看终端显示的拓扑信息，如图 2-17 所示。

```
Build network based on our topology.
Getting Hosts and Switches.
Getting controller selection:remote
<class 'mininet.node.Host'>
<class 'mininet.node.Host'>
<class 'mininet.node.Host'>
Getting Links.
*** Configuring hosts
h3 h1 h2
**** Starting 1 controllers
c0
**** Starting 2 switches
s2 s1
No NetFlow targets specified.
No sFlow targets specified.


 NOTE: PLEASE REMEMBER TO EXIT THE CLI BEFORE YOU PRESS THE STOP BUTTON. Not exi
ting will prevent MiniEdit from quitting and will prevent you from starting the
network again during this sessoin.
```

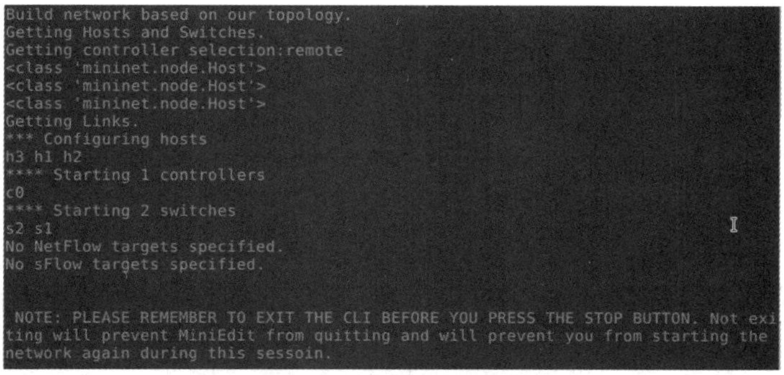

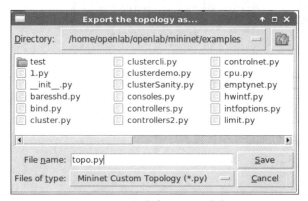

图 2-17 终端显示的拓扑信息

步骤⑫ 选择“File”→“Export Level 2 Script”选项，将其保存为 Python 脚本，如图 2-18 所示。

图 2-18 保存为 Python 脚本

> **说明** 以后直接运行 Python 脚本即可重现拓扑，重现拓扑后可在命令行界面中直接进行操作。

步骤⑬ 在 Mininet 命令行界面中输入 Mininet 常用命令，查看拓扑中的节点和连接关系，主机之间互相测试拓扑连通性，如图 2-19 所示。

```
mininet> nodes
available nodes are:
c0 h1 h2 h3 s1 s2
mininet> net
h2 h2-eth0:s2-eth2
h3 h3-eth0:s2-eth3
h1 h1-eth0:s1-eth2
s1 lo:  s1-eth1:s2-eth1 s1-eth2:h1-eth0
s2 lo:  s2-eth1:s1-eth1 s2-eth2:h2-eth0 s2-eth3:h3-eth0
c0
mininet> pingall
*** Ping: testing ping reachability
h2 -> h3 h1
h3 -> h2 h1
h1 -> h2 h3
*** Results: 0% dropped (6/6 received)
mininet> 
```

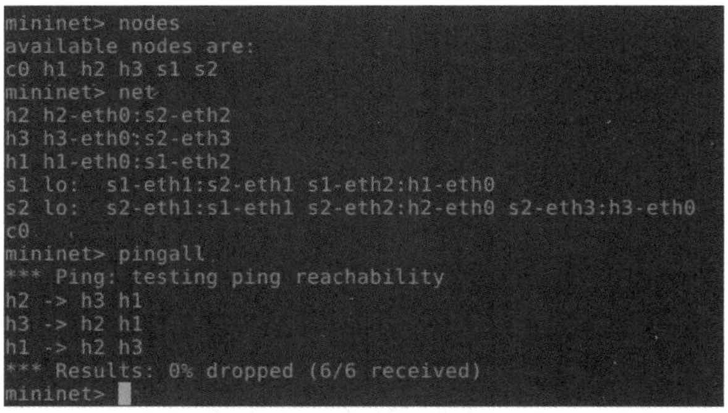

图 2-19 测试拓扑连通性

步骤⑭ 单击 Mininet 可视化界面中的"X"图标，退出 Mininet 可视化界面。

说明 若无法退出，则可切换到 Mininet 命令行界面中执行 exit 命令，Mininet 可视化界面将自动关闭。

步骤⑮ 在"/home/openlab/openlab/mininet/mininet/examples"目录下，执行如下命令，运行脚本，如图 2-20 所示。

```
#sudo python topo.py
```

```
openlab@openlab:~/openlab/mininet/mininet/examples$ sudo python topo.py
*** Adding controller
*** Add switches
*** Add hosts
*** Add links
*** Starting network
*** Configuring hosts
h2 h3 h1
*** Starting controllers
*** Starting switches
*** Post configure switches and hosts
*** Starting CLI:
mininet>
```

图 2-20 运行脚本

2.4 实验二 Mininet 模拟 MAC 地址学习

1. 实验目的

① 了解交换机的 MAC 地址学习过程。

② 了解交换机对已知单播、未知单播和多播帧的转发方式。

2. 实验环境

实验环境配置说明如表 2-4 所示。

表 2-4 实验环境配置说明

设备名称	软件环境	硬件环境
主机 1	Ubuntu 14.04 桌面版 Mininet 2.2.0	CPU：1 内核内存：2GB 磁盘：20GB

3. 实验内容

利用 Mininet 模拟二层交换机和两个主机，通过两个主机通信了解交换机 MAC 地址学习过程。

4. 实验原理

MAC 地址是识别 LAN 节点的标识。MAC 地址对设备（通常是网卡）接口是全球唯一的。MAC 地址有 48bit，用 12 个十六进制数表示。其中，前 6 个十六进制数由 IEEE 管理，用来识别厂商，构成组织唯一标识符（Organizationally Unique Identifier，OUI）；后 6 个十六进制数包括网卡序列号，或者特定硬件厂商的设定值。对于网卡来说，MAC 地址是它的物理地址，是不可变的，而 IP 地址是它对应的逻辑地址，是可以更改的。在交换机中有一张记录局域网主机 MAC 地址与交换机接口对应关系的表，交换机可根据这张表将数据帧传输到指定的主机上。交换机在接收到数据帧以后，首先将数据帧中的源 MAC 地址和对应的接口记录到 MAC 表中，接着检查自己的 MAC

表中是否有数据帧中的目的 MAC 地址的信息。如果有，则根据 MAC 表中记录的对应接口将数据帧发送出去（也就是单播）；如果没有，则将该数据帧从非接收接口发送出去（也就是广播）。图 2-21 所示为交换机传输数据帧的过程。

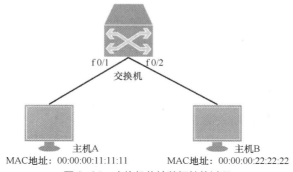

图 2-21　交换机传输数据帧的过程

① 主机 A 将一个源 MAC 地址为自身、目的 MAC 地址为主机 B 的数据帧发送给交换机。

② 交换机收到此数据帧后，先将数据帧中的源 MAC 地址和对应的接口（接口为 f 0/1）记录到 MAC 地址表中。

③ 交换机检查自己的 MAC 地址表中是否有数据帧中的目的 MAC 地址的信息。如果有，则从 MAC 地址表中记录的对应接口发送出去；如果没有，则将此数据帧从非接收接口的所有接口发送出去（除了 f 0/1 接口）。

④ 此时，局域网中的所有主机都会收到此数据帧，但是只有主机 B 收到此数据帧时响应这个广播，并回应一个数据帧，此数据帧中包括主机 B 的 MAC 地址。

⑤ 当交换机收到主机 B 回应的数据帧后，也会记录该数据帧中的源 MAC 地址（主机 B 的 MAC 地址）。此时，当主机 A 再和主机 B 通信时，交换机根据 MAC 地址表中的记录实现单播。

当局域网中存在多个交换机互连的时候，交换机的 MAC 地址表记录过程如图 2-22 所示。

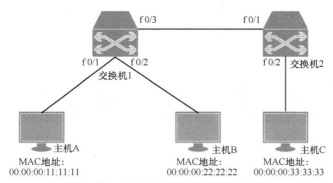

图 2-22　交换机的 MAC 地址表记录过程

① 主机 A 将一个源 MAC 地址为自身、目的 MAC 地址为主机 C 的数据帧发送给交换机。

② 交换机 1 收到此数据帧后，学习源 MAC 地址，并检查 MAC 地址表，发现没有目的 MAC 地址的记录，则将数据帧广播出去，主机 B 和交换机 2 都会收到此数据帧。

③ 交换机 2 收到此数据帧后会将数据帧中的源 MAC 地址和对应的接口记录到 MAC 地址表中，并检查自己的 MAC 地址表，发现没有目的 MAC 地址的记录，则广播此数据帧。

④ 主机 C 收到数据帧后，响应这个数据帧，并回复一个源 MAC 地址为自身的数据帧，此时，

交换机 1 和交换机 2 都会将主机 C 的 MAC 地址记录到自己的 MAC 地址表中，并以单播的形式将此数据帧发送给主机 A。

⑤ 主机 A 和主机 C 通信就是以单播的形式传输数据帧，主机 B 和主机 C 通信与上述过程一样，因此，交换机 2 的 MAC 地址表中记录的主机 A 和主机 B 的 MAC 地址都对应接口 f 0/1。

从图 2-21 和图 2-22 可以看出，交换机具有动态学习源 MAC 地址的功能，且交换机的一个接口可以对应多个 MAC 地址，但是一个 MAC 地址只能对应一个接口。本实验通过 Mininet 验证了交换机的 MAC 地址学习功能。

注意　交换机动态学习的 MAC 地址默认只有 300s 的有效期，如果 300s 内记录的 MAC 地址没有通信，则删除此记录。

5. 实验步骤

（1）MAC 地址学习操作

步骤①　登录 Mininet 虚拟机（Terminal 窗口 1），执行如下命令创建一个线形拓扑，控制器设置为无，如图 2-23 所示。

```
#sudo   mn --topo linear --mac --switch ovsk --controller=none
```

步骤②　执行 nodes 命令查看全部节点，如图 2-24 所示。

```
openlab@openlab:~$ sudo mn --topo linear --mac --switch ovsk --controller=none
[sudo] password for openlab:
*** Creating network
*** Adding controller
*** Adding hosts:
h1 h2
*** Adding switches:
s1 s2
*** Adding links:
(h1, s1) (h2, s2) (s2, s1)
*** Configuring hosts
h1 h2
*** Starting controller

*** Starting 2 switches
s1 s2
*** Starting CLI:
openlab>
```

```
openlab> nodes
available nodes are:
h1 h2 s1 s2
```

图 2-23　创建拓扑　　　　　　　　　　　　图 2-24　查看全部节点

步骤③　执行 net 命令查看链路信息，如图 2-25 所示。

步骤④　执行 dump 命令查看节点信息，如图 2-26 所示。

```
openlab> net
h1 h1-eth0:s1-eth1
h2 h2-eth0:s2-eth1
s1 lo:  s1-eth1:h1-eth0 s1-eth2:s2-eth2
s2 lo:  s2-eth1:h2-eth0 s2-eth2:s1-eth2
```

```
openlab> dump
<Host h1: h1-eth0:10.0.0.1 pid=1853>
<Host h2: h2-eth0:10.0.0.2 pid=1857>
<OVSSwitch s1: lo:127.0.0.1,s1-eth1:None,s1-eth2:None pid=1862>
<OVSSwitch s2: lo:127.0.0.1,s2-eth1:None,s2-eth2:None pid=1865>
```

图 2-25　查看链路信息　　　　　　　　　　图 2-26　查看节点信息

步骤⑤　再打开一个终端（Terminal 窗口 2），执行如下命令打开交换机 s1 和交换机 s2 的二层功能。

```
#sudo ovs-vsctl  del  -fail -mode  s1
#sudo ovs-vsctl  del  -fail  -mode  s2
```

说明　因为交换机 s1 和交换机 s2 是两个 SDN 交换机，在启动 Mininet 时没有指定任何控制器，交换机中没有流表的存在，所以无法进行转发操作。主机 h1 和主机 h2 无法进行通信。执行上述命令后，s1 和 s2 就是两台普通的二层交换机。

步骤⑥ 在 Terminal 窗口 1 中，执行如下命令，两台主机进行 ping 操作，如图 2-27 所示。

>h1 ping h2

```
openlab> h1 ping h2
PING 10.0.0.2 (10.0.0.2) 56(84) bytes of data.
64 bytes from 10.0.0.2: icmp_seq=1 ttl=64 time=1.45 ms
64 bytes from 10.0.0.2: icmp_seq=2 ttl=64 time=0.267 ms
64 bytes from 10.0.0.2: icmp_seq=3 ttl=64 time=0.068 ms
64 bytes from 10.0.0.2: icmp_seq=4 ttl=64 time=0.067 ms
64 bytes from 10.0.0.2: icmp_seq=5 ttl=64 time=0.151 ms

--- 10.0.0.2 ping statistics ---
5 packets transmitted, 5 received, 0% packet loss, time 4003ms
rtt min/avg/max/mdev = 0.067/0.401/1.453/0.531 ms
```

图 2-27　两台主机进行 ping 操作

步骤⑦ 在 Terminal 窗口 2 中执行如下命令，查看流表项，如图 2-28 所示。

#sudo ovs-ofctl dump -flows s1
#sudo ovs-ofctl dump -flows s2

```
openlab@openlab:~$ sudo ovs-ofctl dump-flows s1
NXST_FLOW reply (xid=0x4):
 cookie=0x0, duration=356.397s, table=0, n_packets=141, n_bytes=26571, idle_age=193, priority=0 actions=NORMAL
openlab@openlab:~$ sudo ovs-ofctl dump-flows s2
NXST_FLOW reply (xid=0x4):
 cookie=0x0, duration=365.866s, table=0, n_packets=145, n_bytes=27773, idle_age=206, priority=0 actions=NORMAL
openlab@openlab:~$
```

图 2-28　查看流表项

可以看到，有两条数据帧转发表，这表明交换机已进行过 MAC 地址学习。

（2）MAC 地址学习分析

步骤① 如图 2-29 所示，假设交换机 A 和交换机 B 的 MAC 地址表是空的，主机 11 向主机 33 发送数据帧。

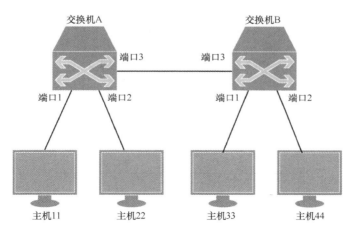

图 2-29　主机 11 向主机 33 发送数据帧

步骤② 交换机 A 接收到数据帧后，执行以下操作。

● 交换机 A 学习主机 11 的 MAC 地址和端口号，用"11"代表主机 11 的 MAC 地址，此时，交换机 A 的 MAC 地址表如图 2-30 所示。

MAC 地址	端口号
11	1

图 2-30　交换机 A 的 MAC 地址表 1

● 交换机 A 查看自己的 MAC 地址表。

- 如果 MAC 地址表中有目的 MAC 地址，则直接进行数据转发；如果没有，则继续执行步骤④。
- 交换机 A 向除源数据发送端口外的其他所有端口发送广播（这里交换机 A 从端口 2 和端口 3 向外发送广播）。

步骤③　交换机 B 在接收到数据帧后，执行以下操作。

- 交换机 B 学习源 MAC 地址和端口号，此时，交换机 B 的 MAC 地址表如图 2-31 所示。

MAC地址	端口号
11	3

图 2-31　交换机 B 的 MAC 地址表 1

- 交换机 B 查看自己的 MAC 地址表。
- 交换机 B 向除源数据发送端口外的其他所有端口发送广播（这里交换机 B 从端口 1 和端口 2 向外发送广播）。

步骤④　主机 22 查看接收到的数据帧，发现目的 MAC 地址不是自己，丢弃数据帧。

步骤⑤　主机 33 接收数据帧，主机 44 丢弃数据帧。

步骤⑥　假设此时主机 44 要给主机 11 发送数据帧。

步骤⑦　交换机 B 接收到数据帧后，执行以下操作。

- 交换机 B 学习主机 44 的 MAC 地址和端口号，此时，交换机 B 的 MAC 地址表如图 2-32 所示。

MAC地址	端口号
11	3
44	2

图 2-32　交换机 B 的 MAC 地址表 2

- 交换机 B 查看自己的 MAC 地址表，根据 MAC 地址表中的条目单播转发数据到端口 3。

步骤⑧　交换机 A 在接收到数据帧后，执行以下操作。

- 交换机 A 学习源 MAC 地址和端口号，此时，交换机 A 的 MAC 地址表如图 2-33 所示。

MAC地址	端口号
11	1
44	3

图 2-33　交换机 A 的 MAC 地址表 2

- 交换机 A 查看自己的 MAC 地址表，根据 MAC 地址表中的条目单播转发数据到端口 1。
- 主机 11 接收到数据帧。

至此，MAC 地址学习过程结束。

2.5　本章小结

　　Mininet 采用轻量级的虚拟化技术，研究者只需在自己的个人计算机（PC）上即可搭建一个用户自定义拓扑的 SDN。用户可以基于这一工具方便、灵活地进行网络功能的测试和验证，而一旦验证成功，结果几乎可以不做修改就能轻松部署到真实的硬件环境中。本章通过介绍 Mininet 基本原理给读者一个感性的认识，再从 Mininet 的安装、使用、源代码分析，以及开发实例等方面指导读者一步步深入了解 Mininet 的核心。可以说，Mininet 为 SDN 的学习和研究提供了非常实用的仿真工具，大大缩短了 SDN 应用的开发测试周期，为推动 SDN 技术的研究发展和成果落地起到了重要作用。

2.6 本章练习

1. 简单举例说明 Mininet 在 SDN 仿真中的作用。

2. 不使用 Mininet 的可视化应用，写一份拓扑文件，并在 Mininet 中使用这份拓扑文件来生成对应的拓扑。

3. 创建拓扑，画出端口转发表来说明 MAC 地址学习的过程。

4. 谈谈 Mininet 下 MAC 地址学习的作用。

5. 说明 SDN 仿真环境和传统网络仿真环境的异同。

第3章
SDN数据平面

03

从前两章的介绍可知，SDN 的核心思想是将数据平面与控制平面相分离以及提供开放的编程接口。SDN 中数据平面的交换设备专注于高速转发数据分组，而转发的决策由控制平面的控制器通过南向接口协议统一分发，从而降低了设备复杂度，提高了网络控制管理效率。SDN 作为一种革新性的网络新技术，当它在业界真正落地的时候，对传统交换设备产生了什么样的影响？网络设备厂商又该如何应对？针对这些问题，本章将对比分析传统交换设备和 SDN 交换设备的架构，介绍 SDN 硬件交换机和 SDN 软件交换机的发展情况，并提供开源交换机 Open vSwitch 的相关实验实例。

知识要点

1. 熟悉SDN的数据平面架构。
2. 了解SDN的软、硬件交换机。
3. 掌握Open vSwitch的安装和配置方法。
4. 能够使用Open vSwitch进行实例开发。

3.1 数据平面简介

本节首先对 SDN 数据平面架构进行简单介绍，包括转发决策、背板转发和输出链路调度三个部分，随后从 SDN 硬件交换机和 SDN 软件交换机两个方面分析品牌交换机及白盒交换机的发展情况。

3.1.1 数据平面架构

1. 传统网络交换设备的基本功能

传统网络的设计遵循 OSI 的 7 层模型，交换设备包括了工作在第二层（数据链路层）的交换机和工作在第三层（网络层）的路由器。交换机可以识别数据分组中的 MAC 地址，并基于 MAC 地址来转发数据分组；路由器可以识别数据分组中的 IP 地址，并基于 IP 地址来转发数据分组和实现路由。现在也有一些三层交换机，它结合了二层交换的简易敏捷性与三层路由的部分智能特性。传统交换设备的功能架构如图 3-1 所示，由控制平面和数据平面组成，它们在物理上是紧密耦合的，在逻辑上是相互分离的。控制平面通过网络操作系统和底层软件，生成、维护交换设备内部的转发表，并实现对网络的配置管理。数据平面通过硬件转发芯片对数据分组进行高速转发，基本功能主要包括转发决策、背板转发以及输出链路调度等方面。

（1）转发决策

交换设备的各种转发行为均与协议相关。无论是交换机还是路由器，其工作原理都是在端口收到数据分组时，将数据分组中的目的地址与设备自身存储的 MAC 地址表或路由表进行匹配，从而确定数据分组转发的目的端口。表项匹配的工作是由交换设备中的交换芯片来实现的。

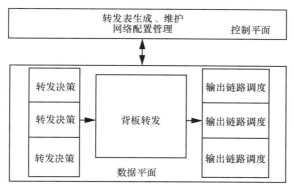

图 3-1　传统交换设备的功能架构

（2）背板转发

交换机通过背板把各个端口连接起来，数据分组经转发决策后，由背板从入端口转发到目的端口。交换机背板的交换结构可以分为共享总线结构、共享内存结构和 CrossBar 结构。交换机背板共享总线结构如图 3-2 所示，这种结构中没有交换芯片，通过共享总线进行各线卡之间的数据传递，各线卡分时占用背板总线，导致这种类型的背板交换容量受限。交换机背板共享内存结构如图 3-3 所示，这种结构依赖转发引擎来提供全端口的高性能连接，由转发引擎来检查收到的每个数据分组以决定路由，这种结构需要很大的内存。随着交换机端口的增加，内存会成为性能实现的瓶颈。交换机背板 CrossBar 结构如图 3-4 所示，这是一种混合交叉总线的实现方式，将一体化的交叉总线矩阵划分为多个小交叉矩阵，中间通过高性能总线连接，减少了交叉总线数，降低了成本，减少了总线争用，从而大大提升了交换机的效率和性能。

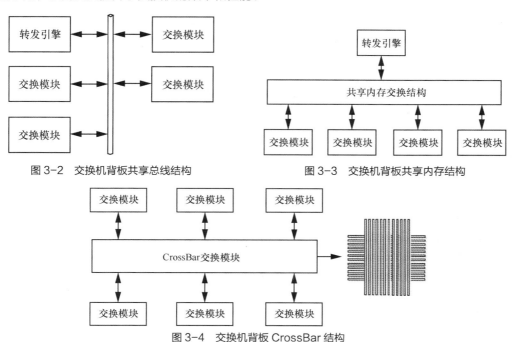

图 3-2　交换机背板共享总线结构　　　　图 3-3　交换机背板共享内存结构

图 3-4　交换机背板 CrossBar 结构

（3）输出链路调度

各个端口针对接收线路和发送线路各有一个缓冲队列。当数据分组发往交换机时，发出的数据分组暂存在交换机的接收队列中，并等待下一步处理。如果交换机决定把接收的数据分组发送给某一终端，则交换机会把要发送的数据分组发往该接收终端所在端口的发送队列，并将其发送到接收终端，如果终端忙，则一直存储在发送队列中。

可以看出，传统网络的数据平面和控制平面在物理上是完全紧密耦合的，分布在各个单独的交换设备中，并只支持制定好的网络标准协议，用户无法部署新的网络策略。加之各厂商的设备接口均对外封闭，用户亦无法自行管理和调用网络设备，在使用厂商的设备时不得不同时依赖其软件和服务，网络相对僵化，缺乏足够的灵活性。

2. SDN 交换设备的基本功能

不同于传统交换设备，SDN 将交换设备的数据平面与控制平面完全解耦，所有数据分组的控制策略由远端控制器通过南向接口协议下发，网络的配置管理同样由控制器完成，这大大提高了网络管控的效率。交换设备只保留数据平面，专注于数据分组的高速转发，降低了交换设备的复杂度。从这个意义上来说，SDN 中交换设备不再有二层交换机、路由器、三层交换机之分。SDN 交换设备架构如图 3-5 所示，SDN 交换设备的基本功能仍然包括转发决策、背板转发、输出链路调度，但在功能的具体实现上与传统网络的交换设备有所不同。

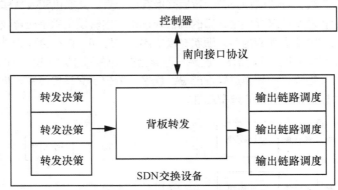

图 3-5　SDN 交换设备架构

（1）转发决策

支持 OpenFlow 南向接口协议的 SDN 交换设备首先用流表代替了传统网络设备二层和三层转发表，该流表中的每个表项都代表了一种流解析以及相应处理动作。数据分组进入 SDN 交换机后，先与流表进行匹配查找，若与其中一个表项匹配成功，则执行相应处理动作；若无匹配项，则上交控制器，由其决定处理决策。这些流程依旧需要依赖网络设备内的交换芯片实现。

（2）背板转发

数据中心是目前 SDN 应用最广泛的场景之一，其对交换机数据交换速率的要求相对较高。但就目前的网络设备来说，设备的速率瓶颈点主要还是在交换芯片上，背板提供满足要求的交换速率并不难。

（3）输出链路调度

正常情况下，数据分组发往交换机某一端口或准备从交换机某一端口发出时，均需在端口队列中等待处理。支持 QoS 的交换机可能要对报文支持根据某些字段进行分类，以进入有优先级的队列，对各个队列进行队列调度以及修改报文中的 QoS 字段等操作。支持 OpenFlow 南向接口协议的 SDN 交换机对 QoS 的支持主要有基于流表项设置报文入队列、根据 Meter 进行限速、基于 Counter 进行计费、基于 Group 的 Select 功能进行队列调度等。

背板转发和输出链路调度功能没有给 SDN 交换机带来太大挑战，但转发决策给 SDN 交换机在技术实现上带来了很大的难题。正如 2.1 节提到的，OpenFlow 交换机的流表有别于传统交换设备，它的逻辑粒度性更高，可以包含更多层次的网络特征，可以使交换机集交换、路由、防火墙、网管等功能于一身，这也正是 SDN 灵活性的由来。而交换芯片需要通过查找这样一张流表来对进入交换机的数据分组进行转发决策，这就对交换芯片的性能在设计和实现上提出了新的要求。

3.1.2　SDN 交换机

1. SDN 硬件交换机

传统网络设备市场主要由封闭和垂直集成的平台主导，硬件、网络操作系统以及网络应用都被设备厂商定义和控制。如果用户需要增加某种网络功能，就必须得到设备厂商的支持，这不仅会造成网络升级周期长、成本高等问题，同时会导致用户对厂商的过度依赖。因此，经过多年的竞争发展，网络设备市场已经形成了基本稳定的格局，网络设备厂商基本都是成长多年的成熟公司。Cisco、HP、Juniper、华为这几个供应商占据了全球交换机市场的绝大多数份额。在这样一个相对封闭的市场中，新生力量很难生存下来，市场缺乏创新精神和竞争力，在某种程度上阻碍了网络设备产业的演进和发展。

SDN 的设计初衷是从实现网络的灵活控制角度出发，通过将网络设备控制平面与数据平面分离来实现网络的可编程，将以前封闭的网络设备变成一个开放的环境，为网络创新提供良好的平台。SDN 将原本只有在高端企业级路由器、交换机上才有的服务转移到了软件层面，而这些软件可以在一些廉价硬件平台上运行。因此，SDN 逐渐流行起来后，网络设备市场的门槛开始降低，大量新兴创业公司在近年来如同雨后春笋般涌现出来，并推出了针对 SDN 的产品及解决方案。这一趋势正在逐步打破传统大型网络设备厂商垄断的局面，各大厂商也纷纷开始调整思路，以应对 SDN 带来的挑战和机遇。

OpenFlow 是 SDN 主流的南向接口协议。随着 OpenFlow v1.0 及 OpenFlow v1.3 等稳定版本的推出，各大网络设备厂商陆续推出支持 OpenFlow 的 SDN 硬件交换机，标志着 SDN 开始走上商用道路。考虑到多数 SDN 用户的需求是 SDN 和传统网络并存，现阶段纯 SDN 的应用场景并不广泛，因此多数厂商推出的 SDN 硬件交换机是支持混合模式的，而不是纯 SDN 交换机。所谓混合模式的 SDN 交换机，是指设备厂商并非将原来的交换机推倒重来，而是利用本身已有的操作系统优势，在系统中增加对 OpenFlow 协议的支持。其具体思路是，数据分组进入混合模式交换机后，交换机根据端口或 VLAN 进行区分，或经过一级流表的处理，以决定数据分组是传统二/三层处理模式还是 SDN 处理模式。传统二/三层处理模式由交换机已写定的协议完成，SDN 处理模式则由 SDN 控制器管理。

以下对网络设备市场中比较有代表性的几款 SDN 硬件交换机进行分类介绍。

（1）基于 ASIC 芯片的品牌交换机

老牌的网络设备提供商，诸如 Cisco、Juniper、IBM 等，凭借自己多年积累的市场优势和技术基础，在 SDN 领域推出了多款基于 ASIC 芯片的品牌交换机。这些传统网络设备厂商在推出 SDN 产品时，多数情况下仍然沿袭传统的商业模式，即将硬件与软件、应用、服务"捆绑"销售。下面对 NEC、IBM、HP、Arista、DCN、Cisco、Juniper、H3C、博科推出的 SDN 交换机予以简要介绍。

① NEC IP8800 系列交换机。

日本 NEC 公司是一家全球领先的 IT 和通信解决方案供应商及系统集成商，在 SDN 领域展现出极强的前瞻性和战略性。自 2007 年斯坦福大学提出 OpenFlow 协议起，NEC 就开始对 OpenFlow 的相关硬件进行了跟进性研发。

NEC 针对数据中心的网络虚拟化推出了 ProgrammableFlow 产品（简称 pFlow），它是业内第一套 OpenFlow 商用产品，能够成功实现网络可视化和服务器虚拟化。此后，NEC 为全球 100 多家企业和数据中心运营单位提供该技术，同时与欧洲运营商西班牙电信、葡萄牙电信共同开展了 SDN 实验。NEC 与西班牙电信进行了迁移方案的合作研究，目的是实现现有网络边缘设备的虚拟化，实现不同硬件平台之间的自由移植。虽然这只是一种严格的实验室试验和示范，但却表明 SDN 可能会引领新企业打入竞争激烈的欧洲市场。目前，NEC 也正在与中国运营商展开合作，虽然目前的合作还多集中在数据中心层面，但其已经开始就 SDN 应用于核心网展开讨论研究。2013 年 7 月，NEC 结合自己的 SDN 技术、产品、服务以及合作伙伴的产品，推出面向全球企业、政府、通信运营商以及数据中心运营单位的 NEC SDN 解决方案群。

2012 年，NEC 推出 IP8800/S3640-24T2XW 和 IP8800/S3640-48T2XW 两款交换机，目前这两款交换机已经是支持 OpenFlow 协议最成熟的交换机之一，其主要性能参数如表 3-1 所示。

表 3-1　NEC IP8800/S3640-24T2XW 和 IP8800/S3640-48T2XW 交换机主要性能参数

型号	交换性能	数据分组转发率	10/100/1000 BASE-T	1000 BASE-X（SFP）×2	10 GBASE-R（XFP）×3	最大功耗
IP8800/S3640-24T2XW	88 Gbit/s	65.5 Mp/s	24	4×1	2	100 W
IP8800/S3640-48T2XW	136 Gbit/s	101.2 Mp/s	48	—	2	145 W

2015 年 6 月，NEC 公司又发布了两款全新的 SDN 兼容型交换机：一款为整合服务器提供 48 个端口、10 个 GE 接口的机架顶部（TOR）交换机 F5340-48XP-6Q；另一款为整合多个具有 32 个端口、40 个 GE 接口的机架聚合交换机 PF5340-32QP。这两款交换机旨在运用到电信运营商和服务提供商的大型数据中心，最大可支持几千个机架规模的设备组网，实现一个高可扩展性、经济高效的大型数据中心网络。

② IBM RackSwitch G8264 交换机。

作为世界最大的信息技术和业务解决方案公司之一，IBM 对于网络设备这样巨大的市场同样给予了足够重视。作为 OpenDaylight 的发起成员之一，对于 SDN，IBM 认为首先要完成 OpenFlow 交换机及控制器的持续研发、生产和部署。

基于以上的发展定位以及 IBM 雄厚的技术实力，2012 年 2 月，IBM 发布了一款新型 OpenFlow 交换机 RackSwitch G8264，并将它与 NEC 的 pFlow 控制器捆绑销售，这是北美主流 IT 供应商发布的第一个端到端 SDN 解决方案组合产品。RackSwitch G8264 交换机具有 48 个 SFP/SFP+10 GE 端口和 4 个 QSFP40 GE 端口，且可以划分为另外 16 个 10 GE 端口。它支持 OpenFlow v1.0 协议及多达 97 000 个流实体，支持 NEC 的 pFlow 控制器。理论上，企业可以使用 IBM OpenFlow 交换机和 NEC 控制器建立一个完整的数据中心网络。

③ HP SDN 系列交换机。

HP 的 SDN 发展道路如图 3-6 所示，其 SDN 之旅起步较早。早在 2007 年，HP 公司便与斯坦福大学合作研究了 Ethane 项目，这个项目正是 OpenFlow 的"摇篮"。

HP 提供的 SDN 端到端解决方案可实现数据中心到园区和分支机构的网络自动化。其 SDN 生态系统通过扩展 SDN 创新成果,为开发和构建 SDN 应用市场提供了丰富的资源,并具有以下优势: 借助支持 OpenFlow 的设备,跨整个网络实现简易编程;通过 SDN 软件开发工具包(Software Development Kit,SDK)提供开放式环境,提升 SDN 的价值。

图 3-6　HP 的 SDN 发展道路

截止到 2015 年,HP 支持 OpenFlow 的交换机系列有 FlexFabric 12900 系列、12500 系列、11900 系列、8200 系列、5930 系列、5920 系列、5900 系列、5400 系列、3800 系列、3500 系列和 2920 系列等。

其中,FlexFabric 12900 系列交换机是新一代模块化数据中心核心交换机,旨在支持虚拟化数据中心和满足私有云与公有云部署的演进需求。该交换机可提供 10 个接口模块插槽以扩展至 480 个 1 GE/10 GE 端口、160 个 40 GE 端口和 40 个 100 GE 端口。该交换机支持完整的二层和三层功能,包括大量链路透明互连、智能弹性框架等高级功能,进而能够快速地构建出具备弹性可扩展的大型数据中心网络。

④ Arista 7150S 系列和 7500E 交换机。

Arista Network 公司(简称 Arista)是一家为数据中心提供云计算网络设备的公司,主打数据中心以太网交换机,其核心优势是网络操作系统的可扩展操作系统(Extensible Operating System,EOS)。EOS 采用高度模块化的软件设计,基于独特的多进程状态共享架构,将网络状态与进程本身完全分开，从而可以以细粒度进程方式实现故障恢复和软件增量更新，而不会影响到系统状态。

Arista 的 SDN 交换机产品主要包括 7150S 系列和 7500E，Arista 7150S 系列交换机主要性能参数如表 3-2 所示。

表 3-2　Arista 7150S 系列交换机主要性能参数

型号	端口参数	端口总数（个）	SFP+端口数	L2/3 吞吐量	L2/3	时延	最大功耗
7150S-24	24 端口 SFP+	24	24	480 Gbit/s	360 Mpacket/s	350 ns	191 W
7150S-52	52 端口 SFP+	52	52	1.04 Tbit/s	780 Mpacket/s	380 ns	191 W
7150S-64	48 端口 SFP+ 4 QSFP+	64	48	1.28 Tbit/s	960 Mpacket/s	380 ns	224 W

Arista 7150S 系列交换机是第一款针对前沿应用的 SDN 交换机，主要应用于大数据、云网络、金融交易、高性能计算和 Web 2.0。它使 VM 等虚拟化软件支配及调度各种服务器时加快转换速度，使各种应用服务在服务器之间转移、变动时完全不受影响、运作顺畅。Arista 7150 系列交换机可与 SDN 控制器一起实现全网络虚拟化、虚拟机迁移等网络服务功能，而完全不影响原有业务的性能。内建的网络操作系统可以安装 Linux RedHat 软件包管理工具（RedHat Package Manager，RPM）套件，提供标准 Linux 开放平台，支持 Bash 和开发程序平台。

Arista 7500E 交换机与 EOS 共同提供了先进的 SDN 系统功能，即从各方面支持可编程控制、加强监控与自我修复能力。其自我修复能力增强体现在以下方面：线速 VXLAN 网关实现多用户网络虚拟化；配备 Arista LANZ、DANZ 和 TAP 聚合的流量监控；为大数据分析和 Hadoop 应用程序加速汇聚配备快速自动的链路故障指示；VM 跟踪器功能支持 VMware 和 OpenStack 云网络的全网负载流动性和虚拟化；通过即时性健康跟踪，实现分布式系统健康监测。

⑤ DCN CS16800 系列交换机。

神州数码网络有限公司（简称 DCN）对 SDN 技术领域也十分敏锐，2009 年就开始了 SDN 领域的技术研发，到如今已经拥有国内多个落地应用案例。

DCN 针对 SDN 采取的战略侧重于传统网络架构与 SDN 的平滑演进，包括传统业务如何自适应地逐渐向 SDN 业务迁移，如今这项研究成果已经体现在 DCN 最新推出的交换机 Cloud Stone 16800 系列产品上。该产品综合十几年研发的技术和经验，实现了 9 槽交换机全球极紧凑的 14U 高度设计，做到了一柜三框，大大提升了数据中心端口密度，同时实现了业界独有的管理、控制、数据三平面物理分离，每个平面互不影响，即使管理平面和控制平面都出现问题，数据仍正常转发。Cloud Stone 16800 采用 A+B 电源双平面设计，支持电源平面间的 1+1 备份，以及单电源平面内的 $N+M$ 备份，大大提升了设备可靠性。在软件定义网络时代，用户业务不断变化，每次业务的变化都需要网络做出相应调整，这就要求核心交换机能够对表项资源做出动态调整。Cloud Stone 16800 支持芯片资源虚拟化技术，各种芯片表项可动态调整，如当二层表项不足时，可把不需使用的其他表项资源调度过来，从而满足不同业务对网络的不同需求。

DCN Cloud Stone 16800 系列实现了传统业务与 SDN 业务的自适应，能够支持传统业务和 SDN 业务共存，并且随着时间的迁移，可以逐步地由传统业务平滑地向 SDN 业务迁移，直到所有的业务都迁移到 SDN 业务上。目前，DCN Cloud Stone 16800 系列数据中心交换机还能智能地实现园区网与数据中心网络自适应、有线网与无线网自适应、数据交换与安全防护自适应、本地接入与远程接入自适应，可广泛应用于教育、医疗、政府等各行业。

⑥ Cisco Nexus 9000 系列交换机。

Cisco 公司作为传统网络设备厂商的领先者，近些年来在新一轮 SDN 技术浪潮中动作频频，以期继续维护自己的技术优势。

2012 年 4 月，Cisco 注资了一家名为 Insieme 的创业公司，以期增强自己在 SDN 领域的产品组合，这一举动表明了 Cisco 在 SDN 领域展开行动的决心。

2012 年 6 月，Cisco 提出了其 SDN 战略——开放网络环境（Open Network Environment，ONE）战略，该战略旨在让网络的每一层（从传输层一直到网络层）皆可编程。Cisco ONE 战略的一个主要组成部分是 OnePK API 工具套件，它能够支持开发者创建出创新网络应用，为业务应用提供支持。Cisco ONE 战略还包括 Nexus 1000 V 虚拟交换机，可用作虚拟覆盖网络的基础设备，用于多租户云部署。Nexus 1000 V 如今支持 OpenStack Quantum 和 REST API，可用于多租户管理、开源 Hypervisor 以及 VXLAN 网关（连接物理 VLAN 和虚拟网络的设备）。

2013 年 11 月，Cisco 与 Insieme 推出了 Nexus 9000 系列交换机、应用中心基础设施（Application Centric Infrastructure，ACI）战略、ACI 优化操作系统 NX-OS 以及应用政策基础设施控制器（APIC）。Nexus 9000 系列交换机包括 Nexus 9508、Nexus 9396PX 和 Nexus 93128TX 这 3 款交换机，其主要性能参数如表 3-3 所示。

表 3-3　Cisco Nexus 9000 系列交换机主要性能参数

型号	机架单元	端口	交换性能	是否模块化
Nexus 9508	13RU	288 × 40 GE/ 1152 × 10 GE	30 Tbit/s、二/三层	模块化
Nexus 9396PX	2RU	48 × 10 GE SFP+ + 12 × 40 GE QSFP+	960 Gbit/s、二/三层	非模块化
Nexus 93128TX	3RU	96 × 10 GBASE-T+ 8 × 40 GE QSFP+	1280 Gbit/s、二/三层	非模块化

Nexus 9000 系列交换机可以同时支持商用芯片（如博通的 Trident Ⅱ 芯片组）与定制的 Insieme ASIC 芯片。Nexus 9000 系列交换机上的商用芯片可以提供开源、OpenFlow、OpenDaylight 控制器、Cisco OnePK 可编程性等功能，并可以帮助其他行业更好地了解和使用 SDN 的良好功能，如解耦控制平面和数据平面等。而采用定制芯片的 Nexus 9000 系列交换机可以获得更强大的功能：ACI 和 APIC 控制器具有硬件加速、对应用程序交互和行为的深入可视性，以及细粒度服务水平指标。Nexus 9000 系列交换机运行新版本的 NX-OS，优化了独立模式并强化了 ACI 模式。

ACI 是一个具有集中式自动化功能和策略驱动型应用配置文件的整体架构，能够提供软件灵活性和硬件性能扩展性。Cisco ACI 的主要特点包括：通过应用驱动型策略模式简化自动化工作，利用实时的应用运行状况监控实现集中式可视性，具备开放式软件灵活性。采用 ACI 的未来网络将能够提供一种以支持 DevOps 和快速应用变更的方式进行部署、监控和管理的网络。

⑦ Juniper EX9200 系列交换机。

面对 SDN 给市场带来的冲击，Juniper 公司予以了高度重视。2012 年 12 月，Juniper 以 1.76 亿美元收购了 SDN 创业公司 Contrail Systems。2013 年 1 月，Juniper 推出了自己的 SDN 计划，这标志着 Juniper 正式踏上了 SDN 道路。Juniper 认为，SDN 的前景只有在具备适当的工具和技术时才可实现，并由此提出了 6-4-1 式 SDN 愿景，该愿景基于 Juniper 的 SDN 六大原则、SDN 的 4 步演变路线图以及基于软件的全新、单一的 SDN 许可模式。

如今，Juniper 的很多产品已经支持 SDN，包括网络管理平台 Junos Space、Contrail 控制器、MX 系列 3D 通用边缘路由器、EX 系列及 QFX 系列交换机。2013 年 4 月，Juniper 针对 SDN 推出可编程核心交换机 EX9200，它基于 MX 系列路由器，使用的是自己的可编程 One/Trio ASIC 芯片。目前，EX9200 系列交换机共有 3 个型号：EX9204、EX9208、EX9214。其主要性能参数如表 3-4 所示。

表 3-4　Juniper EX9200 系列交换机主要性能参数

型号	机架单元	插槽	背板速率	10/100/1000 Mbit/s 端口密度	10 GBASE-X 端口密度	40 GBASE QSFP+ 端口密度	40 GBASE QSFP+ 端口密度	最大功耗
EX9204	6RU	4	1.6 Tbit/s	120	96	12	6	2421 W
EX9208	8RU	8	4.8 Tbit/s	240	160	28	10	4831 W
EX9214	16RU	14	13.2 Tbit/s	480	320	48	20	9318 W

⑧ H3C S12500 系列交换机。

作为企业网络领域领先的网络厂商，H3C 公司对 SDN 领域极为关注，并积极投入研发。目前，H3C 能够从 SDN 设备、控制器、业务编排、应用与管理等提供全套的 SDN 解决方案。

H3C 坚持"融合、演进、可交付"的 SDN 解决方案路线。基于这样的理念，H3C 计划交付一个逐步发展和丰富的 SDN 产品与解决方案集。H3C 当前提供三大方案：基于 Controller/Agent 的 SDN 全套网络交付、基于 Open API 的网络平台开放接口、基于 OAA 的自定义网络平台。H3C 旨在这三大方案的基础上，构建一个标准化深度开放、用户应用可融合的网络平台即服务（Network Platform as a Service，NPaaS）的 SDN 体系，该体系既具备 H3C 已有网络技术方案的优势，又能在各种层次融合与扩展用户自制化的网络应用。

目前，在 H3C 的交换机产品线中，S12500、S9800、S5120-HI、S5820V2、S5830V2 系列交换机均支持 OpenFlow v1.3 协议，并支持多控制器（EQUAL 模式、主备模式）、多表流水线、Group Table、Meter 等功能特性。这里介绍 H3C S12500 系列交换机的主要性能参数，如表 3-5 所示。

表 3-5　H3C S12500 系列交换机主要性能参数

型号	交换性能	数据分组转发率	主控板插槽数量（个）	业务板插槽数量（个）	交换网板插槽数量（个）	最大功耗
S12504	9 Tbit/s	2880 Mp/s	2	4	4	2395 W
S12508	20 Tbit/s	5760 Mp/s	2	8	9	5800 W
S12518	45 Tbit/s	12 960 Mp/s	2	18	9	11 500 W
S12510-X	35 Tbit/s	12 000 Mp/s	2	10	6	6000 W
S12516-X	53 Tbit/s	19 200 Mp/s	2	16	6	8000 W
S12516X-AF	53 Tbit/s	19 200 Mp/s	2	16	6	12 800 W

⑨ 博科 ICX7450 交换机。

2014 年 11 月，博科公司推出了新型加强版校园交换机，旨在更好地支持移动、社交网络和企业中的云数据流量。博科将原有的 ICX7750 交换机进行了改进升级，推出了新型 ICX7450 交换机，并且保证所有的 ICX line 成员支持 OpenFlow v1.3。

ICX7750 是一个用于校园网聚合和核心层的 1U 10 GB/40 GB 以太网交换机箱,而 ICX7450 主要包括分布式机箱的弹性和堆叠功能,为增强核心和聚合密度堆叠了 12 个交换机,并通过统一管理和 SDN 的扩展来实现自动化网络配置。ICX7750 在单台设备上能够支持多达 32 个 40 GB 的端口或者 104 个 10 GB 的端口。在进行 960 GB 的堆叠前提下,这款交换机提供多达 3000 个 10 GB 或者 800 个 40 GB 的端口。新型 ICX7450 是一款机箱型交换机,且有 3 个分别为 1 GB、10 GB 或者 40 GB 的以太网上行链路的扩展槽。对于密度高达 576 GB 的以太网和 48 个 10 GB 的以太网端口,可以堆叠多达 12 个 ICX7450,堆叠带宽为 160 GB。ICX7450 也通过 HD BASE-T 标准为视频监控和视频会议设备、VDI 终端和高清显示屏等提供能源。ICX7450 系列交换机主要性能参数如表 3-6 所示。

表 3-6　ICX7450 系列交换机主要性能参数

型号	交换性能	数据分组转发率	最大功耗
ICX7450-24	288 Gbit/s	214 Mp/s	2×250 W
ICX7450-48	336 Gbit/s	250 Mp/s	2×250 W
ICX7450-48F	336 Gbit/s	250 Mp/s	2×250 W
ICX7450-24P	288 Gbit/s	214 Mp/s	2×1000 W
ICX7450-48P	336 Gbit/s	250 Mp/s	2×1000 W

为了吸引、帮助 ICX 基础用户迁移到 SDN,博科公司在它的交换机上普遍兼容 OpenFlow v1.3 协议,并单独部署在混合式堆栈或者分布式堆栈中。OpenFlow 在博科公司的混合端口模式中同时支持 OpenFlow 转发和一般数据分组转发。

2015 年初,博科公司和无线局域网供应商 Aruba 公司达成联合开发协议,目前其已经取得了里程碑式的进展,发布了多款新型增强版的校园网络产品。其中包括博科发布的 Advisor 12.3,Aruba 公司发布的 Airwave 8.0,以及博科发布的 FastIron 8.0.20,其在 Aruba 的 ClearPass CoA 支持下实现有线和无线策略执行一体化,以及单一虚拟化平台管理。

（2）基于 ASIC 芯片的白盒交换机

提到 SDN 硬件交换机,就不得不提到白盒交换机（Whitebox Switch）,也被叫作白牌交换机、裸机交换机。"白盒"一词原本指没有品牌的计算机,这些白盒计算机的原始设计制造商（Original Design Manufacturer,ODM）如今也开始涉足网络设备市场,主要厂商有 Accton、Celestica、Quanta。他们希望在今后的网络设备市场上,用户可以像挑选个人计算机一样挑选各厂商生产的网络设备。一旦网络设备软、硬件接口标准化了,ODM 厂商便可以购买芯片厂商生产的交换芯片,按客户的要求生产白盒交换机。用户可自行安装网络操作系统和应用程序,并由网络管理人员编程来控制设备转发行为,实现自营业务的灵活创新和快速部署。

上述思想与开放计算项目（Open Compute Project,OCP）的理念有很多相似的地方。OCP 是 2011 年 4 月由 Facebook 公司发起并主导的硬件开源组织。过去几年,OCP 在服务器和存储市场进行了一场开源"革命"。现在,它们将目光移向了网络设备市场。OCP 的开源交换机项目主要是开源硬件,但也包括部分软件,它们试图定义一套标准化的硬件设计,各个设备厂商或 ODM 厂商基于这套标准生产硬件交换机,这样生产出来的交换机就是符合 OCP 标准的白盒交换机。此外,美国创业公司 Cumulus 研发出开放网络安装环境（Open Network Install Environment,ONIE）软件,其相当于 PC 中的基本输入/输出系统（Basic Input Output System,BIOS）,但更智能。只要软件商或设备厂商开发的交换机系统软件能够适配 OCP 硬件,就可以通过 ONIE 启动。这样,交换机的软件和硬件就彻底分离了。目前 OCP 针对的主要是数据中心 TOR 交换机,将来会扩展到汇聚层交换机。这一项目受到业界的广泛关注，越来越多的厂商以及开源组织加入其中。

白盒交换机没有软件是无法使用的，每台交换机都需要一个独立于硬件的网络操作系统。Linux 操作系统可提供众多的优势（包括开源/免费工具，如 GCC、Python 的本地环境以及编译自开发应用的功能），使得它成为白盒交换机理想的操作系统。另外，若想真正将白盒交换机部署到 SDN 中，还必须使其与 SDN 控制器交互，白盒交换机操作系统的一个关键特性就是能够连接 SDN 控制器（如 Ryu、Floodlight 等）。

由于 SDN 部署的灵活性和开放性以及其对硬件设备要求的降低，大量像 Big Switch 这样的 SDN 初创公司意识到 SDN 市场价值更多的是在控制器和操作系统等软件上，而不是在硬件设备上。因此，其为客户提供解决方案时，使用的是来自 ODM 的白盒交换机，并在交换机中安装自主研发的支持 SDN 的网络操作系统和控制器等，让用户感受到白盒交换机和 SDN 组合带来的魅力。可以预见，白盒交换机将推动网络设备市场开放并向着 PC 市场的模式发展。SDN 芯片厂商类似于 PC 市场的 Intel，提供商用交换机芯片。ODM 厂商类似于联想这样的 PC 厂商，购买商用芯片并按照网络设备标准生产白盒交换机，而客户可以根据自己的组网需求自由选择硬件和软件。

以下对盛科、Pica8 推出的基于 ASIC 芯片的白盒交换机予以简要介绍。

① 盛科 V330、V350、V580 白盒交换机

盛科既是芯片厂商又是网络设备厂商，其推出的白盒交换机基于自主研发的 ASIC 芯片。这里先介绍盛科的两款支持 SDN 的白盒交换机——V330 和 V350。

V330 系列交换机于 2012 年 12 月推出，该交换机基于盛科自主研发的 TransWarpTM 系列核心芯片和 TOR 硬件平台搭建，集成了盛科 Open SDK 和 Open vSwitch。在与网络操作系统的接口上采用 OVS 协议栈，符合当前 OpenFlow 协议，能够与当前主流的控制器连接。V330 系列还支持 NVGRE、MPLS 和 L2VPN 等功能，使得 SDN 在数据中心和运营商网络中的部署更具扩展性。

V350 系列交换机于 2013 年 4 月推出，并获得第一届 SDN Idol@ONS 的称号。V350 系列基于盛科的 CTC5163 芯片和 N-Space 开放软件，采用创新的 N-Flow 技术，同样集成了 Open vSwitch 和盛科 SDK，提供 240 Gbit/s 线速转发能力，并支持丰富的 OpenFlow 功能。V350 系列支持 OpenFlow v1.3，支持多级流表，支持 64 K 的精确匹配流表，通过模糊匹配和精确匹配的有机结合，可以充分发挥 OpenFlow 交换机的优势。盛科 V330 和 V350 系列交换机主要性能参数如表 3-7 所示。

表 3-7　盛科 V330 和 V350 系列交换机主要性能参数

型号	机架单元	交换性能	端口	交换模式	时延	OpenFlow 版本	功耗
V330-48T	1RU	176 Gbit/s	48 GE RJ45+4×10 GE SPF+	存储转发	2.9 μs	OpenFlow v1.3.2（兼容 OpenFlow v1.0）	110 W
V330-48S	1RU	176 Gbit/s	48 GE SPF+4×10 GE SPF+	存储转发	2.9 μs	OpenFlow v1.3.2（兼容 OpenFlow v1.0）	115 W
V350-48T4X	1RU	176 Gbit/s	48 GE RJ45+4×10 GE SPF+	存储转发/直通转发	2.1 μs（存储转发）1.7 μs/64 B（直通转发）	OpenFlow v1.3.2（兼容 OpenFlow v1.0）	65 W
V350-8T12X	1RU	240 Gbit/s	8 GE RJ45+12×10 GE SPF+	存储转发/直通转发	2.1 μs（存储转发）1.7 μs/64 B（直通转发）	OpenFlow v1.3.2（兼容 OpenFlow v1.0）	60 W

与其他 SDN 交换机相比，盛科 V330/V350 系列交换机有自己的特色：支持更多的流表编辑动作，如可以修改报文的 IP 地址和 TCP/UDP 端口号；支持更快的流表下发速度，V350 系列交换机最大可以达到 1000 条/s；支持更好的负载均衡；基于自研芯片，产品自主可控；V350 系列交换机支持更大的流表项。该系列交换机已经在国内外很多商业网络中部署，为盛科积累了大量的 SDN 交换机应用和部署经验。

2015 年 6 月，盛科公司又推出了全新的白盒交换机 V580 系列。V580 系列交换机不仅是高性价比的 OpenFlow 交换机，更是一个完全开放的 SDN 平台。V580 系列交换机的平台开放性能够为 SDN 厂商提供差异化的定制方案，使其在与其他厂商竞争中处于优势。依托于盛科第 4 代高性能以太网交换机芯片 CTC8096，V580 系列交换机提供了高达 2.4 Tbit/s（20×40 GE + 4×100 GE）的转发能力，并具备完整的 OpenFlow 特性。V580 系列交换机提供了 5 种交换平台：V580-20Q4Z、V580-48X2Q4Z、V580-48X6Q、V580-32X2Q、V580-32X。硬件平台兼容 x86 架构和 PowerPC 架构的 CPU 系统。

与此同时，盛科基于以上硬件 SDN 交换机，推出了 Lantern 开源项目，这是业界首款基于硬件的 SDN 开源项目。该项目是一个开源的整体解决方案，集成了 Linux Debian 7.2 OS、Open vSwitch、芯片 SDK 以及适配层。该项目的所有源代码基于 Apache 2.0 许可，用户可以在 GitHub 中下载所有源代码，并直接对其进行编译分析，以便对 OpenFlow 进行深入的研究。

② Pica8 白盒交换机系列

Pica8 公司于 2009 年在美国注册，研发中心主要设在中国（北京），致力于提供开放式交换系统，以满足客户个性化以及多种应用环境的需求。Pica8 的主要客户群包括 Web 服务公司、全球运营商和研究实验室。

不同于 SDN 领域中众多专注于交换机硬件或者控制器软件的厂商，Pica8 独辟蹊径地针对交换机的操作系统进行研发，其面向开放网络的交换机操作系统名为 PicOS（曾用名为 XorPlus），并以此为基础推出了系列交换机产品。之所以做出这样的选择，是因为在 Pica8 看来，交换机的操作系统与控制器一样，在 SDN 中也具有同样重要的地位。无论控制器如何进行配置和管理，交换机才是最终完成数据传递的载体，因此它必须对网络应用的运行提供必要的支持。同时，稳定的功能和优良的性能也是 SDN 对交换机提出的必需要求。另外，随着开源 SDN 项目 OpenDaylight 的提出，初创企业在控制器领域的发展空间被大大压缩，这也是 Pica8 选择在交换机操作系统领域进行深耕的原因之一。2013 年 10 月，Pica8 推出 PicOS 2.0，支持 3 种主要的网络编程环境，使得网络运维管理人员可以轻松地完成任务操作。在支持 SDN 方面，PicOS 2.0 提供可用于生产环境的 OpenFlow 用例和集成开放网络业务流程工具和开源控制器，通过 Open vSwitch v1.9 支持 OpenFlow v1.3，OVS 在其内作为一个进程为外部编程提供 OpenFlow 接口。

到 2015 年 12 月为止，Pica8 支持 OpenFlow 协议的交换机产品主要有 P3290、P3295、P3920、P3297、P3922、P3930、P5101、P5401，这 8 款交换机的主要性能参数如表 3-8 所示。

表 3-8　Pica8 支持 OpenFlow 协议的交换机的主要性能参数

型号	机架单元	交换性能	端口	时延	OpenFlow 版本
P3290	1RU	176 Gbit/s	4×GE（SFP）或 4×10 GE（SFP+）	1 μs	支持 OpenFlow v1.3、OVS v2.0、GRE 隧道
P3295	1RU	176 Gbit/s	4×GE（SFP）或 4×10 GE（SFP+）	1 μs	
P3920	1RU	1.28 Tbit/s	4×GE（SFP+）或 4×10 GE（SFP+）	1 μs	

续表

型号	机架单元	交换性能	端口	时延	OpenFlow 版本
P3297	1RU	176 Gbit/s	4×GE（SFP）或 4×10 GE（SFP+）	1 μs	支持 OpenFlow v1.3、OVS v2.0、GRE 隧道、基于 OVS 实现 MPLS
P3922	1RU	1.28 Tbit/s	16×10 GE（QSFP+到 SFP+）或 4×40 GE（QSFP+）	900 ns	
P3930	1RU	1.28 Tbit/s	16×10 GE（QSFP+到 SFP+）或 4×40 GEQSFP+）	900 ns	
P5101	1RU	1.44 Tbit/s	32×10 GE（QSFP+到 SFP+）或 8×40 GEQSFP+）	约 0.7 μs	
P5401	1RU	2.56 Tbit/s	NA	617 ns	

这 8 款交换机均为白盒交换机，目标用户是学术界以及拥有互联网数据中心（Internet Data Center，IDC）机房的企业，皆为 1RU 机架高度，均搭载 PicOS 2.0。其除了支持 OpenFlow v1.3 之外，亦支持多项 L2 与 L3 的网络协议。此外，Pica8 的交换机与业界众多开源 OpenFlow 控制器（如 Ryu、Floodlight、NOX、Trema、OpenDaylight 等）实现了互联互通。

（3）基于 NP 的 SDN 交换机

作为国内较大的网络设备厂商，华为一直紧随行业动向，在 SDN 领域也给予高度重视，并积极投入研发力量。

2013 年 4 月，华为提出新的 SDN 数据平面技术协议无关转发（Protocol Oblivious Forwarding，POF），即硬件转发设备对数据报文协议和处理转发流程没有感知，网络行为完全由控制平面负责定义。该技术作为对 ONF OpenFlow 协议的增强，拓展了目前 OpenFlow 的应用场景，为实现真正灵活的可编程软件定义网络奠定了基础。此外，华为另辟蹊径，推出了自研的以太网处理器芯片（ENP），并于 2013 年 8 月，发布了全球首个基于其自研的 ENP 芯片以业务和用户体验为中心的敏捷网络架构及全球首款敏捷交换机 S12700，该交换机支持其提出的 POF 技术。

S12700 系列交换机是华为面向下一代园区网核心而专门设计开发的敏捷交换机，旨在满足云计算、BYOD（Bring Your Own Device）移动办公、物联网、多业务以及大数据等新应用对高可靠性、大带宽、大规模以太网的要求。该产品采用可编程架构，可灵活、快速地满足用户的定制需求，帮助用户平滑演进至 SDN。该产品基于华为公司自主研发的通用路由器操作系统平台 VRP，在提供高性能的二层和三层交换服务基础上，进一步融合了 MPLS 虚拟专用网络（Virtual Private Network，VPN）、硬件 IPv6、桌面云、视频会议等多种网络业务，提供不间断升级、不间断转发、串联样式表（Cascading Style Sheets，CSS）交换网硬件集群主控 1＋N 备份、硬件操作管理维护/双向转发检测（Operation Administration and Maintenance/Bidirectional Forwarding Detection，Eth-OAM/BFD）、环网保护等多种高可靠技术。该产品在提高用户生产效率的同时，保证了网络的最大正常运行时间，从而降低了客户的设备投资成本。目前，该系列交换机有 S12708 和 S12712 两种型号，主要性能参数如表 3-9 所示。

表 3-9 华为 S12700 系列交换机主要性能参数

型号	交换性能	分组转发率	主控板插槽数量（个）	交换网板插槽数量（个）	业务板插槽数量（个）	最大功耗
S12708	12.32 Tbit/s、27.04 Tbit/s	6240 Mp/s、9120 Mp/s	2	4	8	6600 W
S12712	17.44 Tbit/s、37.28 Tbit/s	9120 Mp/s、12 960 Mp/s	2	4	12	6600 W

2014 年 4 月，华为和北京电信合作完成了运营商 SDN 商用部署，将 SDN 成功应用于 IDC 网络。北京电信同期发布了基于 SDN 的一系列 IDC 新业务，这次 SDN 部署中使用的交换机正是华为 S12700 系列敏捷交换机。

2015 年 11 月，华为敏捷交换机 S12700 正式通过全球 SDN 测试认证中心的 OpenFlow v1.3 一致性认证测试。本次测试通过的还有 S6720-EI，S5720-EI 盒式交换机、华为 S 系列交换机已经成为通过 OpenFlow v1.3 一致性认证测试较多的交换机产品系列，代表着华为在 SDN 技术上的领先程度，以及正在 SDN 技术产业中扮演着越来越重要的角色。

（4）基于 NetFPGA 的 SDN 交换机

除了以上各大网络设备厂商推出的商用 SDN 硬件交换机之外，还有一类基于 NetFPGA 的交换机。NetFPGA 是斯坦福大学开发的基于 Linux 的开放性实验平台，能够很好地支持模块化设计，可以使得研究人员很方便地在其上搭建吉比特级的高性能网络系统模型。2008 年，斯坦福大学刚开始研究 OpenFlow 项目的时候，就是基于 NetFPGA 实现了硬件加速的线速 OpenFlow 交换机。

NetFPGA 是一款低功耗的开发平台，作为网络硬件教学和路由设计的工具，NetFPGA 可以很方便地帮助研究人员或者高校学生搭建一个高速的网络。此外，它把 FPGA 可配置的特性带入网络设备中，为更多的研究人员研究下一代网络提供了开放的平台。因此，越来越多的人开始关注 NetFPGA，并参与基于 NetFPGA 的开源项目。

NetFPGA 平台包含了一个 Xilinx Virtex-2 Pro 50 的 FPGA，运行在 125 MHz 的时钟频率下，用于用户自定义逻辑的设计；还包含了 Xilinx Spartan-Ⅱ FPGA，运行外设组件互连（Peripheral Component Interconnect，PCI）标准接口控制器的控制逻辑，用于与主处理器的通信；另有两个 2.25 MB 的外部同步动态随机存储器（Synchronous Dynamic Random Access Memory，SDRAM）以及扩展的 64 MB 的双倍数据速率（Double Data Rate，DDR）SDRAM 作为数据存储介质。平台提供了 4 个 GE 接口，以配合在 FPGA 中的 4 个 GE 控制器软核。NetFPGA 还包含了两个串行先进技术总线附属接口（Serial Advanced Technology Attachment Interface，SATA）连接器，使得在一个系统中的多个 NetFPGA 开发板可直接交换数据，而不需通过 PCI 总线。

基于 NetFPGA 的 OpenFlow 交换机是用硬件来实现流表的，在参考系统中添加了 OpenFlow 模块，到达 NetFPGA 并且匹配流表的数据分组以线速转发，而没有匹配项的数据分组（如新的流）则上交给 OpenFlow 内核模块处理（有可能转发到控制器）。若 NetFPGA 硬件流表已满，则内核模块拒绝在流表中插入表项，该数据分组将交由软件来处理。

图 3-7 给出了基于 NetFPGA 的 OpenFlow 交换机内部结构。输出端口查找（Output Port Lookup）实现 OpenFlow 协议规定的功能，使用静态随机存储器（Static Random Access Memory，SRAM）和动态随机存储器（Dynamic Random Access Memory，DRAM）来实现流表的线速查找，支持流表任意匹配字段的通配符查找和全字段的精确匹配查找。具体流程：数据分组先进入分组头解析（Header Parser）模块，这一模块从数据分组中解析出要匹配的 10 个标识域，产生待匹配的表头；表头随后被送入通配符查找（Wildcard Lookup）模块和精确匹配查找（Exact Match Lookup）模块，其中通配符查找使用 DRAM 完成，精确匹配查找则使用两个哈希函数来实现；查找结果均送往仲裁器（Arbiter），由其选择一个查找结果，通常情况下仲裁器会选择精确匹配查找的结果；随后，分组编辑（Packet Editor）模块会根据仲裁结果将相应动作添加到数据分组头部，并将修改后的数据分组传送到输出队列（Output Queues）。

为了实现基于 NetFPGA 的 OpenFlow 交换机，还需要安装一套开源的 OpenFlow 交换机管理软件。该软件是原有 OpenFlow 软件实现方式的扩展，软件包可以从 OpenFlow 网站下载，包括用户空间和内核模块。

用户空间通过安全套接字层（Secure Socket Layer，SSL）和控制器交互，OpenFlow 协议规定了交换机和控制器之间消息的格式，从交换机到控制器的消息有新的流到达、链路状态更新等，从控制器到交换机的消息有添加、删除流表项等，用户空间和内核模块间通过操作系统中的输入输出控制（Input/Output Control，IOCTL）实现通信。

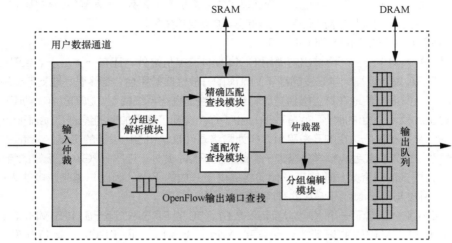

图 3-7　基于 NetFPGA 的 OpenFlow 交换机内部结构

内核模块负责维护表项、处理数据分组和更新数据。默认情况下，OpenFlow 交换机内核模块仅在软件中创建流表，终端主机通过网络接口卡（Network Interface Card，NIC）来接收匹配数据分组。表项链接成一个链，数据分组和链上的表项依次匹配，直至匹配上其中一项。软件中的通配符查找通过线性查找表实现，精确匹配查找则使用双向哈希算法中的哈希表实现。

2. SDN 软件交换机

由于当前 OpenFlow 标准仍在不断完善，支持 OpenFlow 标准的硬件交换机较少，而相对于硬件交换机，在众多 SDN 软件交换机中，OpenFlow 软件交换机成本更低、配置更为灵活，其性能基本可以满足中小规模实验网络的要求，因此 OpenFlow 软件交换机是当前进行创新研究、构建试验平台以及建设中小型 OpenFlow 网络的首选。

（1）Open vSwitch

Open vSwitch 是由 Nicira、斯坦福大学、加利福尼亚大学伯克利分校的研究人员共同提出的开源软件交换机，它遵循 Apache 2.0 开源代码版权协议，支持跨物理服务器分布式管理、扩展编程、大规模网络自动化和标准化接口，实现了和大多数商业闭源交换机功能类似的软件交换机。

Open vSwitch 基本部件分为 3 个部分：其一是 ovs-vswitchd 守护进程，即慢速转发平面，位于用户空间，完成基本转发逻辑，包括地址学习、镜像配置、IEEE 802.1Q VLAN、链路汇聚控制协议（Link Aggregation Control Protocol，LACP）、外部物理端口绑定、基于源 MAC 地址和 TCP 负载均衡或主备方式，支持 OpenFlow 协议，可通过 sFlow、NetFlow 或交换端口分析器（Switched Port Analyzer，SPAN）端口镜像方式保证网络可视性，配置后数据交由 ovsdb-server 进程存储和管理；其二是核心数据转发平面，即 openvswitch_mod.ko 模块，它位于内核空间，完成数据分组查询、修改、转发，隧道封装，维护底层转发表等功能；其三是控制平面，分布在不同物理机中的软件交换机通过 OpenFlow 控制集群组成分布式虚拟化交换机，还实现了不同租户虚拟机隔离功能。每个数据转发保持一个 OpenFlow 连接，没有在转发平面出现的数据流在第一次通过软件交换机时，都被转发到 OpenFlow 控制平台处理，OpenFlow 根据 1~4 层信息特征进行匹配，定义转发、丢弃、修改或排队策略，第二次数据转发时会直接由核心转发模块处理，加快了后续数据处理过程。

Open vSwitch 不但可以以独立软件方式在虚拟机管理器内部运行，如 Xen、XenServer、KVM、Proxmox VE 和 VirtualBox 等虚拟机支撑平台，还可以部署在硬件上，作为交换芯片控制堆栈。美国 Citrix 公司已把 Open vSwitch 作为 Xen Cloud Platform 的默认内置交换机。

2011 年 8 月，Open vSwitch 发布了其第一个版本 Open vSwitch v1.2.1，此后 4 年多的时间内发布了多个版本。2015 年 9 月 21 日，Open vSwitch 发布了新版本 Open vSwitch v2.4.0，目前 Open vSwitch 支持的功能主要包括以下几个方面。

- 支持 NetFlow、sFlow（R）、IP 数据流信息输出（IP Flow Information Export，IPFIX）、SPAN 和远程交换端口分析器（Remote Switched Port Analyzer，RSPAN），监视虚拟机之间的通信；
- 支持 LACP（IEEE 802.1AX-2008）；
- 支持标准 IEEE 802.1Q VLAN Trunk；
- 支持 BFD 和 IEEE 802.1ag 链路监视；
- 支持 STP（IEEE 802.1D-1998）和 RSTP（IEEE 802.1D-2004）；
- 支持细粒度 QoS 控制；
- 支持分层公平服务曲线（Hierarchical Fair Service Curve，HFSC）队列规则；
- 可按虚拟机接口分配流量，定制策略；
- 支持绑定网卡、基于源 MAC 地址负载均衡，支持主动备份和 L4 哈希操作；
- 支持 OpenFlow v1.0 以上的众多扩展；
- 支持 IPv6；
- 支持多种隧道协议（IPSec、基于 IPSec 的 GRE 和 VXLAN）；
- 支持与 C 语言和 Python 语言绑定的远程配置协议；
- 内核模块和用户空间可选；
- 支持拥有流缓存的多流表转发；
- 支持转发抽象层来简化移植到新的软件和硬件平台的过程。

（2）Pantou

Pantou 是由斯坦福大学组织推动的一个基于 OpenWrt 实现 OpenFlow 的创新项目，它可以将商用无线路由器或无线接入点（Access Point，AP）转换成 OpenFlow 交换机。OpenWrt 是一种基于 Linux 的、无线路由器操作系统，主要组件有 Linux 内核、uClibc 和 BusyBox，所有组件都经过优化，适用于存储空间和内存都有限的家用路由器。Pantou 基于 BackFire OpenWrt 版本（Linux 2.6.32）的用户空间实现。与 Open vSwitch 这样的内核空间实现相比，它的系统调用负载更大。此外，用户为设备的芯片组合（目前主要是博通和 Atheros）选择适合的镜像文件或者编译自己的镜像文件，并将镜像文件下载到设备上以确保正常工作。

（3）Indigo

Indigo 开源项目是 Floodlight 项目内的子项目。Indigo 是基于 OpenFlow 的 SDN 软件交换机，它运行在硬件交换机上，并利用以太网交换机的硬件功能来线速运行 OpenFlow。Indigo 已实现 OpenFlow v1.0 所有必需的功能。BigSwitch 公司于 2013 年 3 月推出的虚拟交换机 Switch Light 正是基于 Indigo2 来实现的（Indigo1 已经不再被支持）。Indigo2 有两个组成部分：Indigo2 Agent

和 LoxiGen。Indigo2 Agent 代表核心库，包括硬件抽象层（Hardware-Abstraction Layer，
HAL）和配置抽象层。其中，硬件抽象层可以方便地整合物理或虚拟交换机的转发和端口管理界
面，配置抽象层可以支持在物理交换机的混合模式下运行 OpenFlow。LoxiGen 是一个编译器，
以多种语言来生成 OpenFlow 的打包/解包库。目前，LoxiGen 支持 C 语言，对 Java 和 Python
的编程/脚本语言的支持还在开发中。Indigo 虚拟交换机是一个轻量级的从底层向上构建的虚拟交
换机，支持 OpenFlow 协议。Indigo 主要用于大规模网络虚拟化应用，并支持使用 OpenFlow
控制器的跨物理服务器分布，这与 VMware 公司的 vNetwork、Cisco 公司的 Nexus 或 Open
vSwitch 相似。

（4）LINC

LINC（Link Is Not Closed）是全新的开源交换平台，由 flowforwarding.org 提供支持，
flowforwarding.org 是一个致力于推广实施 OpenFlow 标准的免费开源社区，支持 Apache 2.0 许可
证。目前 LINC 已经发展成一个支持 OpenFlow 规范完整功能集的参考实现。最初开发 LINC 的目标
是快速低成本地开发评估 OpenFlow v1.2、OpenFlow v1.3 以及 OF-CONFIG v1.1，以运行在商
品化的产品和技术（Commercial-Off-The-Shelf，COTS）平台上。出于以上考虑，LINC 基于
Erlang 语言进行开发（Erlang 语言由瑞典的 Ericsson 公司开发，是一种运行于虚拟机的解释型语言）。

LINC 是纯软件的 OpenFlow 交换机，支持 OpenFlow v1.2、OpenFlow v1.3.1 以及
OF-CONFIG v1.1.1。图 3-8 所示为 LINC 结构。LINC 的主要软件模块包括 OpenFlow 交换机、
OpenFlow 协议模块和 OF-CONFIG 模块。该设计遵循了 Erlang 的开放电信平台（Open
Telecom Platform，OTP）原则。

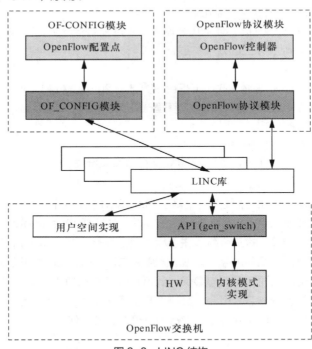

图 3-8　LINC 结构

OpenFlow 交换机的功能在 LINC 库中实现，该功能组件接收 OF-CONFIG 模块的命令并在
OpenFlow Operational Context 中执行，它可以同时处理一个或多个 OpenFlow 逻辑交换机（由
信道组件、可替代后端、逻辑交换机组成）。其中，信道组件是 OpenFlow 逻辑交换机和控制器之

间的通信层，用来处理控制器的 TCP/TLS（Transport Layer Security，传输层安全协议）连接，并使用 OpenFlow 协议库来编解码 OpenFlow 协议消息。它从控制器接收消息，解析后传给后端，之后将编码后的消息从 OpenFlow 交换机传给控制器。

可替换后端实现转发数据分组的实际逻辑，管理流表、组表、端口等，并回复来自控制器的 OpenFlow 协议消息。由于使用了一个通用 API（gen_switch），LINC 的逻辑交换机可使用任何可用的后端，这使得逻辑交换机不依赖后端，可以处理交换机配置，管理信道组件和 OpenFlow 资源。

OF-CONFIG 协议处理是由 OF-CONFIG 库应用程序来实现的，用于处理、分析、验证、生成来自 OpenFlow 配置点的 OF-CONFIG 消息，并向应用程序（LINC）输出一组命令来配置 OpenFlow 交换机。例如，创建 OpenFlow 逻辑交换机的实例，将 OpenFlow 资源与特定 OpenFlow 逻辑交换机绑定等。

（5）OpenFlowClick

Click 是由美国麻省理工学院 Eddie Kohler 博士等人开发的一款优秀的软件，专门用于构建基于 Linux 操作系统的软件路由器。

Click 以模块化为核心思想，把路由器功能划分为若干粒度合适的模块，这些模块被称为元件（Component）。Click 的元件是由 C++编写完成的，每个元件都是一个 C++类。当路由器初始化运行时，这些元件被实例化为 C++对象。Click 中提供了几百个符合 TCP/IP 标准的元件，实现了路由器功能的各个方面，包括从网络设备读取数据分组、数据分组分类、数据加密、数据验证、查询路由表、缓存数据分组、封装数据分组、向网络设备发送数据分组等。软件路由器开发者先根据需求选择不同的元件，再使用 Click 配置语言将这些元件连接起来，就可以实现定制功能的软件路由器。此外，如果 Click 中没有所需功能的元件，用户还可以按照规则使用 C++进行编写，这样使得定制和修改软件路由器的功能变得非常容易。

Click 允许研究者选择不同的元件创造自定义的数据分组处理流程，但是数据分组的处理流程是在初始化 Click 之前配置好的，不能动态改变。OpenFlowClick 是在 Click 内部开发的一个 OpenFlow Element 组件，将 OpenFlow 与 Click 结合起来，通过 OpenFlow 控制器控制不同特性的网络流量在 Click 中的处理顺序，这种控制是动态、可选择的。

传统的互联网处理网络流量通常采用逐个分组处理或者逐流处理的方法，每一种方法提供给网络研究人员不同的控制方式。现在网络流量处理正在向既能逐个分组处理又能逐流处理的方向发展。OpenFlowClick 就是一种可以同时对数据分组和数据流进行处理的软件。当网络流量以数据分组形式到达时，OpenFlowClick 可以通过控制器中的控制逻辑对数据分组进行处理；当网络流量以数据流形式到达时，OpenFlowClick 可以将数据流与 OpenFlow 中的流表进行匹配，并对具有相同流特性的数据流进行处理。因此，OpenFlowClick 具有数据分组处理过程中的灵活性和简易性的特点。

（6）OF1.3SoftSwitch

OF1.3SoftSwitch 项目由巴西的 Ericsson 创新中心支持，并由与 Ericsson 研究中心合作的 CPqD 进行维护。OF1.3SoftSwitch 是兼容 OpenFlow v1.3 的用户空间软件交换机，基于 Ericsson TrafficLab OF1.1SoftSwitch，并在其数据平面上进行必要改变来支持 OpenFlow v1.3。OF1.3SoftSwitch 的封装包主要包括以下构件。

- 用于实现 OpenFlow v1.3 交换机的 ofdatapath；
- 用于连接交换机和控制器的安全通道 ofprotocol；
- 用于转换到 OpenFlow v1.3 的软件库 oflib；
- 通过控制台配置 OF1.3SoftSwitch 的命令行使用程序 dpctl。

安装和下载该软件交换机的说明及教程均可以在 GitHub 上找到。用户可以尝试使用

OF1.3SoftSwitch 的预配置版本，包括 OpenFlow v1.3 Software Switch、NOX 兼容版本、Wireshark 插件及 OFTest。

3.2 开源交换机 Open vSwitch

本节介绍开源交换机 Open vSwitch 的系统架构及其安装与配置过程，并提供网桥管理、流表管理、QoS 设置及端口映射相关实验实例。

3.2.1 Open vSwitch 介绍

Open vSwitch 是由 Nicira、斯坦福大学、加利福尼亚伯克利分校的研究人员共同提出的开源软件交换机。它基于 C 语言开发，遵循 Apache 2.0 开源代码版权协议，能同时支持多种标准的管理接口和协议（如 NetFlow、sFlow、SPAN、RSPAN、CLI、LACP、802.1ag 等），支持跨物理服务器分布式管理、扩展编程、大规模网络自动化。Open vSwitch 具备很强的灵活性，可以在管理程序中作为软件交换机运行，也可以直接部署到硬件设备上作为控制层。利用其作为 SDN 的基础设施层转发设备，可以大幅降低部署成本，还可以提高网络的灵活性及扩展性。基于 Open vSwitch 的典型组网如图 3-9 所示。

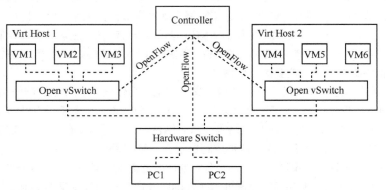

图 3-9　基于 Open vSwitch 的典型组网

3.2.2 Open vSwitch 系统架构

Open vSwitch 系统架构分为内核空间（Kernel Space）、用户空间（User Space）、配置管理层（Network Device）这 3 个部分。其中，内核空间包含 OVS 模块和流表，用户空间运行着 OVS 的守护进程（ovs-vswitchd）和数据库（ovsdb-server），配置管理层包括 ovs-dpctl、ovs-appctl、ovs-vsctl 和 ovs-ofctl 等。Open vSwitch 系统架构如图 3-10 所示。

Open vSwitch 各模块简要介绍如下。

ovs-vswitchd：主要模块，实现 vSwitch 的守候进程（Daemon），包括一个支持流交换的 OVS 内核模块。

ovsdb-server：轻量级数据库服务器，用于保存配置信息，ovs-vswitchd 通过这个数据库获取配置信息。

ovs-dpctl：用于配置 Open vSwitch 内核模块的一个工具。

ovs-appctl：一个向 ovs-vswitchd 的守护进程发送命令的程序。

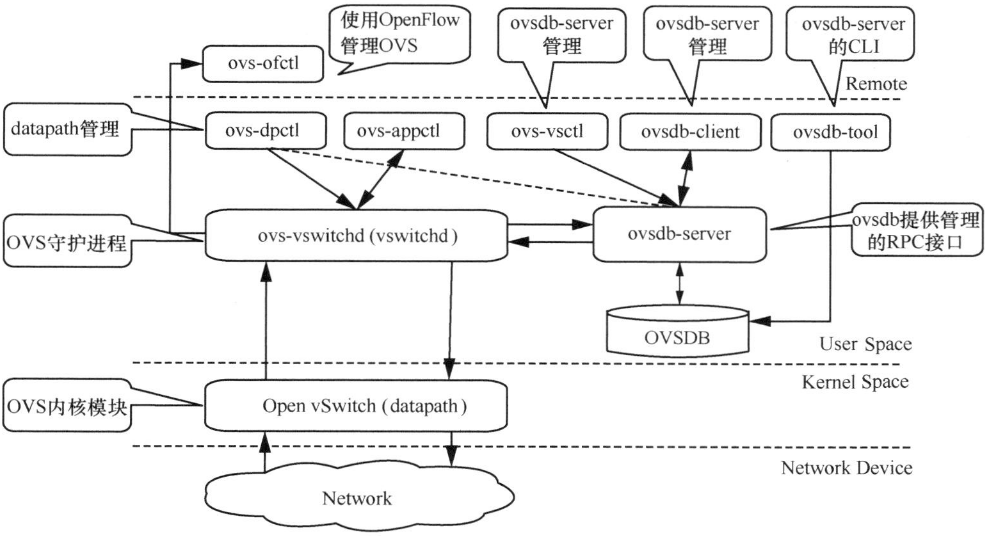

图 3-10　Open vSwitch 系统架构

ovs-vsctl：主要获取或更改 ovs-vswitchd 的配置信息，此工具操作时会更新 ovsdb-server 中的数据库。

datapath：内核模块，根据流表匹配结果做相应处理。

ovs-ofctl：查询和控制 OpenFlow 虚拟交换机的流表。

Open vSwitch 版本及其相应的 Linux 内核要求如表 3-10 所示，请根据自己的内核版本选择相应的 Open vSwitch 版本。

表 3-10　Open vSwitch 版本及其相应的 Linux 内核要求

Open vSwitch 版本	相应的 Linux 内核要求
1.4.x	2.6.18～3.2
1.5.x	2.6.18～3.2
1.6.x	2.6.18～3.2
1.7.x	2.6.18～3.3
1.8.x	2.6.18～3.4
1.9.x	2.6.18～3.8
1.10.x	2.6.18～3.8
2.0.x	2.6.18～3.8
2.1.x	2.6.18～3.10
2.2.x	2.6.18～3.11
2.3.x	2.6.18～3.14
2.4.x	2.6.18～4.0
2.5.x	2.6.18～4.3
2.6.x	3.10～4.7
2.7.x	3.10～4.9

3.3 实验一 Open vSwitch 的安装和配置

1. 实验目的

① 了解 Open vSwitch 的背景、功能和基本组成结构。

② 掌握安装部署 Open vSwitch 的方法，能够独立解决安装部署中遇到的问题。

2. 实验环境

Open vSwitch 安装及部署的实验拓扑如图 3-11 所示。

主机1

图 3-11 实验拓扑

实验环境配置说明如表 3-11 所示。

表 3-11 实验环境配置说明

设备名称	软件环境	硬件环境
主机 1	Ubuntu 14.04 命令行版	CPU：1 核 内存：2 GB 磁盘：20 GB

3. 实验内容

① 了解 Open vSwitch 的版本信息以及安装需求，实现源代码安装 Open vSwitch。

② 配置、运行 Open vSwitch，验证安装是否正确。

4. 实验步骤

（1）安装 Open vSwitch

步骤① 登录主机，执行 ifconfig 命令查看主机 IP 地址，如图 3-12 所示。

```
root@openlab:/home/openlab/lab# ifconfig
eth0      Link encap:Ethernet  HWaddr fa:16:3e:fd:60:e8
          inet addr:10.0.0.8  Bcast:10.0.0.255  Mask:255.255.255.0
          inet6 addr: fe80::f816:3eff:fefd:60e8/64 Scope:Link
          UP BROADCAST RUNNING MULTICAST  MTU:1450  Metric:1
          RX packets:6415 errors:0 dropped:0 overruns:0 frame:0
          TX packets:4487 errors:0 dropped:0 overruns:0 carrier:0
          collisions:0 txqueuelen:1000
          RX bytes:8570490 (8.5 MB)  TX bytes:319319 (319.3 KB)

lo        Link encap:Local Loopback
          inet addr:127.0.0.1  Mask:255.0.0.0
          inet6 addr: ::1/128 Scope:Host
          UP LOOPBACK RUNNING  MTU:65536  Metric:1
          RX packets:0 errors:0 dropped:0 overruns:0 frame:0
          TX packets:0 errors:0 dropped:0 overruns:0 carrier:0
          collisions:0 txqueuelen:0
          RX bytes:0 (0.0 B)  TX bytes:0 (0.0 B)

root@openlab:/home/openlab/lab#
```

图 3-12 查看主机 IP 地址

步骤② 执行 uname -a 命令查看当前系统内核版本，如图 3-13 所示。

```
root@openlab:~# uname -a
Linux openlab 3.13.0-24-generic #47-Ubuntu SMP Fri May 2 23:30:00 UTC 2014 x86_64 x86_64 x86_64 GNU/Linux
root@openlab:~#
```

图 3-13 查看当前系统内核版本

由上可知，当前系统内核版本是 3.13.0。

步骤③　执行 find / –name openvswitch-2.3.2.tar.gz 命令查找 Open vSwitch 安装包，如图 3-14 所示。

```
root@openlab:~# find / -name openvswitch-2.3.2.tar.gz
/home/openlab/lab/openvswitch-2.3.2.tar.gz
```

图 3-14　查找 Open vSwitch 安装包

由上可知，Open vSwitch 安装包在/home/openlab/lab 目录下。

步骤④　执行以下命令，进入 Open vSwitch 安装包目录，解压 Open vSwitch 源文件，并进入解压后的目录。

```
# cd /home/openlab/lab
# tar –zxvf openvswitch-2.3.2.tar.gz
# cd openvswitch-2.3.2
```

步骤⑤　执行以下命令，生成 Makefile 文件。

```
# ./configure --with-linux=/lib/modules/3.13.0-24-generic/build
```

使用--with-linux 参数指定内核源代码编译目录，不同环境的 Linux 版本不一样，3.13.0-24-generic 是通过命令 ls /lib/modules/查看得到的，请根据实际查询情况进行修改。

步骤⑥　执行以下命令编译、安装 Open vSwitch。

```
# make
# make install
```

说明　这个过程比较漫长，请耐心等待，并注意输出的错误提示。

（2）配置 Open vSwitch

步骤①　执行以下命令，加载 Open vSwitch 内核模块 openvswitch.ko，如图 3-15 所示。

```
# insmod ./datapath/linux/openvswitch.ko
```

```
root@openlab:/home/openlab/lab/openvswitch-2.3.2# insmod ./datapath/linux/openvswitch.ko
insmod: ERROR: could not insert module ./datapath/linux/openvswitch.ko: File exists
```

图 3-15　加载内核模块

说明　以上命令使用的是相对路径，默认处于 **openvswitch-2.3.2 目录下**。如果加载内核模块出现 **"File exists"** 错误提示请忽略，如果提示 **"unknown symbol in module"**，则解决方法参见异常处理。

步骤②　执行以下命令建立 Open vSwitch 配置文件和数据库，并根据 OVSDB 模板 vswitch.ovsschema 创建 OVSDB——openvswitch.conf.db，用于存储虚拟交换机的配置信息。

```
# mkdir –p /usr/local/etc/openvswitch
# ovsdb-tool create /usr/local/etc/openvswitch/conf.db/usr/local/share/openvswitch/vswitch.
ovsschema
```

步骤③　执行以下命令启动 OVSDB，如图 3-16 所示。其默认支持 SSL，如果在创建 openvswitch 时中断了 SSL 支持，则省略--private-key、--certificate、--bootstrap-ca-cert 相关命令。

```
# ovsdb-server --remote=punix:/usr/local/var/run/openvswitch/db.sock
--remote=db:Open_vSwitch,Open_vSwitch,manager_options
```

```
--private-key=db:Open_vSwitch,SSL,private_key
--certificate=db:Open_vSwitch,SSL,certificate
--bootstrap-ca-cert=db:Open_vSwitch,SSL,ca_cert
--pidfile --detach
```

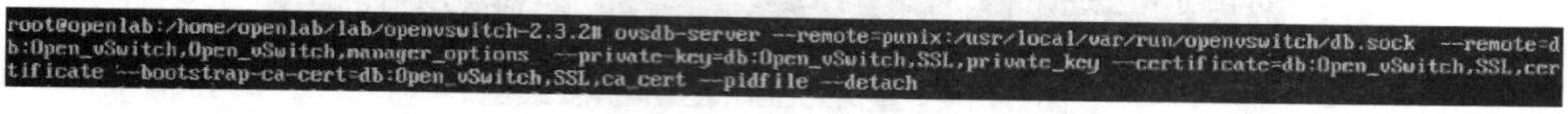

图 3-16　启动 OVSDB

 说明　　　　默认 Open vSwitch 版本为 2.3.2，与 Open vSwitch 2.0.0 之前版本的启动命令有所不同。

步骤④　执行以下命令，查看 OVSDB 是否启动成功，如图 3-17 所示。

`# ps -ef|grep ovsdb-server`

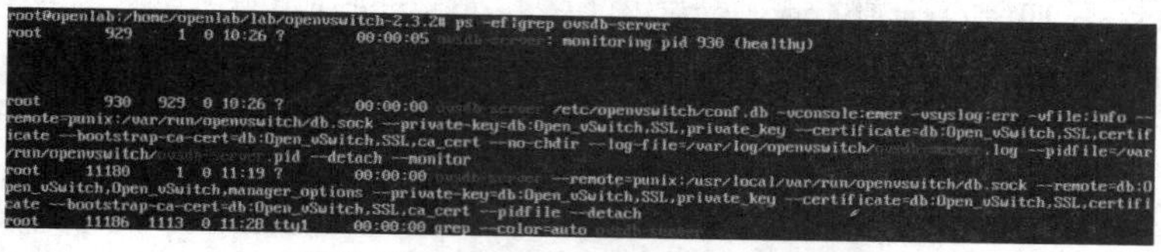

图 3-17　查看 OVSDB 是否启动成功

步骤⑤　执行以下命令，初始化数据库。

`# ovs-vsctl --no-wait init`

步骤⑥　执行以下命令，启动 Open vSwitch 守护进程，如图 3-18 所示。

`# ovs-vswitchd --pidfile  - detach`

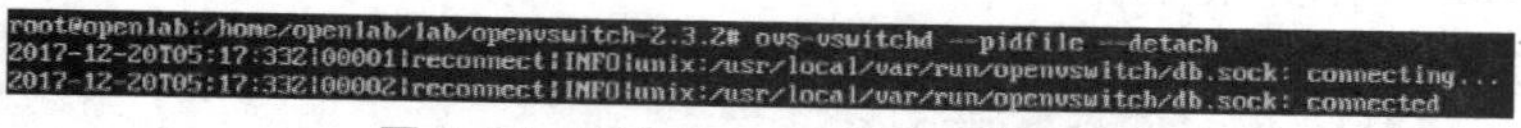

图 3-18　启动 Open vSwitch 守护进程

步骤⑦　Open vSwitch 安装和配置完毕后，执行以下命令，查看当前 OVS 进程，如图 3-19 所示。

`# ps -ef|grep ovs`

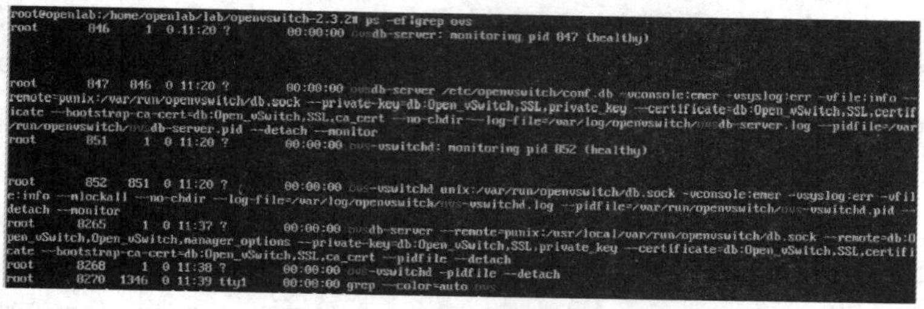

图 3-19　查看当前 OVS 进程

步骤⑧　执行 ovs-vsctl --version 命令，查看当前 OVS 的版本信息，如图 3-20 所示。

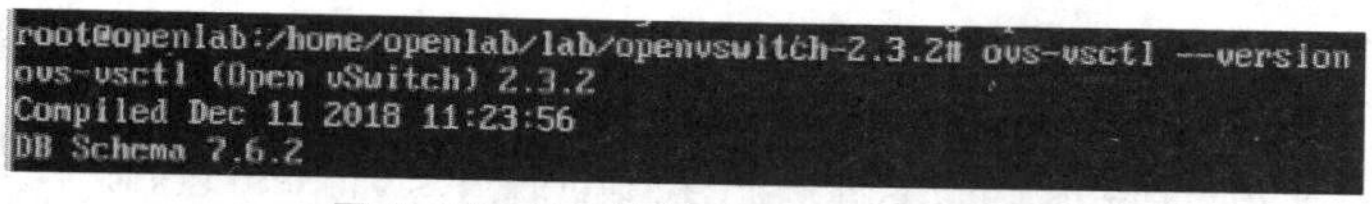

图 3-20　查看当前 OVS 的版本信息

（3）异常处理

加载 Open vSwitch 内核模块 openvswitch.ko 时，可能会出现图 3-21 所示的异常情况。

```
sdnlab@sdnlab:~/openvswitch-2.5.0$ sudo insmod ./datapath/linux/openvswitch.ko
sudo: unable to resolve host sdnlab
insmod: ERROR: could not insert module ./datapath/linux/openvswitch.ko: Unknown
symbol in module
```

图 3-21　异常情况

出现这个问题的原因是 openvswitch.ko 的依赖模块没有加载。其解决方法如下。

步骤① 　查找 openvswitch.ko 的依赖模块。

\# modinfo ./datapath/linux/openvswitch.ko |grep depend

步骤② 　根据查找结果加载这些依赖模块。

\# modprobe libcrc32c

\# modprobe gre

当依赖模块都加载后，即可加载 openvswitch.ko 模块，如图 3-22 所示。

\# insmod　./datapath/linux/openvswitch.ko

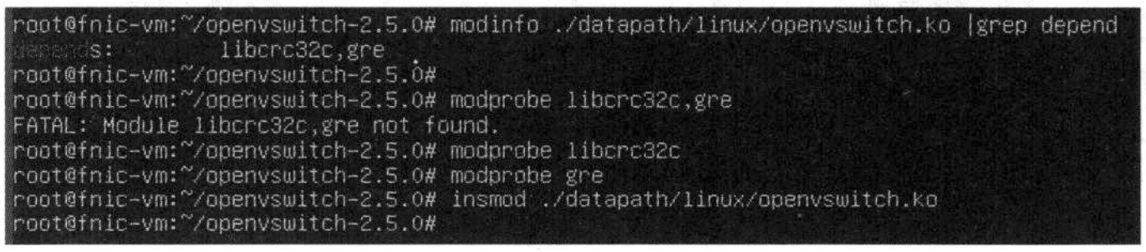

```
root@fnic-vm:~/openvswitch-2.5.0# modinfo ./datapath/linux/openvswitch.ko |grep depend
depends:          libcrc32c,gre
root@fnic-vm:~/openvswitch-2.5.0#
root@fnic-vm:~/openvswitch-2.5.0# modprobe libcrc32c,gre
FATAL: Module libcrc32c,gre not found.
root@fnic-vm:~/openvswitch-2.5.0# modprobe libcrc32c
root@fnic-vm:~/openvswitch-2.5.0# modprobe gre
root@fnic-vm:~/openvswitch-2.5.0# insmod ./datapath/linux/openvswitch.ko
root@fnic-vm:~/openvswitch-2.5.0#
```

图 3-22　解决方法

3.4　实验二　Open vSwitch 的网桥管理

1. 实验目的

① 了解网桥（Bridge）的基本概念及其工作原理。

② 掌握网桥相关命令的基本使用方法。

2. 实验环境

Open vSwitch 网桥管理的实验拓扑如图 3-23 所示。

二层交换机1

图 3-23　实验拓扑

实验环境配置说明如表 3-12 所示。

表 3-12　实验环境配置说明

设备名称	软件环境	硬件环境
二层交换机 1	Ubuntu 14.04 命令行版 Open vSwitch 2.3.1	CPU：1 核 内存：2 GB 磁盘：20 GB

3. 实验内容

① 学习网桥的基本理论知识。

② 学习常用的网桥命令，进行网桥和端口的添加、删除、查看等操作。

4．实验原理

网桥是一种存储转发设备，用来在数据链路层连接局域网，并在局域网之间传递数据。网桥相当于一个端口少的二层交换机。网桥的基本功能与交换机一样，具有帧转发、帧过滤和支持生成树算法等功能。Open vSwitch 中的网桥对应物理交换机，其功能是根据一定流规则，把从端口收到的数据包转发到另一个或多个端口。在 Open vSwitch 中创建一个网桥后，此时网络功能不受影响，但是会产生一个虚拟网卡。之所以会产生一个虚拟网卡，是为了实现接下来的网桥（交换机）功能。有了网桥以后，还需要为这个网桥增加端口（Port），一个端口就是一个物理网卡。当网卡加入这个网桥之后，其工作方式就和普通交换机的端口的工作方式类似。某网桥的具体信息如图 3-24 所示。

```
root@localhost:~# ovs-vsctl show
bc12c8d2-6900-42dd-9c1c-30e8ecb99a1b
Bridge "br0"
    Port "eth0"
        Interface "eth0"
    Port "br0"
        Interface "br0"
            type: internal
ovs_version: "1.4.0+build0"
```

图 3-24　某网桥的具体信息

上述信息显示了一个名为 br0 的网桥（交换机），这个交换机有两个接口，一个是 eth0，另一个是 br0。创建网桥的时候会创建一个和网桥名称一样的接口，并自动作为该网桥的一个虚拟接口。这个虚拟接口可以作为交换机的管理端口，基于这个虚拟接口实现了网桥的功能。Open vSwitch 的内核模块实现了多个"数据路径"（类似于网桥），每个数据路径可以有多个虚拟端口（类似于网桥内的端口）。每个数据路径通过关联流表（Flow Table）来设置操作，而这些流表中的流都是用户空间在报文头和元数据的基础上映射的关键信息，一般的操作是将数据包转发到另一个虚拟端口。当一个数据包到达一个虚拟端口时，内核模块所做的处理是提取其流的关键信息并在流表中查找这些关键信息，如果有一个匹配的流，则执行对应的操作；如果没有匹配的流，则会将数据包送到用户空间的处理队列中，并作为处理的一部分，用户空间可能会设置一个流，以便之后碰到相同类型的数据包时在内核中执行操作。

ovs-vsctl 关于网桥管理的常用命令如表 3-13 所示。

表 3-13　ovs-vsctl 关于网桥管理的常用命令

命令	含义
init	初始化数据库（前提是数据分组为空）
show	输出数据库信息摘要
add-br BRIDGE	添加新的网桥
del-br BRIDGE	删除网桥
list-br	输出网桥摘要信息
list-ports BRIDGE	输出网桥中所有端口的摘要信息
add-port BRIDGE PORT	向网桥中添加端口

续表

命令	含义
del-port BRIDGE PORT	删除网桥中的端口
get-controller BRIDGE	获取网桥的控制器信息
del-controller BRIDGE	删除网桥的控制器信息
set-controller BRIDGE TARGET	向网桥添加控制器

5. 实验步骤

（1）实验环境检查

步骤① 以 root 用户登录交换机，执行 ovs-vsctl show 命令，查看镜像文件中的原有网桥，如图 3-25 所示。

步骤② 执行以下命令删除当前网桥，并进行确认，如图 3-26 所示。

```
# ovs-vsctl del-br br-sw
# ovs-vsctl show
```

```
root@openlab:~# ovs-vsctl show
a2c65dcd-1a48-4f18-8c7f-acdeaca7c670
    Bridge ofc-bridge
        fail_mode: secure
        Port ofc-bridge
            Interface ofc-bridge
                type: internal
    Bridge br-sw
        Controller "tcp:20.0.1.3:6633"
        fail_mode: secure
        Port "eth4"
            Interface "eth4"
        Port "eth1"
            Interface "eth1"
        Port "eth5"
            Interface "eth5"
        Port "eth7"
            Interface "eth7"
        Port "eth6"
            Interface "eth6"
        Port "eth3"
            Interface "eth3"
        Port br-sw
            Interface br-sw
                type: internal
        Port "eth8"
            Interface "eth8"
        Port "eth2"
            Interface "eth2"
root@openlab:~# _
```

图 3-25 查看镜像文件中的原有网桥

```
root@openlab:~# ovs-vsctl del-br br-sw
root@openlab:~# ovs-vsctl show
a2c65dcd-1a48-4f18-8c7f-acdeaca7c670
```

图 3-26 删除当前网桥

（2）添加网桥和端口

步骤① 执行以下命令添加名称为 br0 的网桥。

```
# ovs-vsctl add-br br0
```

步骤② 执行以下命令，列出 Open vSwitch 中的所有网桥，如图 3-27 所示。

```
# ovs-vsctl list-br
```

步骤③ 执行以下命令，将物理网卡挂接到网桥 br0 上。

```
# ovs-vsctl add-port br0 eth0
```

 说明 端口和网桥是多对一的关系，也就是说，一个网桥上可以挂接多个物理网卡。

步骤④ 执行以下命令，列出挂接到网桥 br0 上的所有网卡，如图 3-28 所示。

```
# ovs-vsctl list-ports br0
```

```
root@openlab:~# ovs-vsctl list-br
br0
```

```
root@openlab:~# ovs-vsctl list-ports br0
eth0
```

图 3-27 列出 Open vSwitch 中的所有网桥　　　图 3-28 列出挂接到网桥 br0 上的所有网卡

步骤⑤ 执行以下命令，列出挂接到 eth0 网卡上的所有网桥，如图 3-29 所示。

```
# ovs-vsctl port-to-br eth0
```

步骤⑥ 执行以下命令，查看 Open vSwitch 的网络状态，如图 3-30 所示。

```
# ovs-vsctl show
```

```
root@openlab:~# ovs-vsctl show
a2c65dcd-1a48-4f18-8c7f-acdeaca7c670
    Bridge "br0"
        Port "br0"
            Interface "br0"
                type: internal
        Port "eth0"
            Interface "eth0"
root@openlab:~#
```

```
root@openlab:~# ovs-vsctl port-to-br eth0
br0
```

图 3-29 列出挂接到 eth0 网卡上的所有网桥　　　图 3-30 查看 Open vSwitch 的网络状态

（3）删除网桥和端口

步骤① 执行以下命令，删除挂接到网桥 br0 上的网卡 eth0。

```
# ovs-vsctl del-port br0 eth0
```

步骤② 执行以下命令，查看 Open vSwitch 的网络状态，如图 3-31 所示。

```
# ovs-vsctl show
```

由上可知，删除 eth0 后网桥 br0 依旧存在。

步骤③ 执行以下命令，删除网桥 br0，并进行确认，如图 3-32 所示。

```
# ovs-vsctl del-br br0
```

```
root@openlab:~# ovs-vsctl show
a2c65dcd-1a48-4f18-8c7f-acdeaca7c670
    Bridge "br0"
        Port "br0"
            Interface "br0"
                type: internal
```

```
root@openlab:~# ovs-vsctl del-br br0
root@openlab:~# ovs-vsctl show
a2c65dcd-1a48-4f18-8c7f-acdeaca7c670
```

图 3-31 查看 Open vSwitch 的网络状态　　　图 3-32 删除网桥

说明 如果不删除 eth0 而直接删除 br0，则 br0 及挂接到 br0 上的端口会被一并删除。

3.5 实验三　Open vSwitch 的流表管理

1. 实验目的

① 了解 Open vSwitch 流表的基本概念。

② 掌握流表的基本命令及其使用方法。

2. 实验环境

Open vSwitch 流表管理的实验拓扑如图 3-33 所示。

二层交换机1

图 3-33　实验拓扑

实验环境配置说明如表 3-14 所示。

表 3-14　实验环境配置说明

设备名称	软件环境	硬件环境
二层交换机 1	Ubuntu 14.04 命令行版 Open vSwitch 2.3.1	CPU：1 核 内存：2 GB 磁盘：20 GB

3. 实验内容

① 学习 Open vSwitch 流表的概念、作用及常用命令。

② 进行流表的添加、查看等操作。

4. 实验原理

OpenFlow 是用于管理交换机流表的协议，ovs-ofctl 是 Open vSwitch 提供的命令行工具。在没有配置 OpenFlow 控制器的模式下，用户可以使用 ovs-ofctl 命令通过 OpenFlow 协议连接 Open vSwitch 来创建、修改或删除 Open vSwitch 中的流表项，并对 Open vSwitch 的运行状况进行动态监控。ovs-ofctl 关于流表管理的常用命令如表 3-15 所示。

表 3-15　ovs-ofctl 关于流表管理的常用命令

命令	含义
show SWITCH	输出 OpenFlow 信息
dump-ports SWITCH PORT	输出端口统计信息
dump-ports-desc SWITCH	输出端口描述信息
dump-flows SWITCH	输出交换机中所有的流表项
dump-flows SWITCH FLOW	输出交换机中匹配的流表项
add-flow SWITCH FLOW	向交换机添加流表项
add-flows SWITCH FILE	在文件中向交换机添加流表项
mod-flows SWITCH FLOW	修改交换机的流表项
del-flows SWITCH FLOW	删除交换机的流表项

对于 add-flow、add-flows 和 mod-flows 这 3 个命令，还需要指定要执行的动作 actions=[target],[target]…。一个流规则中可能有多个动作，应按照指定的先后顺序执行动作。

常见的流表操作如表 3-16 所示。

表 3-16　常见的流表操作

操作	说明
output:port	输出数据包到指定的端口，port 是指端口的 OpenFlow 端口编号
mod_vlan_vid	修改数据包中的 VLAN Tag
strip_vlan	移除数据包中的 VLAN Tag
mod_dl_src/ mod_dl_dest	修改源或者目标的 MAC 地址信息
mod_nw_src/mod_nw_dst	修改源或者目标的 IPv4 地址信息
resubmit:port	替换流表的 in_port 字段，并重新进行匹配
load:value->dst[start..end]	写数据到指定的字段中

在 OpenFlow 中，Flow 被定义为某个特定的网络流量。例如，一个 TCP 连接就是一个 Flow，从某个 IP 地址发出来的数据包也可以被认为是一个 Flow。支持 OpenFlow 协议的交换机应该包括一个或多个流表，流表中的条目包含：数据包头的信息、匹配成功后要执行的指令和统计信息。当数据包进入 OVS 后，会将数据包和流表中的流表项进行匹配，如果发现了匹配的流表项，则执行该流表项中的指令集。相反，如果数据包在流表中没有发现任何匹配，则 OVS 会通过控制通道把数据包发送到 OpenFlow 控制器中。在 OVS 中，流表项作为 ovs-ofctl 的参数，采用了如下格式：字段=值。如果有多个字段，则可以用逗号或空格分开。常用的流表项字段说明如表 3-17 所示。

表 3-17　常用的流表项字段说明

字段名称	说明
in_port=port	传递数据包端口的 OpenFlow 端口编号
dl_vlan=vlan	数据包的 VLAN Tag 值，值为 0～4095，0xffff 代表不包含 VLAN Tag 的数据包
dl_src=<MAC> dl_dst=<MAC>	匹配源或者目标的 MAC 地址：01:00:00:00:00:00/01:00:00:00:00:00 代表广播地址；00:00:00:00:00:00/01:00:00:00:00:00 代表单播地址
dl_type=ethertype	匹配以太网协议类型，其中，dl_type=0x0800 代表 IPv4；dl_type=0x086dd 代表 IPv6；dl_type=0x0806 代表 ARP
nw_src=ip[/netmask] nw_dst=ip[/netmask]	当 dl_type=0x0800 时，匹配源或者目标的 IPv4 地址，可以使用 IP 地址或者域名
nw_proto=proto	和 dl_type 字段协同使用。当 dl_type=0x0800 时，匹配 IPv4 编号；当 dl_type=0x086dd 时，匹配 IPv6 编号
table=number	指定要使用流表的编号，值为 0～254，在不指定的情况下，默认值为 0。通过使用流表编号，可以创建或者修改多个流表中的流项
reg<idx>=value[/mask]	交换机中寄存器的值。当一个数据包进入交换机时，所有的寄存器都被清零，用户可以通过 Action 的命令修改寄存器中的值

5. 实验步骤

（1）实验环境检查

步骤① 以 root 用户登录交换机，执行以下命令，查看镜像文件中原有的网桥，如图 3-34 所示。

```
# ovs-vsctl show
```

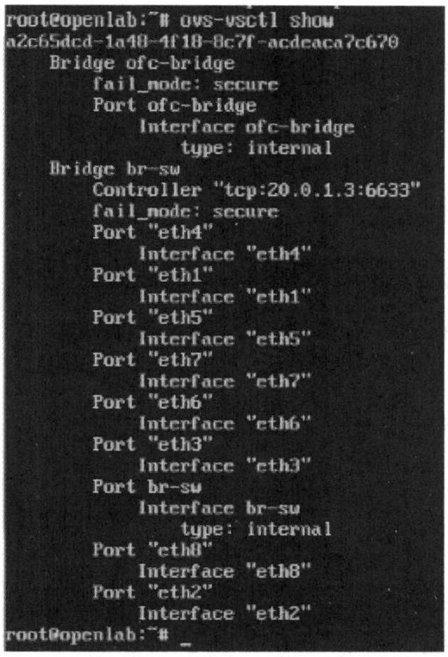

```
root@openlab:~# ovs-vsctl show
a2c65dcd-1a48-4f18-8c7f-acdcaca7c670
    Bridge ofc-bridge
        fail_mode: secure
        Port ofc-bridge
            Interface ofc-bridge
                type: internal
    Bridge br-sw
        Controller "tcp:20.0.1.3:6633"
        fail_mode: secure
        Port "eth4"
            Interface "eth4"
        Port "eth1"
            Interface "eth1"
        Port "eth5"
            Interface "eth5"
        Port "eth7"
            Interface "eth7"
        Port "eth6"
            Interface "eth6"
        Port "eth3"
            Interface "eth3"
        Port br-sw
            Interface br-sw
                type: internal
        Port "eth8"
            Interface "eth8"
        Port "eth2"
            Interface "eth2"
root@openlab:~# _
```

图 3-34　查看镜像文件中原有的网桥

步骤②　执行以下命令，删除当前网桥，并进行确认。

```
# ovs-vsctl del-br br-sw
# ovs-vsctl show
```

（2）流表管理

步骤①　执行以下命令，添加网桥，并查看虚拟交换机的基本信息，如图 3-35 所示。

```
# ovs-vsctl add-br br0
# ovs-ofctl show br0
```

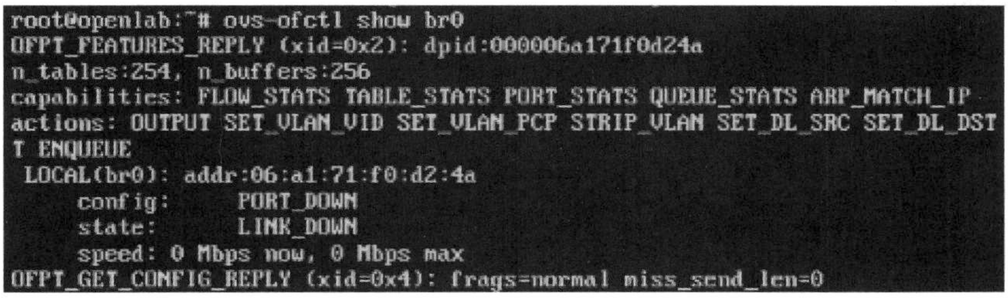

```
root@openlab:~# ovs-ofctl show br0
OFPT_FEATURES_REPLY (xid=0x2): dpid:000006a171f0d24a
n_tables:254, n_buffers:256
capabilities: FLOW_STATS TABLE_STATS PORT_STATS QUEUE_STATS ARP_MATCH_IP
actions: OUTPUT SET_VLAN_VID SET_VLAN_PCP STRIP_VLAN SET_DL_SRC SET_DL_DST
T ENQUEUE
 LOCAL(br0): addr:06:a1:71:f0:d2:4a
     config:     PORT_DOWN
     state:      LINK_DOWN
     speed: 0 Mbps now, 0 Mbps max
OFPT_GET_CONFIG_REPLY (xid=0x4): frags=normal miss_send_len=0
```

图 3-35　查看虚拟交换机的基本信息

从图 3-35 中可以查看到交换机 dpid、流表数量、性能参数、动作参数、MAC 地址等信息。

步骤②　执行以下命令，查看虚拟交换机的初始流表信息，如图 3-36 所示。

```
# ovs-ofctl dump-flows br0
```

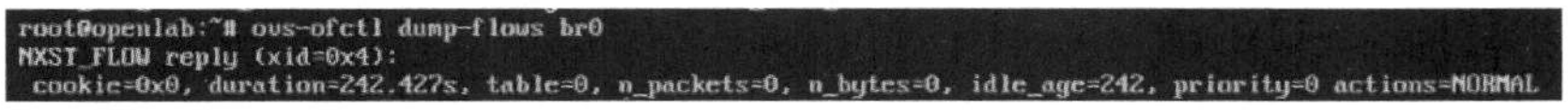

```
root@openlab:~# ovs-ofctl dump-flows br0
NXST_FLOW reply (xid=0x4):
 cookie=0x0, duration=242.427s, table=0, n_packets=0, n_bytes=0, idle_age=242, priority=0 actions=NORMAL
```

图 3-36　查看虚拟交换机的初始流表信息

步骤③　执行以下命令，添加一条流表项，设置流表项生命周期为 1000 s，优先级为 17，入端口为 3，动作是 output:2。

```
#ovs-ofctl add-flow br0 idle_timeout=1000,priority=17,in_port=3,
actions=output:2
```

> **说明** 这条流表项的作用是将端口 3 接收到的数据包从端口 2 输出。

步骤④　执行以下命令，查看交换机的所有流表信息，如图 3-37 所示。

```
# ovs-ofctl dump-flows br0
```

```
root@openlab:~# ovs-ofctl dump-flows br0
NXST_FLOW reply (xid=0x4):
 cookie=0x0, duration=422.637s, table=0, n_packets=0, n_bytes=0, idle_age=422, priority=0 actions=NORMAL
 cookie=0x0, duration=8.292s, table=0, n_packets=0, n_bytes=0, idle_timeout=1000, idle_age=8, priority=17,in_port=3 actions=outp
ut:2
```

图 3-37　查看交换机的所有流表信息

步骤⑤　执行以下命令，删除入端口为 3 的流表项，删除后，再次查看流表信息，如图 3-38 所示。

```
# ovs-ofctl del-flows br0 in_port=3
# ovs-ofctl dump-flows br0
```

```
root@openlab:~# ovs-ofctl del-flows br0 in_port=3
root@openlab:~# ovs-ofctl dump-flows br0
NXST_FLOW reply (xid=0x4):
 cookie=0x0, duration=592.046s, table=0, n_packets=0, n_bytes=0, idle_age=592, priority=0 actions=NORMAL
```

图 3-38　再次查看流表信息

3.6　实验四　Open vSwitch 的 QoS 设置及端口映射

1. 实验目的

① 了解 QoS、端口映射等相关网络知识。

② 掌握利用 Open vSwitch 调控网络性能的方法。

2. 实验环境

Open vSwitch QoS 设置的实验拓扑如图 3-39 所示。

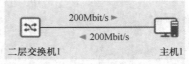

图 3-39　实验拓扑（QoS 设置）

实验环境配置说明（QoS 设置）如表 3-18 所示。

表 3-18　实验环境配置说明（QoS 设置）

设备名称	软件环境	硬件环境
二层交换机 1	Ubuntu 14.04 命令行版 Open vSwitch 2.3.1	CPU：1 核 内存：2 GB 磁盘：20 GB
主机 1	Ubuntu 14.04 命令行版	CPU：1 核 内存：2 GB 磁盘：20 GB

Open vSwitch 端口映射的实验拓扑如图 3-40 所示。

二层交换机1

图 3-40　实验拓扑（端口映射）

实验环境配置说明（端口映射）如表 3-19 所示。

表 3-19　实验环境配置说明（端口映射）

设备名称	软件环境	硬件环境
二层交换机 1	Ubuntu 14.04 命令行版 Open vSwitch 2.3.1	CPU：1 核 内存：2 GB 磁盘：20 GB

3. 实验内容

① 利用 Open vSwitch 设置端口速率，通过对比主机间的吞吐量，直观地展示出利用 Open vSwitch 配置 QoS 的效果。

② 学习端口映射的作用，利用 Open vSwitch 设置端口映射。

4. 实验原理

（1）QoS

服务质量（Quality of Service，QoS）指一个网络能够利用各种基础技术，为指定的网络通信提供更好的服务的能力。在正常情况下，如果网络只用于特定的无时间限制的应用系统，则不需要 QoS，如 Web 应用或 E-mail 设置等，但是对于关键应用和多媒体应用，配置 QoS 十分必要。当网络过载或拥塞时，QoS 能确保重要业务量不被延迟或丢弃，同时保证网络的高效运行。对于网络业务，QoS 包括传输的带宽、传送的时延、数据的丢包率等。在网络中可以通过保证传输的带宽、降低传送的时延、降低数据的丢包率以及时延抖动等措施来提高 QoS。本实验通过设置 Open vSwitch 允许访问速率（Commit Access Rate，CAR）进行报文流量监管。CAR 利用令牌桶（Token Bucket，TB）进行流量控制。图 3-41 所示为利用 CAR 进行流量控制的基本处理过程。

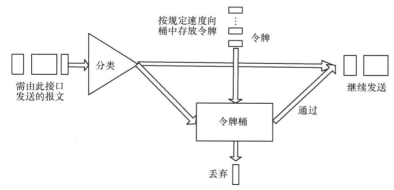

图 3-41　利用 CAR 进行流量控制的基本处理过程

主要过程为：先根据预先设置的匹配规则对报文进行分类。如果是没有规定流量特性的报文，则直接发送，不需要经过令牌桶的处理；如果是需要进行流量控制的报文，则会进入令牌桶中进行处理。如果令牌桶中有足够的令牌可以用来发送报文，则允许报文通过，报文可以被继续发送下去；如果令牌桶中的令牌不满足报文的发送条件，则报文被丢弃。这样就可以对某类报文的流量进行控制。

Open vSwitch 本身并不具备 QoS 功能，而是基于 Linux 的流量控制（Traffic Control，TC）功能实现的，是对其部分支持的 TC 功能进行配置。在 Linux 的 QoS 中，接收数据包的方法叫作策略（Policing），当数据速率超过了配置值时，会简单地把数据包丢弃。也可不通过 OpenFlow 设置，直接在 interface 上进行设置。举例如下。

```
ovs-vsctl set interface vif1.0 ingress_policing_rate=10000
ovs-vsctl set interface vif1.0 ingress_policing_burst=8000
```

上述两行命令将虚拟端口 vif1.0 的最大接收速率设置为 10 000 kbit/s，桶大小设置为 8000 KB。策略使用了简单的令牌桶算法。接收包的速率依赖于令牌的生成速率，不能大于令牌的生成速率，也就是最大接收速率，即 ingrees_policing_rate 的值。增加的吞吐量不能大于桶的大小，即 ingress_policing_burst 的值，单位是 KB。在上面的例子中，如果所有包的大小都是 1 KB，那么最多增加的速率达到 8000 kbit/s，最大突发接收速率达到 18 000 kbit/s。

（2）端口映射

端口镜像（Port Mirroring）是把交换机一个或多个端口的数据"镜像"到一个或多个端口的方法。在一些交换机中，可以通过对交换机的配置将某个端口上的数据包复制到另外一个端口上，这个过程就是端口镜像，如图 3-42 所示。端口 1 为镜像端口，端口 2 为被镜像端口，因为通过端口 1 可以看到端口 2 的流量，所以也称端口 1 为监控端口，端口 2 为被监控端口。

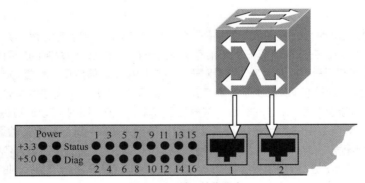

图 3-42　端口镜像示意

部署入侵检测系统（Intrusion Detection System，IDS）产品需要监听网络流量（网络分析仪同样需要），但是在目前广泛采用的交换网络中监听所有流量相当困难，因此，需要通过配置交换机把一个或多个端口的数据转发到某一个端口来实现对网络的监听。

端口镜像可以监视到进出网络的所有数据包，如网吧需提供此功能把数据发往公安部门进行审查。企业出于信息安全、保护公司机密的需要，也迫切需要网络中有一个端口能提供这种实时监控功能。在企业中使用端口镜像功能，可以很好地对企业内部的网络数据进行监控管理，在网络出现故障的时候，也可以很好地定位故障。

5. 实验步骤

场景一　QoS 设置

（1）实验环境检查

步骤① 拖动一个子网，并连接两个主机。双击主机，配置主机 1 为 Open vSwitch 镜像，主机 2 为 Ubuntu 14.01_Cmd 镜像。以 root 用户登录交换机 1，执行 ifconfig 命令查看其 IP 地址信息，如图 3-43 所示。

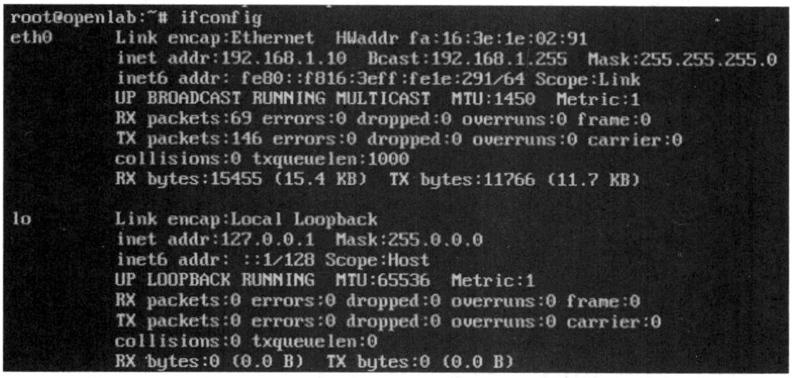

```
root@openlab:~# ifconfig
eth0      Link encap:Ethernet  HWaddr fa:16:3e:1e:02:91
          inet addr:192.168.1.10  Bcast:192.168.1.255  Mask:255.255.255.0
          inet6 addr: fe80::f816:3eff:fe1e:291/64 Scope:Link
          UP BROADCAST RUNNING MULTICAST  MTU:1450  Metric:1
          RX packets:69 errors:0 dropped:0 overruns:0 frame:0
          TX packets:146 errors:0 dropped:0 overruns:0 carrier:0
          collisions:0 txqueuelen:1000
          RX bytes:15455 (15.4 KB)  TX bytes:11766 (11.7 KB)

lo        Link encap:Local Loopback
          inet addr:127.0.0.1  Mask:255.0.0.0
          inet6 addr: ::1/128 Scope:Host
          UP LOOPBACK RUNNING  MTU:65536  Metric:1
          RX packets:0 errors:0 dropped:0 overruns:0 frame:0
          TX packets:0 errors:0 dropped:0 overruns:0 carrier:0
          collisions:0 txqueuelen:0
          RX bytes:0 (0.0 B)  TX bytes:0 (0.0 B)
```

图 3-43　交换机 1 的 IP 地址信息

步骤②　执行以下命令查看镜像中原有的网桥，如图 3-44 所示。

```
# ovs-vsctl show
```

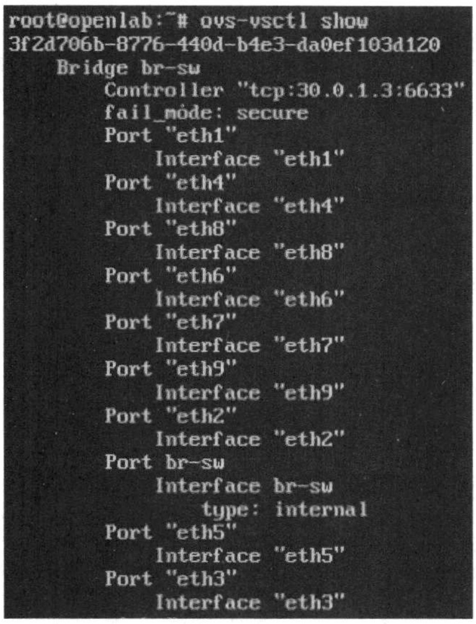

```
root@openlab:~# ovs-vsctl show
3f2d706b-8776-440d-b4e3-da0ef103d120
    Bridge br-sw
        Controller "tcp:30.0.1.3:6633"
        fail_mode: secure
        Port "eth1"
            Interface "eth1"
        Port "eth4"
            Interface "eth4"
        Port "eth8"
            Interface "eth8"
        Port "eth6"
            Interface "eth6"
        Port "eth7"
            Interface "eth7"
        Port "eth9"
            Interface "eth9"
        Port "eth2"
            Interface "eth2"
        Port br-sw
            Interface br-sw
                type: internal
        Port "eth5"
            Interface "eth5"
        Port "eth3"
            Interface "eth3"
```

图 3-44　查看镜像中原有的网桥

步骤③　执行以下命令删除当前网桥，并进行确认。

```
# ovs-vsctl del-br br-sw
# ovs-vsctl show
```

步骤④　以 root 用户登录主机 1，执行以下命令查看其 IP 地址信息，并测试其与交换机 1 的连通性，如图 3-45 所示。

```
# ifconfig
# ping 192.168.1.10
```

（2）测试主机间的吞吐量

步骤①　在交换机 1 上执行以下命令，查看 OVS 进程，如图 3-46 所示。

```
# ps -ef|grep ovs
```

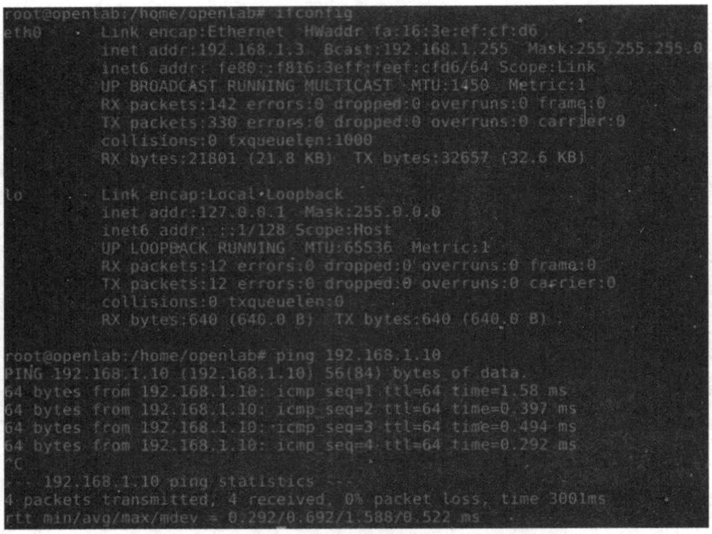

```
root@openlab:/home/openlab# ifconfig
eth0      Link encap:Ethernet  HWaddr fa:16:3e:ef:cf:d6
          inet addr:192.168.1.3  Bcast:192.168.1.255  Mask:255.255.255.0
          inet6 addr: fe80::f816:3eff:feef:cfd6/64 Scope:Link
          UP BROADCAST RUNNING MULTICAST  MTU:1450  Metric:1
          RX packets:142 errors:0 dropped:0 overruns:0 frame:0
          TX packets:330 errors:0 dropped:0 overruns:0 carrier:0
          collisions:0 txqueuelen:1000
          RX bytes:21801 (21.8 KB)  TX bytes:32657 (32.6 KB)

lo        Link encap:Local Loopback
          inet addr:127.0.0.1  Mask:255.0.0.0
          inet6 addr: ::1/128 Scope:Host
          UP LOOPBACK RUNNING  MTU:65536  Metric:1
          RX packets:12 errors:0 dropped:0 overruns:0 frame:0
          TX packets:12 errors:0 dropped:0 overruns:0 carrier:0
          collisions:0 txqueuelen:0
          RX bytes:640 (640.0 B)  TX bytes:640 (640.0 B)

root@openlab:/home/openlab# ping 192.168.1.10
PING 192.168.1.10 (192.168.1.10) 56(84) bytes of data.
64 bytes from 192.168.1.10: icmp_seq=1 ttl=64 time=1.58 ms
64 bytes from 192.168.1.10: icmp_seq=2 ttl=64 time=0.397 ms
64 bytes from 192.168.1.10: icmp_seq=3 ttl=64 time=0.494 ms
64 bytes from 192.168.1.10: icmp_seq=4 ttl=64 time=0.292 ms
^C
--- 192.168.1.10 ping statistics ---
4 packets transmitted, 4 received, 0% packet loss, time 3001ms
rtt min/avg/max/mdev = 0.292/0.692/1.588/0.522 ms
```

图 3-45　查看主机 1 的 IP 地址信息并测试其与交换机 1 的连通性

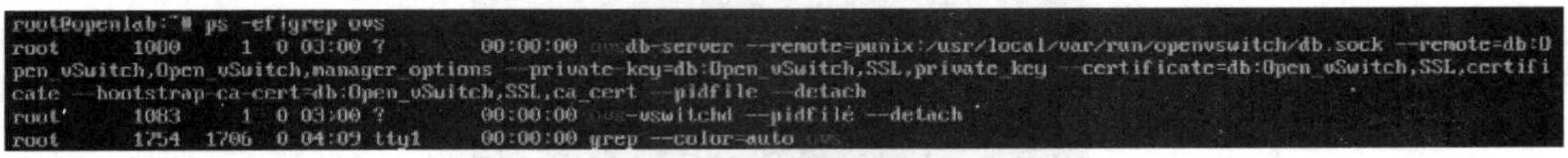

```
root@openlab:~# ps -ef|grep ovs
root      1000     1  0 03:00 ?        00:00:00 ovsdb-server --remote=punix:/usr/local/var/run/openvswitch/db.sock --remote=db:O
pen_vSwitch,Open_vSwitch,manager_options --private-key=db:Open_vSwitch,SSL,private_key --certificate=db:Open_vSwitch,SSL,certifi
cate --bootstrap-ca-cert=db:Open_vSwitch,SSL,ca_cert --pidfile --detach
root      1083     1  0 03:00 ?        00:00:00 ovs-vswitchd --pidfile --detach
root      1754  1706  0 04:09 tty1     00:00:00 grep --color=auto ovs
```

图 3-46　查看 OVS 进程

步骤②　执行以下命令，创建网桥 br0，并将 eth0 网卡挂接到 br0。

```
# ovs-vsctl add-br br0
# ovs-vsctl add-port br0 eth0
```

步骤③ 执行以下命令，将 eth0 的 IP 地址赋给 br0，如图 3-47 所示。

```
# ifconfig eth0 0 up
# ifconfig br0 192.168.1.10/24 up
# ifconfig
```

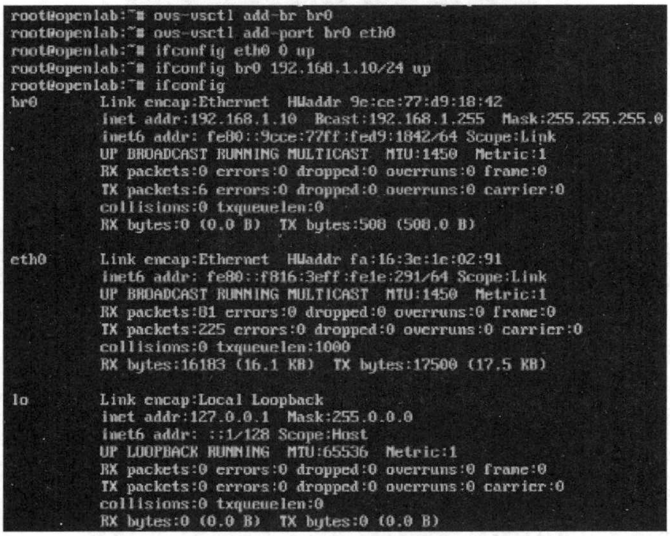

```
root@openlab:~# ovs-vsctl add-br br0
root@openlab:~# ovs-vsctl add-port br0 eth0
root@openlab:~# ifconfig eth0 0 up
root@openlab:~# ifconfig br0 192.168.1.10/24 up
root@openlab:~# ifconfig
br0       Link encap:Ethernet  HWaddr 9e:ce:77:d9:18:42
          inet addr:192.168.1.10  Bcast:192.168.1.255  Mask:255.255.255.0
          inet6 addr: fe80::9cce:77ff:fed9:1842/64 Scope:Link
          UP BROADCAST RUNNING MULTICAST  MTU:1450  Metric:1
          RX packets:0 errors:0 dropped:0 overruns:0 frame:0
          TX packets:6 errors:0 dropped:0 overruns:0 carrier:0
          collisions:0 txqueuelen:0
          RX bytes:0 (0.0 B)  TX bytes:508 (508.0 B)

eth0      Link encap:Ethernet  HWaddr fa:16:3e:1e:02:91
          inet6 addr: fe80::f816:3eff:fe1e:291/64 Scope:Link
          UP BROADCAST RUNNING MULTICAST  MTU:1450  Metric:1
          RX packets:81 errors:0 dropped:0 overruns:0 frame:0
          TX packets:225 errors:0 dropped:0 overruns:0 carrier:0
          collisions:0 txqueuelen:1000
          RX bytes:16183 (16.1 KB)  TX bytes:17500 (17.5 KB)

lo        Link encap:Local Loopback
          inet addr:127.0.0.1  Mask:255.0.0.0
          inet6 addr: ::1/128 Scope:Host
          UP LOOPBACK RUNNING  MTU:65536  Metric:1
          RX packets:0 errors:0 dropped:0 overruns:0 frame:0
          TX packets:0 errors:0 dropped:0 overruns:0 carrier:0
          collisions:0 txqueuelen:0
          RX bytes:0 (0.0 B)  TX bytes:0 (0.0 B)
```

图 3-47　将 eth0 的 IP 地址赋给 br0

步骤④ 将 Open vSwitch 主机作为 Netperf 的服务器，在交换机 1 上执行以下命令启动 netServer，如图 3-48 所示。

netserver –p 9991

```
root@openlab:~# netserver -p 9991
Starting netserver with host 'IN(6)ADDR_ANY' port '9991' and family AF_UNSPEC
```

图 3-48　启动 netServer

 说明　　　服务器启动后，默认程序在后台启动，可以使用 **ps –ef|grep netServer** 命令查看进程，无须反复启动。

步骤⑤ 将主机 1 作为 Netperf 的客户端，在主机 1 上执行以下命令，测量其与服务器之间的吞吐量，如图 3-49 所示。

netperf –t UDP_STREAM –H 192.168.1.10 –p 9991-

```
root@openlab:/home/openlab# netperf -t UDP_STREAM -H 192.168.1.10 -P 9991
MIGRATED UDP STREAM TEST from 0.0.0.0 (0.0.0.0) port 0 AF_INET to 192.168.1.10 () port 0 AF_INET : demo
Socket  Message  Elapsed      Messages
Size    Size     Time         Okay Errors   Throughput
bytes   bytes    secs          #     #      10^6bits/sec

212992  65507    10.00       762973       0        39983.17
212992           10.00        18686                  979.23
```

图 3-49　测量吞吐量 1

（3）设置 QoS 参数

步骤① 在交换机 1 上执行以下命令，设置 eth0 吞吐量为（100±50）Mbit/s。

ovs–vsctl set interface eth0 ingress_policing_rate=100000
ovs–vsctl set interface eth0 ingress_policing_burst=50000

 说明　　　利用 **ingress_policing_rate** 设置 **eth0** 端口最大速率（默认单位为 **kbit/s**），**ingress_policing_burst** 用于设置最大浮动速率（默认单位为 **kbit/s**）。

步骤② 在主机 1 上执行以下命令启动客户端，测量服务器与主机之间的吞吐量，如图 3-50 所示。

netperf –t UDP_STREAM –H 192.168.1.10 –p 9991

```
root@openlab:/home/openlab# netperf -t UDP_STREAM -H 192.168.1.10 -P 9991
MIGRATED UDP STREAM TEST from 0.0.0.0 (0.0.0.0) port 0 AF_INET to 192.168.1.10 () port 0 AF_INET : demo

Socket  Message  Elapsed      Messages
Size    Size     Time         Okay Errors   Throughput
bytes   bytes    secs          #     #      10^6bits/sec

212992  65507    10.00       550493       0        28848.55
212992           10.00         862                   45.17
```

图 3-50　测量吞吐量 2

由图 3-50 可以看出，远端接收速率明显降低了。

场景二　端口映射

（1）实验环境检查

步骤　以 root 用户登录交换机 1，执行 ovs–vsctl show 命令，查看虚拟交换机信息，如图 3-51 所示。

```
root@openlab:~# ovs-vsctl show
3f2d706b-8776-440d-b4e3-da0ef103d120
    Bridge br-sw
        Controller "tcp:30.0.1.3:6633"
            is_connected: true
        fail_mode: secure
        Port "eth8"
            Interface "eth8"
        Port "eth5"
            Interface "eth5"
        Port "eth1"
            Interface "eth1"
        Port br-sw
            Interface br-sw
                type: internal
        Port "eth7"
            Interface "eth7"
        Port "eth9"
            Interface "eth9"
        Port "eth2"
            Interface "eth2"
        Port "eth6"
            Interface "eth6"
        Port "eth3"
            Interface "eth3"
        Port "eth4"
            Interface "eth4"
```

图 3-51　查看虚拟交换机信息

（2）设置端口映射

步骤①　执行以下命令查看端口序号 uuid。由于端口比较多，这里使用|more 以分页形式显示。

```
# ovs-vsctl list port |more
```

其中，eth1 uuid 是 2e9edacd-f52a-4855-83b8-3839891b546c，如图 3-52 所示。

```
_uuid               : 2e9edacd-f52a-4855-83b8-3839891b546c
bond_active_slave   : []
bond_downdelay      : 0
bond_fake_iface     : false
bond_mode           : []
bond_updelay        : 0
external_ids        : {}
fake_bridge         : false
interfaces          : [ea5a9471-fd63-462e-b8b2-e49633b0233e]
lacp                : []
mac                 : []
name                : "eth1"
```

图 3-52　eth1 端口序号

eth2 uuid 是 dff77057-e7a8-43ff-95f7-8c6e3308fd87，如图 3-53 所示。

```
_uuid               : dff77057-e7a8-43ff-95f7-8c6e3308fd87
bond_active_slave   : []
bond_downdelay      : 0
bond_fake_iface     : false
bond_mode           : []
bond_updelay        : 0
external_ids        : {}
fake_bridge         : false
interfaces          : [c87a77f1-7815-4c36-99cd-819154016cb9]
lacp                : []
mac                 : []
name                : "eth2"
```

图 3-53　eth2 端口序号

eth3 uuid 是 679aefab-88ba-44da-a1f7-0324a5790759，如图 3-54 所示。

```
_uuid               : 679aefab-88ba-44da-a1f7-0324a5790759
bond_active_slave   : []
bond_downdelay      : 0
bond_fake_iface     : false
bond_mode           : []
bond_updelay        : 0
external_ids        : {}
fake_bridge         : false
interfaces          : [1d538c2e-b065-49ed-a26b-3c1ec5552c52]
lacp                : []
mac                 : []
name                : "eth3"
```

图 3-54　eth3 端口序号

步骤② 执行以下命令，进行端口映射操作，将发往 eth1 端口和从 eth2 端口发出的数据包全部定向到 eth3 端口，如图 3-55 所示。

ovs-vsctl -- set bridge br-sw mirrors=@m -- --id=@m create mirror name=mymirror
select-dst-port=2e9edacd-f52a-4855-83b8-3839891b546c
select-src-port=dff77057-e7a8-43ff-95f7-8c6e3308fd87
output-port=679aefab-88ba-44da-a1f7-0324a5790759

图 3-55 端口映射操作

3.7 本章小结

本章首先分析了交换设备架构，对比了传统交换设备和 SDN 交换设备的不同，并介绍了市面上的 SDN 软、硬件交换机，最后通过实验介绍了 Open vSwitch 关键组件、安装配置和应用实例。传统网络中，数据平面与控制平面紧密耦合，不利于网络的管理和升级。SDN 中的控制平面从交换设备中剥离出来，控制器通过南向接口协议统一管控交换设备，而交换设备只负责高速转发数据分组。这一方面降低了设备的复杂度，便于对网络转发进行集中、灵活管控，另一方面为交换设备和芯片的设计带来了新的挑战。与此同时，SDN 给网络设备市场带来了新的气象，网络设备市场多年以来形成的稳定格局逐渐被打破，传统设备厂商开始正视 SDN 带来的挑战并调整自己的战略，大量创新公司抓住技术变革的机遇推出了白盒交换机。可以说，SDN 在对现有网络架构进行革新的同时，也给网络设备市场带来了重新"洗牌"的契机，使该领域的产业前景充满了各种可能性。

3.8 本章练习

1. 数据平面有哪几个方面的功能？请简要说明。
2. SDN 交换机和传统交换机有什么区别？
3. 什么是白盒交换机？它的特点是什么？
4. Open vSwitch 由哪几个基本部分组成？各有什么功能？
5. 尝试结合现有网络场景，说明 Open vSwitch 在该场景下的优势和应用方法。
6. 如果不删除 eth0 而直接删除 br0，则 br0 及挂接到 br0 上的端口会被一并删除吗？
7. 根据流表操作表格，尝试按照如下要求添加流表项：假设存在端口 2 流入的源 IP 地址为 10.0.0.1 的 IPv4 数据包，将该流的目的 IP 地址修改为 10.0.0.2。

(ovs-ofctl add-flow br0 idle_timeout=1000,priority=1,in_port=2,
dl_type=0x0800,nw_src=10.0.0.1,actions=mod_nw_dst:10.0.0.2)

8. 假设某网吧使用 OVS 进行总机数据交换，该 OVS 现有网桥及端口信息如图 3-56 所示，假设端口 eth1 和 eth4 的速率需求为 1000 kbit/s。现要求用 eth8 对上述两个端口进行监控，同时为 3 个端口提供 QoS 保障。试根据实验所学内容，写出 OVS 的关键配置步骤。

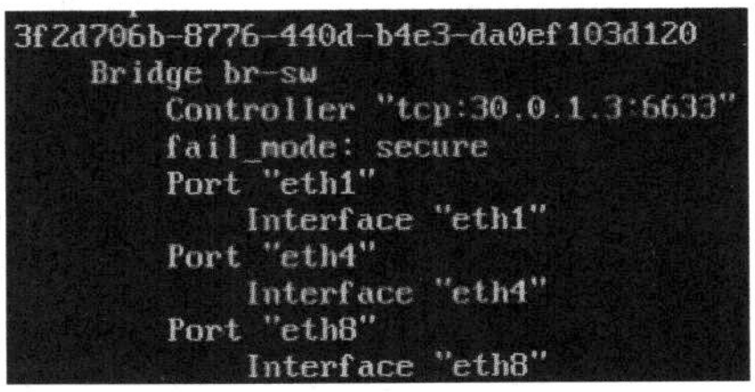

图 3-56 OVS 现有网桥和端口信息

第4章
SDN控制平面

04

第 3 章对 SDN 数据平面进行了详细介绍，本章将讨论 SDN 控制平面的关键技术。SDN 控制平面主要由一个或者多个控制器组成。作为数据控制分离的 SDN 核心，控制器具有举足轻重的作用，它是连接底层交换设备与上层应用的桥梁。一方面，控制器通过南向接口协议对底层交换设备进行集中管理、状态监测、转发决策以处理和调度数据平面的流量；另一方面，控制器通过北向接口协议向上层应用开放多个层次的可编程能力，允许网络用户根据特定的应用场景灵活地制定各种网络策略。既然控制器在 SDN 中具有核心作用，那么它的架构是怎样的？评估一个控制器需要考虑哪些因素？作为目前 SDN 控制器项目关注度最高、发展最好的控制器之一，本书将对 OpenDaylight 进行介绍。

知识要点

1. 掌握SDN控制器的架构。
2. 了解OpenDaylight的代码结构。
3. 熟悉OpenDaylight的安装和配置。
4. 能够使用OpenDaylight界面下发流表。

4.1 控制平面简介

控制器是 SDN 的重要组成部分，其设计与实现是 SDN 最为关键的技术环节之一，因此理解控制器的架构对于深入研究SDN技术是极其重要的。本节将首先对SDN控制器的架构进行深入剖析，并在此基础上给出 SDN 控制器的主要评估要素，希望能够使读者在整体上对 SDN 控制器有一个全面、深入的理解。

4.1.1 SDN 控制器架构

控制器连接了底层交换设备与上层应用，可以看作 SDN 的"大脑"。正如第 1 章所介绍的，传统网络的数据平面与控制平面在物理上是紧密耦合的，而 SDN 中数据平面和控制平面相对分离，这种分离增加了实现的灵活性。控制器作为 SDN 的核心部分，与计算机操作系统的功能类似，它需要为网络开发者提供一个灵活的开发平台，为用户提供一个便于操作的用户接口。因此，参考计算机操作系统的架构，将更有助于对 SDN 控制器架构的理解与设计。

随着计算机技术的发展，计算机操作系统的架构主要经历了 3 个发展阶段：模块组合、层次化和微内核。下面将对这 3 个阶段进行简要介绍。

在计算机发展早期，开发者出于简单的目的，常常基于模块组合架构来设计计算机操作系统。在这种架构下，整个操作系统将一些功能模块简单地组合在一起，以实现其整体功能。随着人们不断向操作系统中集成新的功能，模块组合架构逐渐暴露出弊端。这主要体现在其过于简单、随意的组合难以支撑繁多、复杂的功能，导致整体操作系统的可扩展性很差，同时管理员很难对这种架构的操作系统进行维护。

为了解决模块组合架构存在的问题，人们提出了层次化架构，即根据模块所实现功能的不同，对它们进行分类：最基础的模块放在最底层；一些较为核心的模块作为第二层；其余模块根据分类情况依次向上叠加。层次化架构中的各模块都处于明确的层次。与模块组合架构相比，层次化架构对各模块的组织管理更加容易，系统的可扩展性也得到了显著的增强。但是，严格的层次化设计可能会约束模块的跨层调用，甚至会影响操作系统的运行效率，尤其当模块功能越来越多时，这种类似于塔式的架构就会越砌越高，这将使操作系统越来越庞大。

为了解决层次化架构存在的问题，微内核架构应运而生，其基本思想是把操作系统中与硬件相关的部分作为硬件抽象层（Hardware Abstraction Layer，HAL）并提取出来，HAL 可通过开放 API 为更上层提供服务。基于这一点，微内核自身只保留了少数最为基础的功能，其他功能则都放到内核之外来实现。这样，内核不会随着功能增加而逐渐变大，彻底解决了传统架构中操作系统不够灵活、可扩展性差的问题。除了在实现上十分精练外，微内核架构还具有如下两个公认的优点。

① 许多高层服务模块不纳入内核，而运行于内核之上，这样当高层模块发生更新时无须对内核重新进行编译。

② 引入的 HAL 使得内核通过简单的处理就可以运行于不同架构的硬件之上。基于上述原因，微内核架构在近几年来得到了广泛的认可。例如，美国卡内基梅隆大学研制的 macOS 便属于微内核架构操作系统，当前广泛使用的 Windows 操作系统也采用了微内核的设计架构。

上述思想对于 SDN 控制器设计具有重要的借鉴意义，接下来据此对 SDN 控制器的架构进行分析。与计算机操作系统一样，控制器的设计目标是通过对底层网络进行完整的抽象，允许开发者根据业务需求设计出各式各样的网络应用。如果 SDN 控制器按照模块组合架构实现，当控制器的功能逐渐增多时，系统可扩展性差的问题必然会凸显出来，开发新的网络应用将会变得无比困难。因此，市面上大多数开源控制器的设计采用了类似于计算机操作系统的层次化架构，如图 4-1 所示。

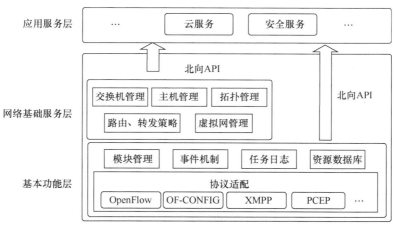

图 4-1　控制器层次化架构

从图 4-1 可以看到，在这种层次化的架构下，控制器被分为基本功能层与网络基础服务层两层，下面将对这两层进行详细的分析。

1. 基本功能层

基本功能层主要提供控制器所需要的基本功能。一个通用的控制器应该能够方便地添加接口协议，这对于动态灵活地部署 SDN 非常重要，因此在这一层首先要完成的就是协议适配功能。总结起来，需要适配的协议主要包含两类：一类是用来与底层交换设备进行信息交互的南向接口协议，另一类是用于控制平面分布式部署的东西向接口协议。协议适配功能则主要有以下 3 个方面的作用：一是网络的维护人员可以根据网络的实际情况，使用较合适的协议来优化整个 SDN；二是考虑到与传统网络的兼容性问题，可以借鉴使用现有网络协议作为南向、东西向接口协议，这样可以以最小的代价来升级和改造传统网络；三是通过协议适配功能，控制器能够完成对底层多种协议的适配，并向上层提供统一的 API，达到对上层屏蔽底层多种协议的目的。

协议适配工作完成后，控制器需要提供用于支撑上层应用开发的功能。这些功能主要包括以下 4 个方面的内容。

① 模块管理：重点完成对控制器中各模块的管理。允许在控制器不停止运行的情况下加载新的应用模块，实现上层应用变化前后底层网络环境的无缝切换。

② 事件机制：该模块定义了与事件处理相关的操作，包括创建事件、触发事件、事件处理等操作。事件作为消息的通知者，在模块之间划定了清晰的界限，提高了应用程序的可维护性和重用性。

③ 任务日志：该模块提供了与基本的日志功能。开发者可以用它来快速地调试自己的应用程序，网络管理人员可以用它来高效、便捷地维护 SDN。

④ 资源数据库：这个数据库包含了底层各种网络资源的实时信息，主要包括交换机资源、主机资源、链路资源等，方便开发者查询使用。

2. 网络基础服务层

对于一个完善的控制器架构来说，仅实现基本功能层是远远不够的。为使开发者能够专注于上层应用的业务逻辑，提高开发效率，需要在控制器中加入网络基础服务层，以提供基础的网络功能。网络基础服务层中的模块作为控制器实现的一部分，可以通过调用基本功能层的接口来实现设备管理、状态监测等一系列基本功能。这一层涵盖的模块可以有很多，取决于控制器的具体实现，下面介绍几个主要的功能模块。

① 交换机管理：控制器从资源数据库中得到底层交换机信息，并将这些信息以更加直观的方式提供给用户以及上层应用服务的开发者。

② 主机管理：与交换机管理模块的功能类似，重点负责提取网络中主机的信息。

③ 拓扑管理：控制器从资源数据库中得到链路、交换机和主机的信息后，就会形成整个网络的拓扑结构图。

④ 路由、转发策略：提供数据分组的转发策略，较简单的策略有根据二层 MAC 地址转发、根据 IP 地址转发数据分组。用户也可以在此基础上继续开发来实现自己的转发策略。

⑤ 虚拟网管理：虚拟网管理可有效利用网络资源，实现网络资源价值的最大化。但出于安全性的考虑，SDN 控制器必须能够通过集中控制和自动配置的方式实现对虚拟网络的安全隔离。

在这两层的基础上，控制器通过向上层应用开发者提供各个层次的编程接口，以便向网络开发者调用从信令级到各种网络服务的 SDN 可编程能力，灵活、便捷地完成对整个 SDN 的设计与管理。在这种层次化的架构设计中，基础功能层提供了 SDN 控制器作为整个控制平面最为基本的功能，包括对底层硬件的抽象和对上层应用功能模块的管理。所有的应用都基于这一层提供的接口进行开发。网络基础服务层的可扩展性得以显著地增强，可为上层应用的开发、运行提供一个强大的通用的平台。

随着业务和各种信息化应用的快速增加，网络环境变得更加复杂，边界趋于模糊，多样的业务应用场景引入了新的安全威胁，并给网络管理带来了更多挑战。SDN 控制器需要协调一系列分布在各下级平台的相关资源，并且有时需要保持事件完整性，通常将这个过程称为编排（ Orchestration ）。此外，一个 SDN 应用程序可能会调用其他外部服务，也可能编排一些额外 SDN 控制器来实现它的目标。将 n 层的节点看作服务器，$n-1$ 层的节点看作客户端。一个服务器控制多个客户端的情况都可以看作编排。例如，应用可以编排多个控制器，超级控制器（Super Controller，SC）可以编排多个域内控制器（Domain Controller，DC），DC 能够编排多个设备。目前 SDN 对编排还没有正式的定义。根据 ONF 的理解，SDN 业务编排暂时可以定义为一个以最优方式满足竞争性需求的资源分配的持续过程。这里的"最优"至少可以包括优先化用户服务等级协定（ Service Level Agreement，SLA ）保障和一些要素，包括用户端点位置、地理或拓扑距离、延迟、聚合或细粒度的负载、经济开销、资源共享或亲和度。这里的"持续"表示环境和服务需求随着时间推移在不断变化，所以编排是一个持续的、多维的优化反馈回路。

目前，各工作组、运营商、设备厂商以及开源社区等有许多不同的业务编排思路。例如，IETF 的 I2RS 研究组主张在现有的网络层协议基础上增加插件，并在网络与应用层之间增加 SDN Orchestrator（编排器）进行能力开放的封装，而不是直接采用 OpenFlow 进行能力开放。SDN 与 NFV 的结合近年来也备受业界关注，多种功能的综合使业务编排变得更加重要。目前业务编排主要有两个发展思路。其一是创建独立的业务编排层，一个重要的开源来自华为公司和中国移动共同提出的 Open-Orchestrator（简称 Open-O）项目，它向上可以为运营支撑系统（Operation Support System，OSS），向下可以为 VNF 管理器和 Vim 提供接口。Open-O 旨在建立一个网络服务目录和 VNF 目录。其二是以 MANO+OSS 为核心进行编排，NFV 管理和编排（ Management and Orchestration，MANO ）由欧洲电信标准组织（ ETSI ）在 NFV 框架中提出，主要集中处理 VNF 生命周期中特定的虚拟化管理业务。在此方案中，MANO 对接 OSS，虚拟设备、现网设备共同管理，SDN/Cloud 则作为 NFV 中的元件存在。

4.1.2　SDN 控制器评估要素

前文提到，在 SDN 控制器上开发网络应用可提供灵活、个性化的网络服务，控制器作为应用开发以及运行的平台，将直接影响到网络运行状态。近年来，随着 SDN 技术的不断发展和演进，学术界和工业界纷纷推出各式的 SDN 控制器，令人难以抉择。本小节详细讲述 SDN 控制器的十大评估要素，便于网络管理人员根据需求进行合理的选择。

1. 对 OpenFlow 的支持

OpenFlow 作为主流的 SDN 南向接口协议，是 ONF 力推的标准化协议。是否支持 OpenFlow 协议可作为 SDN 控制器是否具有普适性的一个重要标准。OpenFlow 协议存在多个版本，本身也在不断完善中，故在选用控制器时需重点考量 OpenFlow 所支持的功能，包括支持的可选功能和扩展功能；也需要了解网络供应商的路线图，以便能够支持 OpenFlow 的新版本。

2. 网络虚拟化

网络虚拟化是指多个逻辑网络共享底层网络基础设施，从而提高网络资源利用率，加速业务部署，以及提供业务 QoS 保障功能。SDN 控制器拥有全局网络视角，其集中式管控的优势可极大地简化资源的统一调配，能够动态地创建基于策略的虚拟网络，这些虚拟网络能够形成逻辑的网络资源池，类似于服务器虚拟化的计算资源池。

3. 网络功能

在云服务提供商提供多租户网络服务时，出于安全考虑，租户希望其流量和数据与其他租户之间是互相独立的，因而 SDN 控制器在提供网络虚拟化功能的同时需要提供严格的隔离性保障功能。同时，OpenFlow v1.0 协议提供基于流（12 元组）的匹配转发方式，便于对流的细粒度进行处理，SDN 控制器可提供基于流的 QoS 保障功能。此外，SDN 控制器拥有全网拓扑视角，有能力发现源端到目的端的多条路径并提供多径转发功能，可打破 STP 的性能和可扩展性限制。与传统的 TRILL 和 SPB 方案相比，SDN 控制器可提供相同的功能而无须对网络进行任何改动。

4. 可扩展性

SDN 的集中式架构便于网络管理员根据需求，灵活地在控制器中添加、更改和删除相应的网络服务模块，使得对全网的管理就如同在一台网络设备中一样。因而 SDN 控制器可扩展性的一个至关重要的指标是可支持 OpenFlow 交换机的数量。通常来说，一台 SDN 控制器应该能够支持至少 100 台交换机，当然，对于不同的应用场景，这个数量并不是绝对的。此外，如何减少广播对网络带宽和流表规模的影响，也是评估 SDN 控制器可扩展性的一个重要因素。

5. 性能

SDN 控制器最重要的功能之一是将每一条流第一个数据分组的处理结果，以流表项的方式写入到交换机的流表中，便于后续报文的处理。因而，控制器对流的处理时延以及每秒处理新流的数目是评价控制器性能的主要指标。

6. 网络可编程性

在传统网络环境中，对网络功能的更改需要依次在相关设备上进行配置，这不仅耗时费力还容易出错，且无法根据网络的动态变化实时调整，这种原始的静态网络编程特性使得网络性能难以得到保障。作为新兴的网络技术，SDN 的一个重要特性是拥有网络可编程能力，具体包括数据流的重定向、精确的报文过滤以及为网络应用提供友好的北向可编程接口。

7. 可靠性

可靠性是评价网络的一个十分重要的标准。SDN 控制器作为整个网络的控制中枢，其单点故障将可能引起整个网络的瘫痪。当前为提高 SDN 的可靠性，主流的做法是利用集群技术，为 SDN 控制器提供主从热备份机制，一旦检测到主 SDN 控制器出现故障，可立即切换到备份控制器。此外，与提高从 SDN 控制器自身可靠性相比，另一种做法是通过控制器计算源端到目的端的多条转发路径，并在组表中存储备份路径。当网络链路出现故障时，可自动切换到备份路径，从而提高网络可靠性。

8. 网络安全性

为提供网络安全性，SDN 控制器需要实现企业级身份认证和授权。同时，为了使网络管理人员更加灵活地对网络进行控制，SDN 控制器需要具备对各种关键流量访问进行管控的功能，如管理流量、控制流量等。此外，SDN 控制器自身作为网络攻击重点对象，需在控制平面中限制控制信令的速率以及提供告警机制。

9. 集中管理和可视化

SDN 的一个优势在于能够给网络管理人员提供物理网络和各虚拟网络的可视化信息，如流量、拓扑等。另外，网络管理人员通常希望能够通过标准的协议与技术对 SDN 控制器进行监控。因此，在理想情况下，SDN 控制器需要通过 REST API 提供对网络信息访问的支持。

10. 控制器供应商

SDN 技术作为未来网络领域的"一片蓝海"，近些年来各大网络厂商争相进入。考虑到 SDN

市场的不稳定性和特殊性，在选择 SDN 控制器时除了参考上述技术层面上的指标外，还须关注供应商的财务和技术资源，当前正在进行的 SDN 研发和进展，以及其专注在 SDN 市场的定位和竞争能力。

4.2 开源控制器 OpenDaylight

随着 SDN 技术的快速发展以及控制器在 SDN 中核心作用的凸显，控制器软件正呈现百花齐放的发展形势，特别是开源社区在该领域贡献了很大的力量，目前已向业界提供了很多开源控制器。不同的控制器拥有各自的特点和优势，本节中选取已经被 SDN 业界广泛采用的一种典型控制器——OpenDaylight 控制器进行详细介绍，以期为读者理解控制平面提供一个基本参考。

OpenDaylight 控制器是目前 SDN 控制器中受关注度最高、发展最好的控制器之一。

4.2.1 OpenDaylight 介绍

OpenDaylight 项目在 2013 年年初由 Linux 协会联合业内 18 家企业（包括 Cisco、Juniper、Broadcom 等多家传统网络公司）创立，旨在推出一个开源的通用 SDN 平台。OpenDaylight 项目的设计目标是降低网络运营的复杂度，扩展现有网络架构中硬件的生命期，同时能够支持 SDN 业务和能力的创新。OpenDaylight 开源项目希望能够提供开放的北向 API，同时支持包括 OpenFlow 在内的多种南向接口协议，底层支持传统交换机和 OpenFlow 交换机。OpenDaylight 拥有一套模块化、可插拔且极为灵活的控制器，能够被部署在几乎所有支持 Java 的平台上。目前，OpenDaylight 的基本版本已经实现了传统二、三层交换机的基本转发功能，并支持任意网络拓扑和最优路径转发。

OpenDaylight 使用模块化方式来实现控制器的功能和应用，其发布的第一个版本——Hydrogen 版本总体架构如图 4-2 所示。目前已发布了 Hydrogen（氢）、Helium（氦）、Lithium（锂）、Beryllium（铍）、Boron（硼）、Carbon（碳）、Nitrogen（氮）、Oxygen（氧）、Fluorine（氟）9 个版本，但都继承了最初的设计思想和设计目标。在 OpenDaylight 总体架构中，南向接口通过插件的方式来支持多种协议，包括 OpenFlow v1.0/v1.3、OVSDB、NETCONF、位置/身份标识分离协议（Locator/ID Separation Protocol，LISP）、BGP、PCEP、SNMP 等。服务抽象层（Service Abstraction Layer，SAL）一方面可以为模块和应用提供一致性的服务；另一方面支持多种南向接口协议，可以将来自上层的调用转换为适合底层网络设备的协议格式。在 SAL 之上，OpenDaylight 提供了网络服务的基本功能和拓展功能，网络服务的基本功能主要包括拓扑管理、统计管理、交换机管理、FRM、主机追踪以及最短路径转发等；网络服务的拓展功能主要包括分布式覆盖虚拟以太网（Distributed Overlay Virtual Ethernet，DOVE）管理、Affinity 服务（上层应用向控制器下发网络需求的 API）、流量重定向、LISP 服务、虚拟组户网络（Virtual Tenant Network，VTN）管理等。OpenDaylight 采用了开放服务网关规范（Open Service Gateway initiative，OSGi）架构，实现了众多网络功能的隔离，极大地增强了控制平面的可扩展性。网络应用编排与服务层包括一些网络应用和事件，可以控制、引导整个网络。借用这一层，用户可以根据需求调用下层模块，享受下层提供的服务，可以根据用户需求提供不同等级的服务，大大提高了网络的灵活性。也可以利用控制器部署新规则，掌控整个网络，实现控制与转发的分离。其中，复杂的服务需要与云计算和网络虚拟化相结合。

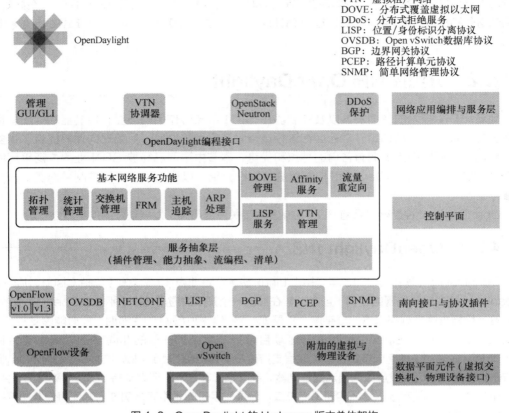

图 4-2　OpenDaylight 的 Hydrogen 版本总体架构

表 4-1 所示为 OpenDaylight 控制器主要模块的功能。

表 4-1　OpenDaylight 控制器主要模块的功能

模块名	功　　能
SAL	控制器模块化设计的核心，支持多种南向接口协议，屏蔽了协议间差异，为上层模块和应用提供一致性的服务
拓扑管理	负责管理节点、连接、主机等信息，并负责拓扑计算
统计管理	负责统计各种状态信息
主机追踪	负责追踪主机信息，记录主机的 IP 地址、MAC 地址、VLAN 以及连接交换机的节点和端口信息。该模块支持 ARP 请求发送及 ARP 消息监听，支持北向接口的主机创建、删除及查询
转发规则管理（Forwarding Rules Manager，FRM）	负责管理流规则的增加、删除、更新、查询等操作，并在内存数据库中维护所有安装到网络节点的流规则信息，当流规则发生变化时，负责维护规则的一致性
交换机管理	负责维护网络中的节点、节点连接器、接入点属性、三层配置、SPAN 配置、节点配置、网络设备标识
ARP 处理	负责处理 ARP 报文

　　SAL 是整个控制器模块化设计的核心，它为上层控制模块屏蔽了各种南向接口协议的差异。

SAL 框架如图 4-3 所示，服务基于插件提供的特性来构建，上层服务请求被 SAL 映射到对应的插件，并采用适合的南向接口协议与底层设备进行交互。各个插件之间相互独立并与 SAL 松耦合。SAL 支持上层不同的控制功能模块，包括交换机管理、主机检测、统计管理、切片管理、拓扑管理和转发管理等。

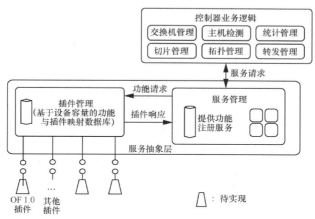

图 4-3　SAL 框架

4.2.2　OpenDaylight 代码解读

1. 代码结构

OpenDaylight 由众多的子项目组成，涉及的代码较多。本小节在分析 OpenDaylight 代码的过程中，重点关注 OpenDaylight 的 Controller 项目中的代码，由此可以延伸到与之相关的其他项目。自 OpenDaylight 引入 YANG 模型对服务抽象层设计进行改进以来，代码结构以及实现方式发生了较大变化，本小节代码解析基于 Lithium-SR3 版本，其代码结构如图 4-4 所示。

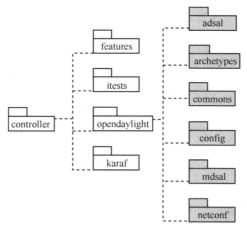

图 4-4　OpenDaylight 控制器 Lithium-SR3 版本代码结构

2. 代码解析

图 4-5 所示为 OpenDaylight 控制器的系统架构。OpenDaylight 采用模型驱动的服务抽象层（Model-Driven Service Abstraction Layer，MD-SAL），本小节解析代码的基本思路就是基于

该架构进行剖析，以便读者对 OpenDaylight 控制器的实现有整体了解。

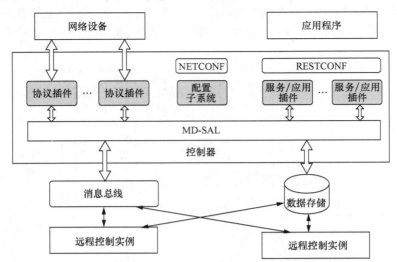

图 4-5　OpenDaylight 控制器的系统架构

从图 4-5 可以知道，控制器核心框架的组成部分包括集群的实现方式、数据和消息的处理、基于 MD-SAL 的应用、NETCONF 和相关配置。实践过程中，通常比较关注控制器的高可用性（High Availability，HA）实现、业务数据表示和存储、基于 MD-SAL 的应用开发。因此，后文将会从控制器集群（Controller Clustering）、MD-SAL Datastore 以及 MD-SAL 实例 Toaster 源代码分析这 3 个方面对 OpenDaylight 源代码进行分析。

（1）控制器集群

对于控制器来说，集群不是功能，而是控制器必需的基础框架。集群作为其他模块正常工作的重要保障，使得控制器不再是一个单点故障点，这就需要控制器有灾难恢复机制和控制器实例之间数据一致性保障。在控制器集群中，控制器实例以主/从（Leader/Followers）的角色来相互协调。如果主控制器实例出现故障，如失去连接或宕机，则需要从剩余活动的实例中选举出一个从控制器实例来接管服务；控制器实例在提供服务的过程中，数据更新会在实例间进行同步；当有新的控制器实例加入集群时，如之前失效现在又恢复正常的实例，它会从主控制器节点同步最新操作日志并和快照数据进行数据恢复。在代码实现中，对数据的定义引用了传统的分布式数据模型的定义，如分组、备份、快照、日志等。代码中定义的相关概念可以通过 IDE 类型的代码检索工具找到对应的实现。

● Shard：数据分组。在控制器中，数据可以按照模块建立树状的数据分组。

● Replicate：主控制器生成的数据备份。数据备份最后同步到其他实例并合并到对应的 Shard 中。

● Snapshot：数据快照。其为一个稳定状态下的数据备份，可作为数据恢复的检查点。

● Journal：引起数据变化的操作日志，和快照数据一起以回放方式恢复数据。

OpenDaylight 的控制器集群的实现由图 4-6 所示的模块完成，其核心是使用与 Akka 相关的技术，levelDB 作为持久化实现，Akka Remoting 作为位置透明（Location Transparency）的访问实现，Akka Clustering 提供了基于 Raft 的集群解决方案，可以在图 4-6 的中间找到对应的 3 个模块实现。由于控制器集群的基本功能由 Akka Clustering 完全封装，而控制器集群实际上在其上做了消息封装和数据序列化处理，因此，本小节在介绍控制器集群时主要关注基于集群基本框架中的数据是如何被处理的。

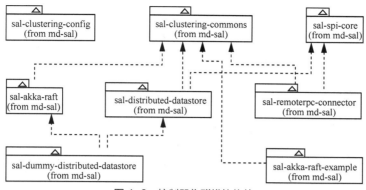

图 4-6　控制器集群模块依赖

相关模块实现的主要功能如下。

- sal-clustering-config：与集群配置相关，定义了机器实例名称、物理地址、端口以及构成 Shard 的模块名称等相关配置。

- sal-clustering-commons：提供与数据存储相关的接口、消息处理机制和数据序列化相关的实现。

- sal-spi-core：存储服务接口定义，提供数据存储实现的核心类。

- sal-akka-raft：基于与 Akka 相关的组件实现 Raft 算法。

- sal-distributed-datastore：与分布式数据存储实现、并行 DOM 数据代理以及 DOMStore 相关的 API。

- sal-remoterpc-connector：远程方法调用的实现，以及基于 Gossip 的状态复制。

- sal-dummy-distributed-datastore：Dummy 分布式数据实例。

- sal-akka-raft-example：基于 akka-raft 实现的实例。

在集群模式下，上层应用和底层设备与控制器实例间的数据交互是透明的。集群中的实例为应用和设备提供一致的数据视图和数据操作，是由控制器模块 sal-distributed-datastore 中的 DistributedDataStore 来完成的。DistributedDataStore 实现了 DOMStore，以取代 InMemoryDataStore 来进行分布式数据同步。图 4-7 所示为 OpenDaylight 的集群 Transaction 实现类图，代码中涉及的一些概念说明如下。

- Transaction：表示数据操作，集群中几乎所有操作（如读、写、删除）都是在 Transaction 中进行的。

- Actor 和 ActorSystem：Actor 是 akka-raft 中的一个概念，是数据的一个封装；ActorSystem 可以认为是由服务和 Actor 组成的一个系统，在代码中可以理解为整个集群环境是一个 ActorSystem。

- TransactionProxy 则是拥有 Transaction 引用的 Actor 集合，当有消费 Actor 来执行远程的 Transaction 时，数据提交会被调用。

从实现细节来看，在设计上模块职责很清晰。由图 4-7 可以知道，客户端只需要与 DistributedDataStore 交互。数据提交则由 Proxy 来管理，数据的存储由 ShardManager 来管理，可维护集群中模块对应的 Shard。不同的 Shard 会定义不同的数据提交策略，如提交频次、数据分布等策略定义。而数据的一致性可以通过 Raft 算法保证。

OpenDaylight 之所以要实现自己的分布式数据存储框架，是因为控制器在生产环境下除了对性能要求高之外，还需要考虑特殊的业务场景，以保障系统业务能在各种异常情况下正常运行。OpenDaylight 为了优化 Transaction 提交，控制器需要区分当前的 Transaction 是本地还是远端，并在提交数据前遵循以下约束。

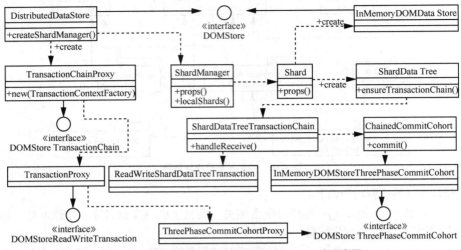

图 4-7　OpenDaylight 的集群 Transaction 实现类图

- 控制器实例中所有的恢复任务必须已经完成，因为存在某个控制器实例是从失败的状态中刚加入到集群中，存在数据不一致的情况。

- 提交时需要知道所有 Shard 的 Leader（主数据分组），以保证完整的数据视图。

- ShardManager 需要监听 MemberStatusUp、LeaderStateChanged、ShardRole-Changed 等消息，因为可能因角色变化导致数据提交失败。

- 等待准备的过程有超时限制，并且等待过程对子系统有阻塞。

当具备提交条件后，控制器实例会创建 TransactionProxy，并获得当前 Shard 数据状态进行提交。图 4-8 所示为创建 TransactionProxy 的过程，可以结合图 4-7 所示的类的依赖关系进行关联。当客户端对数据进行提交时，首先 DistributedDataStore 生成 ShardManager 数据，并利用 Props 将数据传递到 ShardManager，然后获得返回。ShardManager 生成 ActorContext，包含与 Shard 相关的信息。由类图可知，Shard 作为 Actor 封装了应用的 InMemory*（指使用 IDE 的类型搜索功能，可以搜索到的相关对象）相关数据。Shard 也可以根据请求命令生成相应的 Transaction（如读、写、删除）和需要执行到对应的 Shard 的备份节点上，即代码中所说的 Cohort。由 ActorContext 获得 TransactionContextFactory 并由它返回 TransactionChainProxy，有了 TransactionProxy，则可以在集群中执行 Transaction 的提交实例（Instance）。

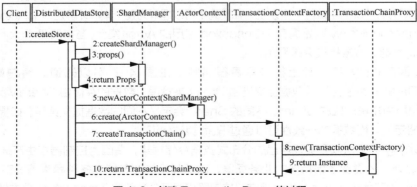

图 4-8　创建 TransactionProxy 的过程

控制器是整个 SDN 的控制中枢。在分布式集群环境下，大部分应用场景对分布式控制器中的数据一致性要求非常高。OpenDaylight 控制器中的 Transaction 提交过程由 Raft 算法实现 Paxos 的三阶段提交来保证数据的一致性。

需要说明的是，Paxos 依据 CAP 理论牺牲了可用性（Availability）而获得了一致性（Consistency）和分区容错性（Partition Tolerance），是一种强一致性的实现方式，但对网络环境要求较高。另外，当节点数为 $2n+1$ 的集群中至少有 $n+1$ 个活的节点时，Transaction 才能被正常地提交。

本小节主要对控制器集群代码中的相关概念做了解释，并从实现细节和场景交互流程进行了简单剖析，而实际的运行控制器集群模式需要更细节的配置，读者可以参考 OpenDaylight 官网中的 "Running and Testing an OpenDaylight Cluster" 进行实践操作。

（2）MD-SAL Datastore

4.2.1 小节主要侧重于分布式集群场景下的数据同步实现和流程，了解 OpenDaylight 如何利用 Raft 实现数据的强一致性，并对控制器分布式集群框架的服务有所了解。本小节将了解与 MD-SAL Datastore 相关的代码，理解 MD-SAL 如何配置应用和显示状态，以及数据模型与存储的关系。

在 OpenDaylight 中，基于 MD-SAL 的应用将数据存储（DataStore）分为两种类型：一种类型称为配置，在 NETCONF 中以 config:configuration 模块来定义；另一种类型称为状态，在 NETCONF 中以 config:stats 模块来定义。为了区分配置和状态，通常以 REST API 来区分应用。OpenDaylight 中常用来区分这两种类型的关键词为 config 和 operational，从字面意思可以知道，config 表示配置，以 PUT 方式对设备或应用进行配置；operational 表示状态信息。例如，对一台以太交换设备进行 VLAN 配置，需要配置 VLAN 的端口及标签等，这些配置信息通过 config API 配置到交换机，之后可以对设备状态进行检查，以确认配置的 VLAN 的端口号是否有效。

通过 4.2.1 小节的例子可以知道，控制器集群中也有与配置和状态相关的数据存储。sal-clustering-config 模块的配置文件 05-clustering.xml.conf，定义了 config-data-store 和 operational-data-store 模块，这两个模块定义了数据存储服务。再来看这部分存储服务的实现方式。通过对应的 YANG 模型 opendaylight-*-dom-datastore.yang 可以发现，config 和 operational 被定义的类型为 AbstractServiceInterface，由 YANG 文件最后生成为 DOMStoreServiceInterface。存储服务要对具体的数据对象进行监听，监听机制是通过 OSGi 框架对数据对象进行绑定的。在服务实现的代码中，通过 Java 的 Anotation 注入方式绑定数据对象为 DOMStore，换句话说，控制器集群所需要监听的数据为 DOMStore。

图 4-9 所示为控制器数据存储的类图，config 和 operational 都分别对应 InMemory-DOMDataStore 和 DistributedDataStore 的数据存储的提供者。在集群环境下，对应的提供者是 Distributed*DataStoreProviderModel。在应用运行过程中，模块通过 REST 的路径，获得对应的服务提供者。例如，当前请求为 config 时，可以根据服务类生成 DataStoreContext，应用会根据当前的 DataStoreContext 来获得 ShardManager，再根据图 4-7 并结合它与 DistributedDataStore 的关系决定如何操作，当前的数据提交服务就是针对 config 模块所做的数据操作。

由此可知，控制器的模块存储实现实际上是 DistributedDataStore 和 InMemoryDOMStore。从代码中可以发现，operational 和 config 以服务的方式提供对数据操作的方式相同，都是对数据对象 DOMStore 类型的数据进行绑定，而 config 和 operational 服务的区别只是在初始化 Module 的类型时，生成一个 ShardManagerIdentifier 标签，通过标签类型来区分业务逻辑。

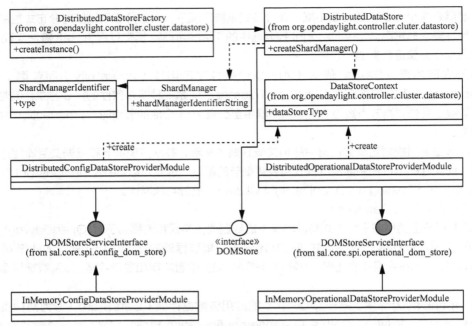

图 4-9　控制器数据存储的类图

前文讲到了存储是以模型类型区分的存储，一个 YANG 文件代表一个模型，而模型内定义的对象才是业务需要的数据对象。正如 DOMStore 接口描述，DOM 数据存储为 YANG 模型数据提供了树状数据存储，这些数据都以 NormalizedNode 的方式呈现，并以 Transaction 的方式进行操作。在 YANG 文件内，数据通常以 container 关键字定义，下面给出的实例是测试资源中 odl-datastore-test-notification.yang 的部分内容。

```
container family {
    list children {
        key child-number;
        leaf child-number {
            type uint16;
        }
        list grand-children {
            key grand-child-number;
            leaf grand-child-number {
                type uint16;
            }
        }
    }
}
```

YANG 模型描述了一个父子数据类型的嵌套方式，定义的 Family 节点为根节点，并定义了一对多关系的 Children 节点。同样，Children 节点包含了 List 的 Grand Children。通过 Maven 执行 generate-sources 可以得到生成的 Java 代码。为了更深入地了解存储实现，将源代码类图展示如图 4-10 所示。该对象模型是以模型名为 DataRoot 的树状结构的数据，其内部对象均继承自

DataObject，实际上这些对象都有一个全局唯一的 ID，即 YANGInstanceIdentifier。这个 ID 也是以模型的名称空间为路径的，作为存储时的一个键值。如果数据需要以远程过程调用（Remote Procedure Call，RPC）的方式在不同实例间发送数据，则会被序列化为 NormalizedNode。这样就可以在不同的实例间共享相同的数据对象，数据的持久化也根据序列化后的 NormalizedNode 数据进行保存。

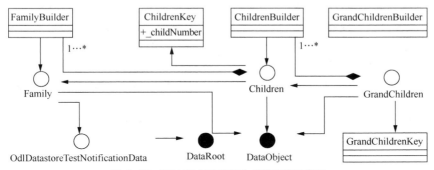

图 4-10　YANG 模型实例生成的源代码类图

通过本小节的解码分析可以知道，在 OpenDaylight 中，MD-SAL 的模块可以通过相关配置来定义模块存储类型。在 DOMStore 树状存储方式中，各个模块实际上是树的根，是 DataRoot 子类的实现，而内部定义的数据类型均继承于 DataObject，在以模块名称空间中通过唯一 ID，以 NormalizedNode 的形式存储。

（3）MD-SAL 实例 Toaster 源代码分析

Toaster 是 OpenDaylight Wiki 中一篇特殊的示例，例子中详细讲解了如何通过 MD-SAL 框架开发南向及北向接口插件。这个实例主要帮助大家熟悉 MD-SAL 开发流程，以及如何与 OSGi 进行集成。Toaster 可以认为是控制器的一个内部应用。通过学习它，可以理解 OpenDaylight 控制器基于 MD-SAL 设计的核心思想。

和其他的 MD-SAL 应用一样，Toaster 应用一般由以下几个模块组成：应用模型模块、应用服务模块、应用提供模块、应用配置模块、应用组建模块、集成测试模块。在实际开发过程中，有些模块是可选的。另外，OpenDaylight 提供了通过 Maven Archetype 方式生成基础的模块工程的功能，以方便快速开发。Toaster 应用的模块构成及其依赖关系如图 4-11 所示。

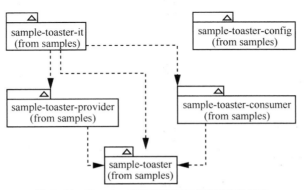

图 4-11　Toaster 应用的模块构成及其依赖关系

模块说明如下。

- sample-toaster：模型模块，定义数据类型、消息通知、远程服务以及由 YANG 文件生成的 Java 代码，如数据对象、消息注册和监听服务接口、远程调用接口等。

- sample-toaster-provider：一种数据供应服务，可生产所需要的数据。
- sample-toaster-consumer：一种数据消费服务，由 Provider 提供数据消费。
- sample-toaster-it：集成测试模块，对依赖的服务进行集成测试。
- sample-toaster-config：应用配置，如配置集群、持久化等。

首先来看相对简单独立的模块 sample-toaster，它是模型中最基础的模块，其他模块都会依赖它的 YANG 文件生成的 Java 代码来完成相应的服务。图 4-12 所示为与 sample-toaster 模块相关的类图，图中黑色部分属于 YANG 工具中的接口类。通过类图可以清楚地知道，Toaster 应用的功能讲述了这样一个故事：为了基于 Toaster 提供餐点服务，定义了餐点类型，并定义设备需要监听服务请求，根据约定的原材料来生成 ToastType，并提供服务状态信息和服务配置信息。有了这个模型之后，不同面包制造商依赖该模型制造出不同的面包，提供 restockToaster 服务。另外，餐点服务（如 Kitchen ServiceImpl）购买生产 WheatBread 的供货渠道，并集成早餐服务，不必担心供货商生产的 ToastType 差异，这就是 MD-SAL 的设计理念。

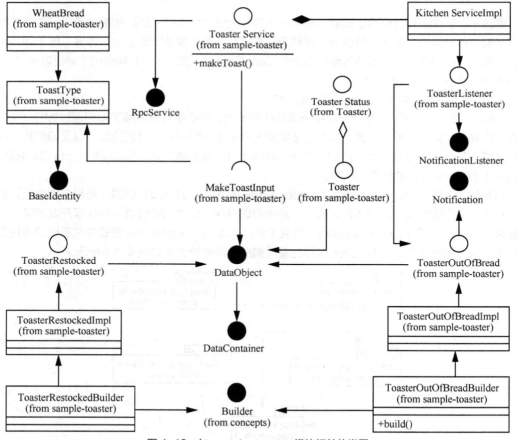

图 4-12　与 sample-toaster 模块相关的类图

在实际工程领域实践过程中，一般流程是先用 UML 来建立模型，再用类图来表示实现细节。UML 是软件工程领域的统一建模型语言，易面向应用分析和设计，之后参考 UML 的模型来构建

YANG 模型很容易实现，也更容易理解。在转换过程中，只需要把握 YANG 中的关键点。结合图 4-12，图中接口表示 YANG 工具的基础接口，也就是需要理解的关键部分，下面再结合 toaster.yang 进行进一步分析。

● BaseIdentity：定义全局唯一的抽象类，在 YANG 中由 identity 定义，如果类存在集成关系，则可以用 YANG 定义的 base 关键字继承。

● RpcService：和 Java 中的概念一致，是 ModuleService 的一个方法的调用。YANG 文件中用关键字 RPC 定义了方法调用服务，并定义了 input 和 output 的类型，其中 input 为输入的参数类型，output 为返回的参数类型。

● Notification：和 Java 中的概念一致，是一种消息数据，也继承自 DataObject。另外，接收消息的 ModuleListener 中会有对应的监听来处理消息，如 ToasterListener。YANG 中以 notification 关键字定义消息。

● Builder：数据生成器（如消息数据），以 Builder 的方式生成。

● DataContainer：这些数据都是由 YANG 中关键字 Container 部分定义的，继承自 DataObject。YANG 中有很多默认的数据类型，如 string 等。

再来分析 toaster-consumer 模块，它提供了服务实现部分：一部分代码是实现代码；另一部分则是 YANG 生成的服务接口。YANG 生成的服务接口分成两部分：yang-gen-sal 和 yang-gen-config。前者是自身服务定义代码，后者是引用 config 模块生成的依赖接口。kitchen-serivce-impl.yang 引用了 config 的两个模型，即 Configuration 和 State，也就是前文提到的 config 和 operational。图 4-13 所示为 YANG 文件引用的与 Configuration 和 State 相关的类图。

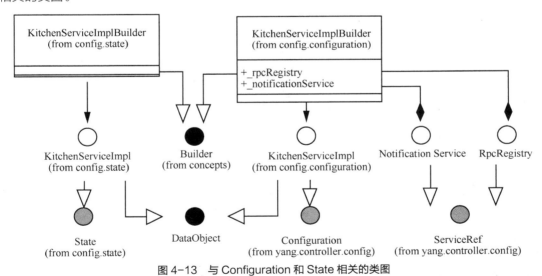

图 4-13　与 Configuration 和 State 相关的类图

由于 State 和 Configuration 都引用并定义了 kitchen-service-impl，因此，生成代码都有各自的 KitchenServiceImpl 和 Builder，可在 YANG 文件中通过 case 关键字进行引用。另外，Configuration 中需要配置 RPC 服务配置和 notification 服务配置，图中的菱形箭头代表双箭头，表示配置过程中消息的双向交互。以 RPC 举例，其类型引用 ServiceRef，服务配置在配置模块中进行配置。消息和通知与 KitchenService 模块的关联关系体现在 YANG 生成的 yang-gen-config 包中的代码上，图 4-14 所示为其对应的类图。

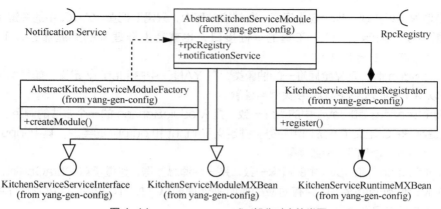

图 4-14　yang-gen-config 部分对应的类图

toaster-consumer 的 KitchenService 服务接口定义在 kitchen-service.yang 中，指定了类型为 service-type 的接口。该接口被 KitchenServiceServiceInterface 通过 Java 代码的 Annotation 方式赋值给 osgiRegistrationType，成为 OSGi 组件中的服务接口，由 KitchenServiceImpl 实现。图 4-15 所示为 KitchenService 实现类图，该服务也需要进行配置，相关配置信息在 sample-toaster-config 模块配置文件的 Service 节点中能够找到。

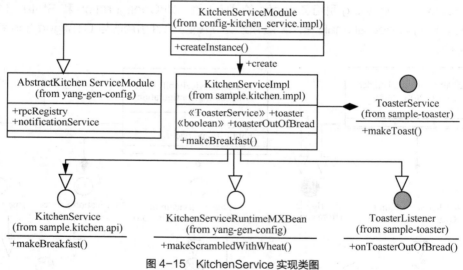

图 4-15　KitchenService 实现类图

sample-toaster-provider 模块的实现方式与 sample-toaster-consumer 的非常类似，此处不再赘述。sample-toaster-config 为配置文件，在模块介绍中涉及了相关内容，配置需要遵循 Karaf 的规范，按照 Schema 进行正确配置。sample-toaster-it 提供了模块的集成测试，以方便开发和配置项检验。

可以看出，YANG 是很强大的数据模型，结构简单，可读性强，可以通过代码生成工具生成其他编程语言，关于它的更多介绍可以参考 RFC 6020。本节为了规避编程语言实现细节，用 UML 来对代码进行分析，并通过 YANG 生成的代码和 UML 的类图关系，深入地理解 YANG 模型在 MD-SAL 中的应用价值。

总之，OpenDaylight 项目融合了 OSGi、分布式集群、YANG、NETCONF 等众多技术，相关子项目涉及网络相关知识，本节只是简单地从几个侧面对源代码进行分析，希望能对读者了解 OpenDaylight 的代码实现提供帮助。

4.3　实验一　OpenDaylight 的安装和配置

4.3.1　子实验一　OpenDaylight 的安装

1．实验目的

① 了解 OpenDaylight 的背景和基本架构。

② 掌握安装、部署 OpenDaylight 的方法，能够独立解决实验过程中遇到的问题。

2．实验环境

OpenDaylight 安装的实验拓扑如图 4-16 所示。

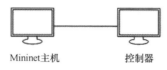

Mininet主机　　　　控制器

图 4-16　实验拓扑

实验环境配置说明如表 4-2 所示。

表 4-2　实验环境配置说明

设备名称	软件环境	硬件环境
控制器	Ubuntu 14.04 桌面版 ODL_Carbon_desktop_uv1.1	CPU：2 核 内存：4 GB 磁盘：20 GB
Mininet 主机	Ubuntu 14.04 桌面版 Mininet 2.2.0	CPU：1 核 内存：2 GB 磁盘：20 GB

3．实验内容

① 采用两种不同的方式启动 Karaf 控制台，对比两种方式的区别。

② 安装 OpenDaylight 组件，掌握一系列相关的安装、查询命令。

③ 安装完成后进行简单的验证，确保 OpenDaylight 安装正确。

4．实验原理

业界对于 OpenDaylight 非常关注，它也一直在稳步扩大其成员规模。目前，该项目已吸纳了 33 个成员。OpenDaylight 项目的成立对于 SDN 意义重大，它代表了传统网络芯片、设备厂商对于 SDN 这种颠覆性技术的跟进与支持。OpenDaylight 也被业界寄希望于成为 SDN 的通用控制平台。

OpenDaylight 控制器基于 Java 语言开发，采用了 OSGi 架构，实现了众多网络功能的隔离，极大地增强了控制平面的可扩展性。OpenDaylight 引入了服务抽象层，可以自动适配 OpenFlow 交换机等底层不同的设备，使开发者可以专注于业务应用的开发。

OpenDaylight 控制器主要包括开放的北向 API、控制器平面、南向接口和协议插件。整个架构包括应用层、控制层和网络设备层。应用层由控制和监控网络行为的业务和网络逻辑应用构成。此外，复杂的解决方案应用需要与云计算及网络虚拟化相结合。控制层是 SDN 控制器的框架层，其南向接口可以支持不同的南向接口协议插件。这些协议插件动态连接到 SAL，SAL 适配后再提供统一北向接口供上层应用调用。网络设备层由物理或虚拟设备构成。

Hydrogen 版本总体架构如图 4-17 所示。

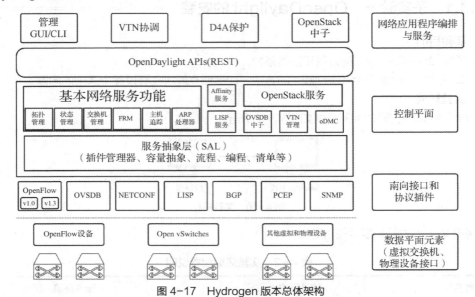

图 4-17　Hydrogen 版本总体架构

5. 实验步骤

（1）直接启动 Karaf 控制台

步骤①　选择控制器，单击终端图标，使用快捷键"Ctrl+Alt+T"打开终端。执行 su root 命令切换到 root 用户，如图 4-18 所示，以下命令全部以 root 用户身份运行。

```
openlab@openlab:~$ su root
Password:
root@openlab:/home/openlab#
```

图 4-18　切换到 root 用户

步骤②　执行以下命令进入安装包文件目录，如图 4-19 所示。

```
# cd openlab/distribution-karaf-0.6.0-Carbon/
```

```
root@openlab:/home/openlab# cd openlab/distribution-karaf-0.6.0-Carbon/
root@openlab:/home/openlab/openlab/distribution-karaf-0.6.0-Carbon#
```

图 4-19　进入安装包文件目录

步骤③　执行以下命令启动控制器，直接进入 Karaf 控制台，如图 4-20 所示。

```
# ./bin/karaf
```

 说明　　只要执行 **logout** 命令退出 **Karaf** 控制台，控制器就会停止。这种方式的缺点是命令终端会出现异常，控制器进程也会出现异常。

图 4-20　启动控制器

（2）后台启动 Karaf 控制台

执行以下命令，以后台任务的形式启动控制器，如图 4-21 所示。

```
# ./bin/start
# ./bin/client –u karaf
```

图 4-21　以后台任务的形式启动 Karaf 控制台

说明　　　　以后台任务的形式启动控制器后，可以通过 bin/client 或 SSH 访问 Karaf 控制台。利用 start 启动 OpenDaylight 后，以 Karaf 用户身份连接 Karaf 控制台。以这种方式启动控制器时，即使退出控制台，控制器进程依旧在后台运行。

（3）在 Karaf 控制台中查看日志

执行以下命令，在 Karaf 控制台中查看日志信息，由于日志信息较多，可以加上|more 分页显示查询结果，如图 4-22 所示。

```
> log:display |more
```

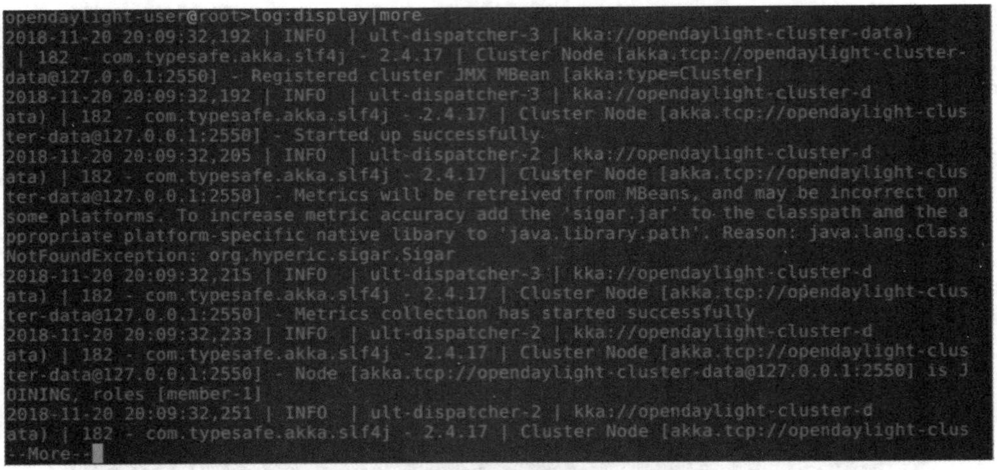

图4-22　查看日志信息

（4）安装 OpenDaylight 组件

步骤① 执行以下命令，安装必需的 OpenDaylight 组件，如图4-23所示。

安装支持 REST API 的功能。

```
>feature:install odl-restconf
```

安装 L2 交换机和 OpenFlow 功能。

```
> feature:install odl-l2switch-switch-ui
```

```
> feature:install odl-openflowplugin-flow-services-ui
```

安装基于 Karaf 控制台的 md-sal 控制器功能，包括 nodes、YANG UI、Topology。

```
> feature:install odl-mdsal-apidocs
```

安装 DLUX 功能。

```
> feature:install odl-dluxapps-applications
```

```
> feature:install odl-faas-all
```

图4-23　安装 OpenDaylight 组件

> **注意** 务必遵循以上的顺序安装相关组件。有时会出现无法登录进入 **OpenDaylight** 主界面（提示：**Unable to Login**）的问题。一种原因可能是控制器所在机器的内存不足，需要扩大机器的内存。此原因排除后，出现问题的解决方法是通过 **logout** 退出 **Karaf** 控制台，进入上级目录，删除 **data** 目录（**rm-rf data**），进入 **bin** 目录（**cd bin**）执行 **./karaf clean** 命令，再次按照上面的顺序安装组件。具体卸载操作见"（6）卸载 **OpenDaylight** 组件"。

步骤② 执行以下命令，列出所有 OpenDaylight 组件。

```
> feature:list
```

> **注意** 图 4-24 所示的只是 **OpenDaylight 组件**中的一部分。

图 4-24 部分 OpenDaylight 组件

步骤③ 执行以下命令,列出已安装的 OpenDaylight 组件。

```
> feature:list -i  -
```

> **注意** 图 4-25 所示的只是已安装的 **OpenDaylight 组件**中的一部分。

图 4-25 已安装的部分 OpenDaylight 组件

步骤④ 执行以下命令,在已安装的组件中查找某个具体的组件,如 odl-restconf,确认该组件是否已经安装,如图 4-26 所示。

```
> feature:list -i|grep odl-restconf
```

图 4-26 查找具体的 OpenDaylight 组件

(5)验证 OpenDaylight 基本功能

步骤① 登录 Mininet 主机,执行 su root 命令切换到 root 用户。

步骤② 执行以下命令连接控制器,并在 Mininet 中进行 pingall 操作,测试 OpenDaylight 控制器的基本功能,如图 4-27、图 4-28 和图 4-29 所示。

```
# mn --controller=remote,ip=30.0.1.8,port=6633
```

图 4-27 连接控制器

其中，30.0.1.8 是 OpenDaylight 控制器的 IP 地址，请根据实际情况进行修改。

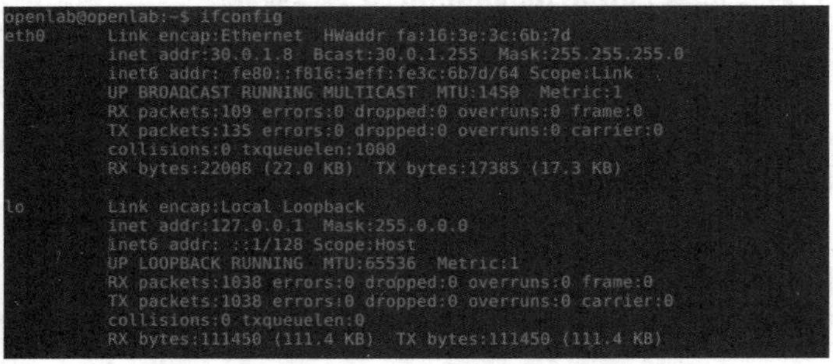

图 4-28　查看 OpenDaylight 控制器的 IP 地址

> pingall

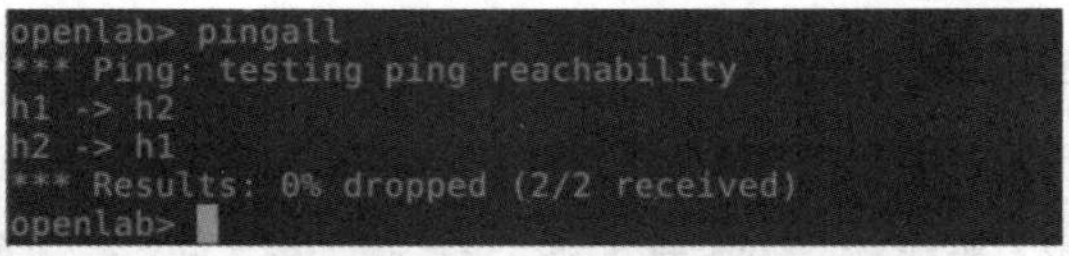

图 4-29　查看主机之间的连通性

步骤③　访问 OpenDaylight Web 界面，URL 格式是 http:// [ODL_host_ip]:8181/index.html，如图 4-30 所示。

图 4-30　访问 OpenDaylight Web 界面

其中，[ODL_host_ip]为安装 OpenDaylight 所在的主机的 IP 地址，此例中为 30.0.1.8，故示例中的 URL 为 http://30.0.1.8:8181/index.html。

　说明　　如果没有按照顺序安装 OpenDaylight 组件，则可能会导致 Web 界面无法访问，最好的解决方式是卸载组件，重新进行安装。

步骤④　输入用户名密码，单击"Login"按钮。

　说明　　登录的用户名和密码都是 admin。

步骤⑤　选择左侧的"Topology"选项查看拓扑，如图 4-31 所示。

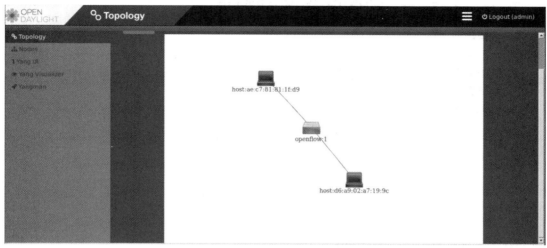

图 4-31　查看拓扑

（6）卸载 OpenDaylight 组件

步骤①　在主机 1 上执行 logout 命令退出 Karaf 控制台，回到 distribution-karaf-0.6.0-Carbon 目录，如图 4-32 所示。

图 4-32　退出 Karaf 控制台

步骤②　执行如下命令删除 data 目录，清除组件并重新进入 Karaf 控制台。

```
# rm -rf data
# ./bin/karaf clean
```

步骤③　执行以下命令查看已安装组件，确认组件是否已经删除，如图 4-33 所示。

```
# feature:list -i
```

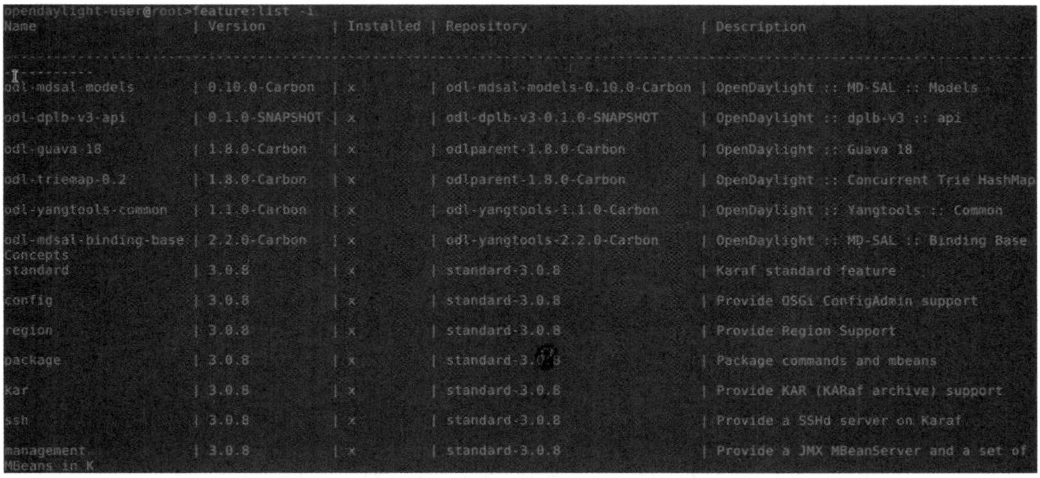

图 4-33　查看已安装组件

4.3.2 子实验二 OpenDaylight 的配置

1. 实验目的

① 进一步了解 OpenDaylight 的使用。

② 掌握修改 OpenDaylight 中默认配置的方法，能够独立解决实验过程中遇到的问题。

2. 实验环境

OpenDaylight 配置的实验拓扑如图 4-34 所示。

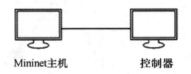

Mininet主机　　　　控制器

图 4-34　实验拓扑

实验环境配置说明如表 4-3 所示。

表 4-3　实验环境配置说明

设备名称	软件环境	硬件环境
控制器	Ubuntu 14.04 桌面版 ODL_Carbon_desktop_uv1.1	CPU：2 核 内存：4 GB 磁盘：20 GB
Mininet 主机	Ubuntu 14.04 桌面版 Mininet 2.2.0	CPU：1 核 内存：2 GB 磁盘：20 GB

3. 实验内容

① 修改默认 TCP 监听端口。

② 修改默认 Web 服务端口。

③ 配置 Java 环境。

4. 实验原理

随着计算机网络技术的发展，原来的物理接口（如键盘、鼠标、网卡、显示卡等输入/输出接口）已不能满足网络通信的要求。在 TCP/IP 中引入了一种称之为"Socket（套接字）"的应用程序接口。有了这样一种接口技术，一台计算机就可以通过软件的方式与任何一台具有 Socket 接口的计算机进行通信了。端口在计算机编程上也就是"Socket 接口"。OpenDaylight 中通过修改配置文件，可以对相应的默认端口加以具体的指定。OpenDaylight 安装完成后，它的一些配置文件就保存在 distribution-karaf-0.6.0-Carbon/configuration 目录下。通过这些配置文件可以查看 OpenDaylight 运行时加载的模块以及控制器监听的端口、Web 端口等。此外，通过修改相应的配置文件，也可以实现对 Java 环境的配置。●

5. 实验步骤

（1）配置 TCP 监听端口

OpenDaylight 控制器的默认监听端口是 6633，可以通过修改 distribution-karaf-0.6.0-Carbon/etc 目录下的 custom.properties 文件修改监听端口，其配置参数如图 4-35 所示。

```
Open Flow related system parameters
TCP port on which the controller is listening(default 6633)
of listenPort=6633
```

图 4-35　TCP 监听端口配置参数

（2）配置 Web 服务端口

从 Helium 版本开始的 OpenDaylight 默认 Web 端口是 8181，这个端口也可以手动修改，修改 distribution-karaf-0.6.0-Carbon/etc 目录下的 jetty.xml 文件即可,修改前默认配置如下。

```xml
<Call name="addConnector">
    <Arg>
        <New class="org.eclipse.jetty.server.ServerConnector">
            <Arg name="server">
                <Ref refid="Server" />
            </Arg>
            <Arg name="factories">
                <Array type="org.eclipse.jetty.server.ConnectionFactory">
                    <Item>
                        <New class="org.eclipse.jetty.server.HttpConnectionFactory">
                            <Arg name="config">
                                <Ref refid="http-default"/>
                            </Arg>
                        </New>
                    </Item>
                </Array>
            </Arg>
            <Set name="host">
                <Property name="jetty.host"/>
            </Set>
            <Set name="port">
                <Property name="jetty.port" default="8181"/>
            </Set>
            <Set name="idleTimeout">
                <Property name="http.timeout" default="300000"/>
            </Set>
            <Set name="name">jetty-default</Set>
        </New>
    </Arg>
</Call>
```

通过文件中的 jetty.port 字段可以看出 Web 服务的默认端口是 8181，如果想要将其修改为 8080，则对配置文件进行如下修改即可。

```xml
<Call name="addConnector">
    <Arg>
        <New class="org.eclipse.jetty.server.ServerConnector">
            <Arg name="server">
                <Ref refid="Server" />
            </Arg>
            <Arg name="factories">
                <Array type="org.eclipse.jetty.server.ConnectionFactory">
                    <Item>
                        <New class="org.eclipse.jetty.server.HttpConnectionFactory">
                            <Arg name="config">
```

```
                              <Ref refid="http-default"/>
                          </Arg>
                        </New>
                     </Item>
                  </Array>
               </Arg>
               <Set name="host">
                   <Property name="jetty.host"/>
               </Set>
               <Set name="port">
                   <Property name="jetty.port" default="8080"/>
               </Set>
               <Set name="idleTimeout">
                   <Property name="http.timeout" default="300000"/>
               </Set>
               <Set name="name">jetty-default</Set>
            </New>
         </Arg>
      </Call>
```

（3）配置 Java 环境

有时配置好了 Java 环境，在启动 Karaf 时却提示找不到 Java_HOME。这是因为 Karaf 启动时需要 root 权限，而之前的 Java 配置针对的是登录的普通用户，root 用户相关配置还没有设置 Java 环境。这里提供一种简单的解决办法：在 distribution-karaf-0.6.0-Carbon/bin 目录下找到 setenv 文件，在文件中添加 Java 环境配置即可。OpenDaylight 本地环境变量（最后 4 行）如图 4-36 所示。

```
if [ "x$JAVA_MAX_PERM_MEM" = "x" ]; then
    export JAVA_MAX_PERM_MEM="512m"
fi
if [ "x$JAVA_MAX_MEM" = "x" ]; then
    export JAVA_MAX_MEM="2048m"
fi

#java
export JAVA_HOME=/usr/local/jdk1.8.0_111
export PATH=$JAVA_HOME/bin:$PATH
export CLASSPATH=.:$JAVA_HOME/lib/dt.jar:$JAVA_HOME/lib.tools.jar
```

图 4-36　OpenDaylight 本地环境变量

4.4　实验二　OpenDaylight 使用界面下发流表

1. 实验目的

① 了解 YANG UI 的功能特点，掌握 YANG UI 下发流表的方式及其在 OpenDaylight 架构中所起的作用。

② 通过下发流表，掌握数据包处理的流程及单级流表和多级流表的处理过程。

2. 实验环境

使用 OpenDaylight 界面下发流表的实验拓扑如图 4-37 所示。

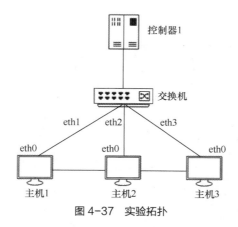

图 4-37　实验拓扑

实验环境配置说明如表 4-4 所示。

表 4-4　实验环境配置说明

设备名称	软件环境	硬件环境
控制器 1	Ubuntu 14.04 桌面版 OpenDaylight Carbon	CPU：2 核 内存：4 GB 磁盘：20 GB
交换机	Ubuntu 14.04 桌面版 Open vSwitch 2.3.1	CPU：1 核 内存：2 GB 磁盘：20 GB
主机 1	Ubuntu 14.04 桌面版	CPU：1 核 内存：2 GB 磁盘：20 GB
主机 2	Ubuntu 14.04 桌面版	CPU：1 核 内存：2 GB 磁盘：20 GB
主机 3	Ubuntu 14.04 桌面版	CPU：1 核 内存：2 GB 磁盘：20 GB

3．实验内容

① 分别基于 OpenFlow v1.0 和 OpenFlow v1.3 下发流表，通过下发流表过程了解单级流表和多级流表的概念。

② 通过 YANG UI 下发流表来控制主机之间的连通性，并利用 Scapy 工具进行测试验证。

4．实验原理

YANG UI 是 OpenDaylight 中一款基于 DLUX 的应用，面向上层应用开发，为应用开发者提供了很多相关工具，旨在简化、激励应用的开发与测试。YANG UI 用于与 OpenDaylight 交互，通过动态封装、调用 YANG 模型和相关 REST API，生成并展示一个简单的 UI。开发者可以通过 API 请求获取交换机信息，并以 JSON 格式展示。YANG UI 如图 4-38 所示。

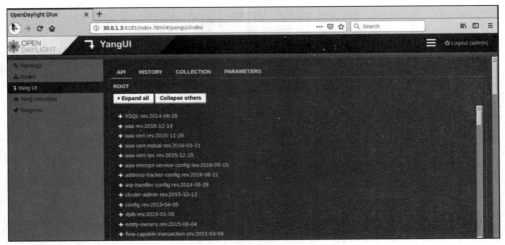

图 4-38　YANG UI

YANG UI 的基本使用介绍如下。

① 如图 4-39 所示，其主界面显示了 API、subAPI 和按钮的树状结构，将其选中之后在下方显示调用的可能功能，主要包括 GET、POST、PUT、DELETE 等。不是每个 subAPI 都能调用各功能，如 subAPI "operational" 可选的只有 GET 功能。当 ODL 中的现有数据显示或者能被用户在页面中填写并发送给 ODL 时，可以从 ODL 中填写输入数据。API 树下的按钮是可变的，它依赖于 subAPI 规范。其常见按钮如下。

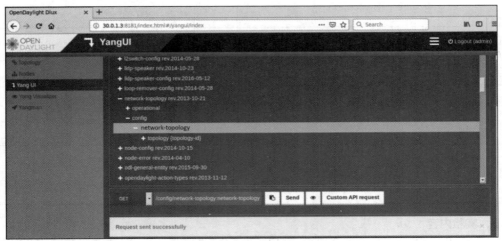

图 4-39　YANG UI API 树

GET：从 ODL 获取数据。

PUT 和 POST：保存配置，发送数据给 ODL。

DELETE：删除配置，发送数据给 ODL。这些操作必须执行 xpath。路径显示在按钮的前面，特定路径元素标识符包括文本输入。

② 如图 4-40 所示，面板底部根据选择的 subAPI 显示输入。每个 subAPI 代表列表声明的列表元素，一个列表中可能有多个列表元素，如一个设备能够存储多条流。每个列表元素是不同的 key（键）值。列表的列表元素中可能包含其他列表，每个列表元素有一个列表名称、key 名称及 key

值、删除列表元素的按钮。通常，列表声明的 key 包含一个 ID。在 ODL 中填写输入并从 xpath 部分使用 GET 按钮，或者通过界面用户填写输入并发送给 ODL。

图 4-40　subAPI 输入显示面板

③ 如图 4-41 所示，单击 API 树下的 "Show preview" (眼睛形状)按钮，显示发送给 ODL 的请求，并在右侧面板中显示请求文本框。

图 4-41　请求文本框

5. 实验步骤

（1）实验环境检查

步骤① 登录 OpenDaylight 控制器，按 "Ctrl+Alt+T" 快捷键打开终端，执行 netstat -an|grep 6633 命令，查看该端口是否处于监听状态，如图 4-42 所示。

图 4-42　查看 6633 端口是否处于监听状态

说明 因为 OpenDaylight 组件过于庞大，所以服务启动比较慢，需等待一段时间。

步骤② 在保证控制器 6633 端口处于监听状态后，使用 root 用户登录交换机，如图 4-43 所示，执行 ovs-vsctl show 命令，查看交换机与控制器的连接情况。

```
Ubuntu 14.04 LTS openlab tty1

openlab login: root
Password:
Welcome to Ubuntu 14.04 LTS (GNU/Linux 3.13.0-24-generic x86_64)

 * Documentation:
root@openlab:~#
```

图 4-43　使用 root 用户登录交换机

情况 1：交换机与控制器连接成功，如图 4-44 所示，此时会显示"is_connected:true"。
情况 2：交换机与控制器连接不成功，如图 4-45 所示。

```
root@openlab:~# ovs-vsctl show
3f2d706b-8776-440d-b4e3-da0ef103d120
    Bridge br-sw
        Controller "tcp:30.0.1.3:6633"
            is_connected: true
        fail_mode: secure
        Port "eth1"
            Interface "eth1"
        Port br-sw
            Interface br-sw
                type: internal
        Port "eth9"
            Interface "eth9"
        Port "eth8"
            Interface "eth8"
        Port "eth2"
            Interface "eth2"
        Port "eth5"
            Interface "eth5"
        Port "eth7"
            Interface "eth7"
        Port "eth4"
            Interface "eth4"
        Port "eth6"
            Interface "eth6"
        Port "eth3"
            Interface "eth3"
```

图 4-44　交换机与控制器连接成功

```
root@openlab:~# ovs-vsctl show
3f2d706b-8776-440d-b4e3-da0ef103d120
    Bridge br-sw
        Controller "tcp:30.0.1.3:6633"
        fail_mode: secure
        Port "eth1"
            Interface "eth1"
        Port "eth3"
            Interface "eth3"
        Port "eth4"
            Interface "eth4"
        Port "eth7"
            Interface "eth7"
        Port br-sw
            Interface br-sw
                type: internal
        Port "eth6"
            Interface "eth6"
        Port "eth2"
            Interface "eth2"
        Port "eth5"
            Interface "eth5"
        Port "eth8"
            Interface "eth8"
        Port "eth9"
            Interface "eth9"
```

图 4-45　交换机与控制器连接不成功

当出现交换机与控制器连接不成功时，执行以下命令手动重连。

```
# ovs-vsctl del-controller br-sw
# ovs-vsctl set-controller br-sw tcp:30.0.1.3:6633
```

稍等一会儿后，重新执行 ovs-vsctl show 命令查看连接状态，若显示"is_connected:true"，则表明连接成功。

步骤③ 当交换机与控制器连接成功后，登录主机，执行 su root 命令切换到 root 用户，并执行 ifconfig 命令，查看主机是否获取到 IP 地址。

情况 1：主机已获取到 IP 地址，结果如下。

主机 1 的 IP 地址如图 4-46 所示，IP 地址为 10.0.0.3。

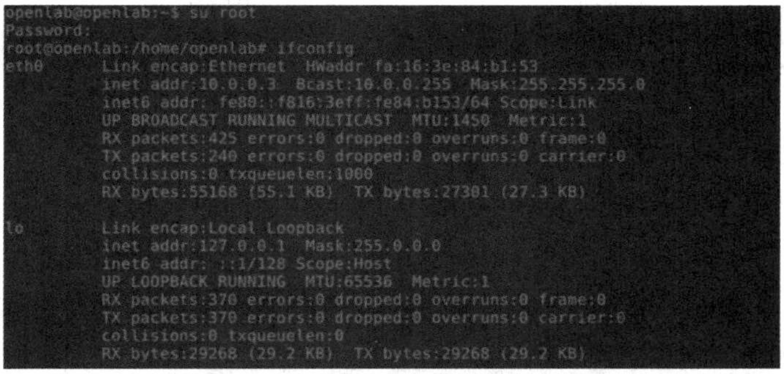

图 4-46　主机 1 的 IP 地址

主机 2 的 IP 地址如图 4-47 所示，IP 地址为 10.0.0.7。

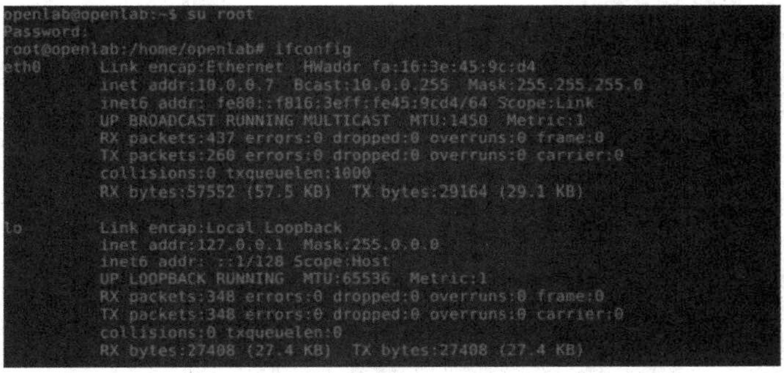

图 4-47　主机 2 的 IP 地址

主机 3 的 IP 地址如图 4-48 所示，IP 地址为 10.0.0.4。

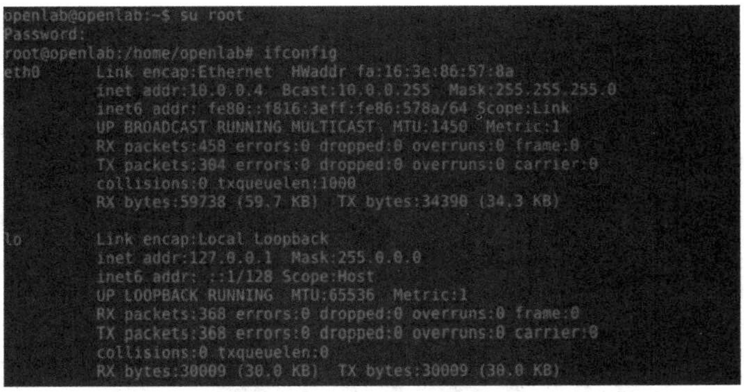

图 4-48　主机 3 的 IP 地址

情况 2：主机未获取到 IP 地址。

当主机未获取到 IP 地址时，执行以下命令，手动重连。

```
# ovs-vsctl del-controller br-sw
# ovs-vsctl set-controller br-sw tcp:30.0.1.3:6633
```

等待 1~3 min，执行 ifconfig 命令，查看主机是否重新获取到 IP 地址。

（2）基于 OpenFlow v1.0 下发流表

步骤① 切换到交换机，执行以下命令设置 OpenFlow 协议版本为 1.0，如图 4-49 所示。

```
# ovs-vsctl set bridge br-sw protocols=OpenFlow10
```

```
root@openlab:~# ovs-vsctl set bridge br-sw protocols=OpenFlow10
root@openlab:~#
```

图 4-49　设置 OpenFlow 协议版本

步骤② 选择控制器，单击浏览器图标，打开浏览器。

步骤③ 访问 OpenDaylight Web 页面，URL 是 http://30.0.1.3:8181/index.html，用户名和密码都是 admin，如图 4-50 所示。

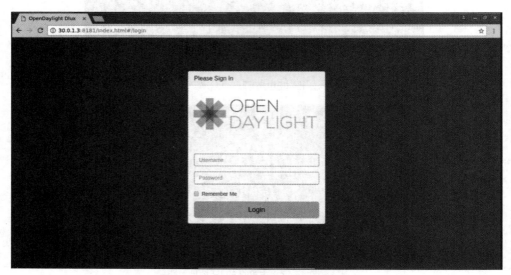

图 4-50　访问 OpenDaylight Web 页面

步骤④ 选择"Nodes"选项，查看节点信息。其中，尤其需要关注"Node Id"，下发流表时会用到"Node Id"，如图 4-51 所示。

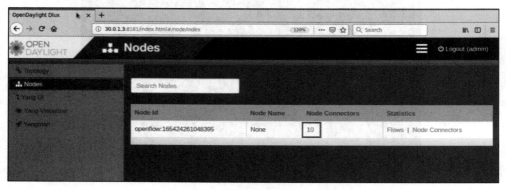

图 4-51　查看节点信息

步骤⑤ 单击图 4-51 中的"Node Connectors"列的数据，即"10"，可以查看节点连接的具体信息，如图 4-52 所示。

步骤⑥ 先选择左侧的"Yang UI"选项，再单击"Expand all"按钮，展开所有目录，查看各种模块，如图 4-53 所示。

步骤⑦ 选择"config"→"nodes"→"node{id}"→"table{id}"→"flow{id}"选项，展开"opendaylight-inventory rev.2013-08-19"，如图 4-54 和图 4-55 所示。

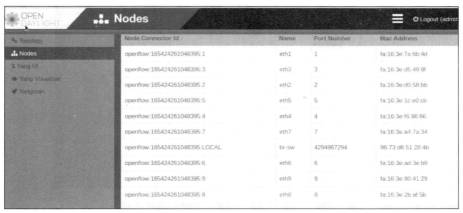

图 4-52　节点连接的具体信息

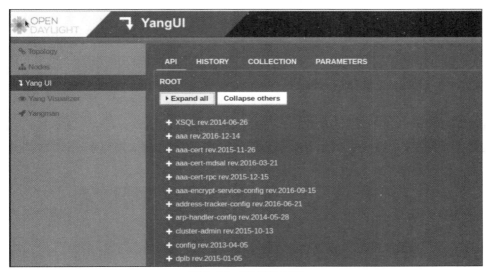

图 4-53　展开所有目录

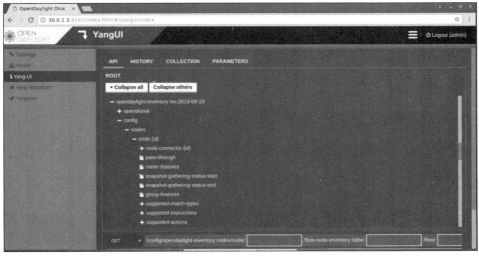

图 4-54　展开"opendaylight-inventory rev.2013-08-19"1

图 4-55　展开"opendaylight-inventory rev.2013-08-19"2

步骤⑧　补全 node id、table id 和 flow id 的值。

其中，node id 参见之前查询到的 node id。table id 和 flow id 可以自定义。由于 OpenFlow v1.0 协议只支持单流表，所以 table id 设置为 0，如图 4-56 所示。

图 4-56　补全 node id、table id 和 flow id 的值

步骤⑨　单击"flow list"后面的"+"（鼠标指针置于 A 右侧悬停会显示"add list item"，此处表述为"+"，下文中的"+"同理）按钮，展开与流表相关的参数。填写第一个参数"id"的值，路径中的 flow id 也会随之同步，如图 4-57 所示。

图 4-57　展开与流表相关的参数

步骤⑩　选择"match"→"ethernet-match"→"ethernet -type"选项，填写"type"为"0x0800"，如图 4-58 所示。

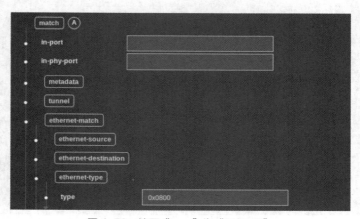

图 4-58　填写"type"为"0x0800"

说明 因为使用 IP 地址进行匹配，所以需要设置以太网协议类型。

步骤⑪ 填写匹配参数，在"layer-3-match"后面的下拉列表中选择"ipv4-match"选项，使用 IP 地址匹配。

步骤⑫ 展开"layer-3-match"，填写源 IP 地址和目的 IP 地址，如图 4-59 所示。

其中，源 IP 地址填写主机 1 的 IP 地址，目的 IP 地址填写主机 2 的 IP 地址。

步骤⑬ 展开"instructions"，并单击"instruction list"后面的"+"按钮，在"instruction"后面的下拉列表中选择"apply-actions-case"选项，如图 4-60 所示。

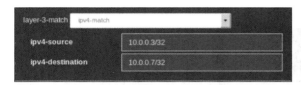

图 4-59 填写源 IP 地址和目的 IP 地址

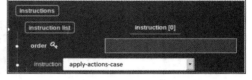

图 4-60 选择"apply-actions-case"选项

步骤⑭ 选择"apply-actions"选项，单击"action list"后面的"+"按钮，在"action"后面的下拉列表中选择"drop-action-case"选项，action order 和 instruction order 都设置为 0，如图 4-61 所示。

步骤⑮ 填写"priority"为 27、"idle-timeout"为 0、"hard-timeout"为 0、"cookie"为 100000000、"table_id"为 0，如图 4-62 所示。

说明 priority 设置的比已有流表项高，而 idle-timeout 和 hard-timeout 都设置为 0，表示该流表项永远不会过期，除非被删除。

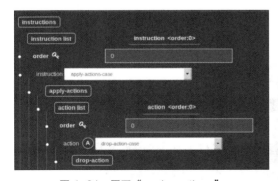

图 4-61 展开"apply-actions"

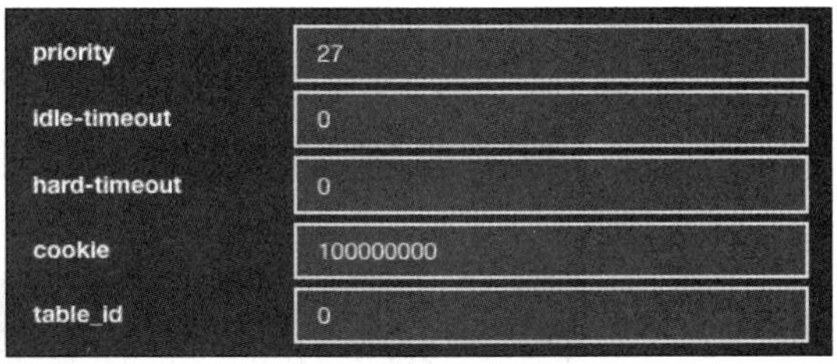

图 4-62 设置参数

步骤⑯ 向右滚动 Actions 栏，在路径后面有动作类型（GET、PUT、POST、DELETE），下发流表选择"PUT"动作，单击"Send"按钮，如图 4-63 所示。

图 4-63 单击"Send"按钮

步骤⑰　如果下发成功，则出现图 4-64 所示的提示信息；如果下发不成功，则显示相应的错误信息。

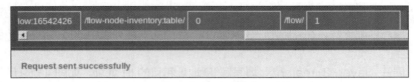

图 4-64　下发成功出现的提示信息

步骤⑱　切换到交换机的终端窗口，执行以下命令查看流表，确保刚下发的流表已经下发到交换机，如图 4-65 所示。

```
# ovs-ofctl dump-flows br-sw
```

```
root@openlab:~# ovs-ofctl dump-flows br-sw
NXST_FLOW reply (xid=0x4):
 cookie=0x2a0000000000031c, duration=155.905s, table=0, n_packets=0, n_bytes=0, idle_timeout=600, hard_timeout=300, idle_age=155
, priority=10,dl_src=fa:16:3e:84:b1:53,dl_dst=fa:16:3e:30:40:a4 actions=output:4
 cookie=0x2a0000000000031d, duration=155.905s, table=0, n_packets=0, n_bytes=0, idle_timeout=600, hard_timeout=300, idle_age=155
, priority=10,dl_src=fa:16:3e:30:40:a4,dl_dst=fa:16:3e:84:b1:53 actions=output:1
 cookie=0x2b00000000000011, duration=22508.513s, table=0, n_packets=0, n_bytes=0, idle_age=23930, priority=0 actions=drop
 cookie=0x2b00000000000011, duration=22506.521s, table=0, n_packets=0, n_bytes=0, idle_age=23929, priority=2,in_port=8 actions=o
utput:1,output:3,output:2,output:5,output:4,output:7,output:6,output:9,CONTROLLER:65535
 cookie=0x2b0000000000000a, duration=22506.524s, table=0, n_packets=138, n_bytes=9396, idle_age=383, priority=2,in_port=3 action
s=output:1,output:2,output:5,output:4,output:7,output:6,output:9,output:8,CONTROLLER:65535
 cookie=0x2b0000000000000e, duration=22506.523s, table=0, n_packets=0, n_bytes=0, idle_age=23929, priority=2,in_port=7 actions=o
utput:1,output:3,output:2,output:5,output:4,output:6,output:9,output:8,CONTROLLER:65535
 cookie=0x2b00000000000009, duration=22506.524s, table=0, n_packets=137, n_bytes=9306, idle_age=155, priority=2,in_port=1 action
s=output:3,output:2,output:5,output:4,output:7,output:6,output:9,output:8,CONTROLLER:65535
 cookie=0x2b00000000000010, duration=22506.522s, table=0, n_packets=0, n_bytes=0, idle_age=23929, priority=2,in_port=9 actions=o
utput:1,output:3,output:2,output:5,output:4,output:7,output:6,output:8,CONTROLLER:65535
 cookie=0x2b0000000000000c, duration=22506.524s, table=0, n_packets=0, n_bytes=0, idle_age=23929, priority=2,in_port=5 actions=o
utput:1,output:3,output:2,output:4,output:7,output:6,output:9,output:8,CONTROLLER:65535
 cookie=0x2b0000000000000f, duration=22506.523s, table=0, n_packets=0, n_bytes=0, idle_age=23929, priority=2,in_port=6 actions=o
utput:1,output:3,output:2,output:5,output:4,output:7,output:9,output:8,CONTROLLER:65535
 cookie=0x2b0000000000000b, duration=22506.524s, table=0, n_packets=142, n_bytes=9900, idle_age=534, priority=2,in_port=2 action
s=output:1,output:3,output:2,output:5,output:4,output:7,output:6,output:9,output:8,CONTROLLER:65535
 cookie=0x2b0000000000000d, duration=22506.524s, table=0, n_packets=271, n_bytes=15462, idle_age=155, priority=2,in_port=4 actio
ns=output:1,output:3,output:2,output:5,output:4,output:7,output:6,output:9,output:8,CONTROLLER:65535
 cookie=0x5f5e100, duration=59.598s, table=0, n_packets=0, n_bytes=0, idle_age=59, priority=27,ip,nw_src=10.0.0.3,nw_dst=10.0.0.
7 actions=drop
 cookie=0x2b00000000000001, duration=22508.513s, table=0, n_packets=0, n_bytes=0, idle_age=23931, priority=100,dl_type=0x88cc ac
tions=CONTROLLER:65535
```

图 4-65　查看流表

步骤⑲　以 root 用户登录主机 1，执行以下命令向主机 2、主机 3 发送数据包，测试主机间的连通性（如未安装 Scapy 工具，可使用以下命令进行安装），如图 4-66 和图 4-67 所示。

```
# scapy
>>> result,unanswered=sr(IP(dst="10.0.0.7",ttl=(3,10))/ICMP())
>>> result,unanswered=sr(IP(dst="10.0.0.4",ttl=(3,10))/ICMP())
```

```
root@openlab:/home/openlab# scapy
```

图 4-66　执行 scapy 命令

```
>>> result,unanswered=sr(IP(dst="10.0.0.7",ttl=(3,10))/ICMP())
Begin emission:
Finished to send 8 packets.
...^C
Received 3 packets, got 0 answers, remaining 8 packets
>>> result,unanswered=sr(IP(dst="10.0.0.4",ttl=(3,10))/ICMP())
Begin emission:
.*******Finished to send 8 packets.
*
Received 9 packets, got 8 answers, remaining 0 packets
```

图 4-67　scapy 命令执行结果

由上可知，主机 1 与主机 2 之间不连通，主机 1 与主机 3 之间连通，新下发的流表项生效。

说明	如果主机之间连通，则能够收到 answer；如果主机之间不连通，则无法收到 answer。当主机之间不通时，Scapy 会一直发送数据包，如果需要停止发送数据包，则可以按"Ctrl+C"快捷键。

步骤⑳ 切换到交换机的终端窗口，执行以下命令，删除刚刚下发的流表项，查看并确保流表成功删除，如图 4-68 所示。

```
# ovs-ofctl del-flows br-sw dl_type=0x0800,nw_src=10.0.0.3,nw_dst= 10.0.0.7
# ovs-ofctl dump-flows br-sw
```

图 4-68 删除流表项

步骤㉑ 切换到主机 1 的终端窗口，执行以下命令，测试主机 1 和主机 2 是否连通，如图 4-69 所示。

```
>>> result,unanswered=sr(IP(dst="10.0.0.7",ttl=(3,10))/ICMP())
```

图 4-69 测试主机 1 与主机 2 的连通性

由上可知，主机 1 与主机 2 之间连通。

（3）基于 OpenFlow v1.3 下发流表

步骤① 登录交换机，执行以下命令，设置 OpenFlow 协议版本为 1.3，如图 4-70 所示。

```
# ovs-vsctl set bridge br-sw protocols=OpenFlow13
```

图 4-70 设置 OpenFlow 协议版本

步骤② 展开"opendaylight – inventory rev.2013- 08-19"，选择"config"→"nodes"→"node{id}"→"table{id}"→"flow{id}"选项。

步骤③ 补全 Actions 栏中的路径，其中，node id 参见之前查询到的 node id。table id 和 flow id 可以自定义。因为 OpenFlow v1.3 支持多级流表，所以这里的 table id 设置为 2。

步骤④　单击"flow list"后面的"+"按钮，展开与流表相关的参数。设置"id"为 1，路径中的 flow id 会随之同步，如图 4-71 所示。

图 4-71　设置"id"为 1

步骤⑤　选择"match"→"ethernet-match"→"ethernet-type"选项，填写"type"为 0x0800，如图 4-72 所示。

步骤⑥　在"layer-3-match"后面的下拉列表中选择"ipv4-match"选项。

步骤⑦　选择"layer-3-match"选项，填写源 IP 地址和目的 IP 地址，以主机 1 的 IP 地址为源 IP 地址，以主机 3 的 IP 地址为目的 IP 地址，如图 4-73 所示。

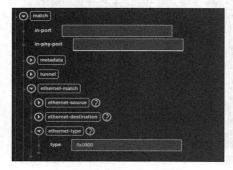

图 4-72　填写"type"为 0x0800　　　　　图 4-73　填写源 IP 地址和目的 IP 地址

步骤⑧　选择"instructions"选项，并单击"instruction list"后面的"+"按钮，在"instruction"后面的下拉列表中选择"apply-actions-case"选项，如图 4-74 所示。

步骤⑨　选择"apply-actions"选项，单击"action list"后面的"+"按钮，在"action"后面的下拉列表中选择"drop-action-case"选项，action order 和 instruction order 都设置为 0，如图 4-75 所示。

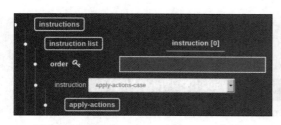

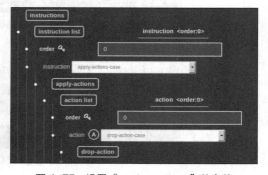

图 4-74　选择"apply-actions-case"选项　　　图 4-75　设置"apply-actions"的参数

步骤⑩　设置"priority"为 25，"idle-timeout"为 0，"hard-timeout"为 0，"cookie"为 10000000，"table_id"为 2，如图 4-76 所示。

步骤⑪　向右滚动 Actions 栏，选择"PUT"动作，单击"Send"按钮下发流表。PUT 成功后，会显示"Request sent successfully"，否则显示错误信息。

步骤⑫　切换到主机 1 的终端窗口，执行以下命令，向主机 3 发送数据包，测试主机 1 和主机 3 的连通性，如图 4-77 所示。

```
>>> result,unanswered=sr(IP(dst="10.0.0.4",ttl=(3,10))/ICMP()
```

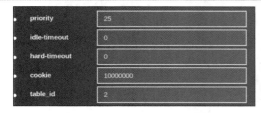

图 4-76　设置"priority"等参数

图 4-77　测试主机 1 和主机 3 的连通性

由上可知，主机 1 和主机 3 之间是连通的，新下发的流表没有发挥作用。原因是数据包在 table 0 中能够匹配到相应流表而不会被转发到 table2，想要 table2 的流表项发挥作用就需要向 table0 增加一条流表，将源 IP 地址为 10.0.0.3、目的 IP 地址为 10.0.0.4 的数据包转发到 table2 中处理。

步骤⑬　选择"config"→"nodes"→"node{id}"→"table{id}"→"flow{id}"选项。node id 参见之前查询到的 node id，table id 设置为 0，flow id 设置为 1。

步骤⑭　选择"match"→"ethernet-match"→"ethernet -type"选项，填写"type"为 0x0800。

步骤⑮　匹配参数保持不变，以主机 1 的 IP 地址为源 IP 地址，以主机 3 的 IP 地址为目的 IP 地址。

步骤⑯　选择"instructions"选项，并单击"instruction list"后面的"+"按钮，在"instruction"后面的下拉列表中选择"go-to-table-case"选项，如图 4-78 所示。

步骤⑰　选择"go-to-table"选项，将"table_id"填写为 2，即将符合匹配条件的数据包根据 table2 中的流表项进行处理。instruction order 依旧设为 0，如图 4-79 所示。

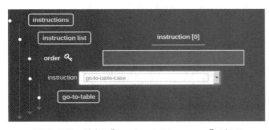

图 4-78　选择"go-to-table-case"选项

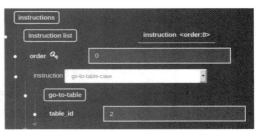

图 4-79　设置"go-to-table"的参数

步骤⑱　设置"priority"为 23，"idle-timeout"为 0，"hard-timeout"为 0，"cookie"为 1000000000，"table_id"为 0，如图 4-80 所示。

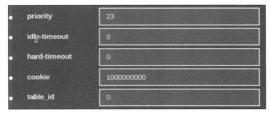

图 4-80　设置"priority"等参数

步骤⑲ 向右滚动 Actions 栏，选择“PUT”动作，单击“Send”按钮下发流表。

步骤⑳ 切换到交换机的终端窗口，执行以下命令，查看新下发的流表项，如图 4-81 所示。

```
# ovs-ofctl -O OpenFlow13 dump-flows br-sw
```

```
root@openlab:~# ovs-vsctl set bridge br-sw protocols=OpenFlow13
root@openlab:~# ovs-ofctl-O OpenFlow13 dump-flows br-sw
ovs-ofctl-O: command not found
root@openlab:~# ovs-ofctl -O OpenFlow13 dump-flows br-sw
OFPST_FLOW reply (OF1.3) (xid=0x2):
 cookie=0x2a0000000000040e, duration=82.472s, table=0, n_packets=0, n_bytes=0, idle_timeout=600, hard_timeout=300, priority=10,d
l_src=fa:16:3e:86:57:8a,dl_dst=fa:16:3e:30:40:a4 actions=output:4
 cookie=0x2a0000000000040b, duration=89.208s, table=0, n_packets=1, n_bytes=42, idle_timeout=600, hard_timeout=300, priority=10,
dl_src=fa:16:3e:a9:22:60,dl_dst=fa:16:3e:84:b1:53 actions=output:1
 cookie=0x2a0000000000040a, duration=89.208s, table=0, n_packets=1, n_bytes=42, idle_timeout=600, hard_timeout=300, priority=10,
dl_src=fa:16:3e:84:b1:53,dl_dst=fa:16:3e:a9:22:60 actions=output:4
 cookie=0x2a0000000000040f, duration=82.472s, table=0, n_packets=0, n_bytes=0, idle_timeout=600, hard_timeout=300, priority=10,d
l_src=fa:16:3e:30:40:a4,dl_dst=fa:16:3e:86:57:8a actions=output:3
 cookie=0x2a00000000000408, duration=280.289s, table=0, n_packets=0, n_bytes=0, idle_timeout=600, hard_timeout=300, priority=10,
dl_src=fa:16:3e:84:b1:53,dl_dst=fa:16:3e:30:40:a4 actions=output:4
 cookie=0x2a00000000000409, duration=280.289s, table=0, n_packets=0, n_bytes=0, idle_timeout=600, hard_timeout=300, priority=10,
dl_src=fa:16:3e:30:40:a4,dl_dst=fa:16:3e:84:b1:53 actions=output:1
 cookie=0x2b00000000000002, duration=1756.253s, table=0, n_packets=0, n_bytes=0, priority=0 actions=drop
 cookie=0x2b0000000000001a, duration=1754.407s, table=0, n_packets=0, n_bytes=0, priority=2,in_port=8 actions=output:1,output:3,
output:2,output:5,output:4,output:7,output:6,output:9,CONTROLLER:65535
 cookie=0x2b00000000000013, duration=1754.407s, table=0, n_packets=179, n_bytes=12030, priority=2,in_port=3 actions=output:1,out
put:2,output:5,output:4,output:7,output:6,output:9,output:8,CONTROLLER:65535
 cookie=0x2b00000000000017, duration=1754.407s, table=0, n_packets=0, n_bytes=0, priority=2,in_port=7 actions=output:1,output:3,
output:2,output:5,output:4,output:6,output:9,output:8,CONTROLLER:65535
 cookie=0x2b00000000000012, duration=1754.407s, table=0, n_packets=304, n_bytes=19117, priority=2,in_port=1 actions=output:3,out
put:2,output:5,output:4,output:7,output:6,output:9,output:8,CONTROLLER:65535
 cookie=0x2b00000000000019, duration=1754.407s, table=0, n_packets=0, n_bytes=0, priority=2,in_port=9 actions=output:1,output:3,
output:2,output:5,output:4,output:7,output:6,output:8,CONTROLLER:65535
 cookie=0x2b00000000000015, duration=1754.407s, table=0, n_packets=0, n_bytes=0, priority=2,in_port=5 actions=output:1,output:3,
output:2,output:4,output:7,output:6,output:9,output:8,CONTROLLER:65535
 cookie=0x2b00000000000018, duration=1754.407s, table=0, n_packets=0, n_bytes=0, priority=2,in_port=6 actions=output:1,output:3,
output:2,output:5,output:4,output:7,output:9,output:8,CONTROLLER:65535
 cookie=0x2b00000000000014, duration=1754.407s, table=0, n_packets=185, n_bytes=12918, priority=2,in_port=2 actions=output:1,out
put:3,output:5,output:4,output:7,output:6,output:9,output:8,CONTROLLER:65535
 cookie=0x2b00000000000016, duration=1754.407s, table=0, n_packets=428, n_bytes=261617, priority=2,in_port=4 actions=output:1,ou
tput:3,output:2,output:5,output:7,output:6,output:9,output:8,CONTROLLER:65535
 cookie=0x3b9aca00, duration=215.150s, table=0, n_packets=0, n_bytes=0, priority=23,ip,nw_src=10.0.0.3,nw_dst=10.0.0.4 actions=g
oto_table:2
 cookie=0x2b00000000000002, duration=1756.253s, table=0, n_packets=0, n_bytes=0, priority=100,dl_type=0x88cc actions=CONTROLLER:
65535
 cookie=0x989680, duration=933.459s, table=2, n_packets=0, n_bytes=0, priority=25,ip,nw_src=10.0.0.3,nw_dst=10.0.0.4 actions=dro
p
root@openlab:~#
```

图 4-81 查看新下发的流表项

步骤㉑ 切换到主机 1 的终端窗口，执行以下命令，发送数据包，测试主机 1 和主机 3 的连通性，如图 4-82 所示。

```
>>> result,unanswered=sr(IP(dst="10.0.0.7",ttl=(3,10))/ICMP())
>>> result,unanswered=sr(IP(dst="10.0.0.4",ttl=(3,10))/ICMP())
```

```
>>> result,unanswered=sr(IP(dst="10.0.0.7",ttl=(3,10))/ICMP())
Begin emission:
.*******Finished to send 8 packets.
*
Received 9 packets, got 8 answers, remaining 0 packets
>>> result,unanswered=sr(IP(dst="10.0.0.4",ttl=(3,10))/ICMP())
Begin emission:
.Finished to send 8 packets.
..^C
Received 3 packets, got 0 answers, remaining 8 packets
```

图 4-82 测试主机 1 和主机 3 的连通性

由上可知，主机 1 与主机 3 之间不连通，而主机 1 与主机 2 之间连通，流表发挥了作用。

4.5 本章小结

OpenDaylight 是一款优秀的开源控制器，由众多知名国际厂商主导、推动，具有全面的网络资源管控功能，并提供对云计算和网络功能虚拟化的支持。从 OpenDaylight 引入 YANG 模型来优化服务抽象层后，极大地提升了控制器的扩展能力，且基于 OpenDaylight 控制器构建的生态系统逐渐庞大，与之相关的子项目达几十个。本章主要介绍了 SDN 控制器架构和评估要素，接着介绍了 OpenDaylight 代码解读，最后介绍了 OpenDaylight 的安装和配置、使用界面下发流表这两个实验，将理论与实际相结合，帮助读者掌握安装、部署 OpenDaylight 的方法，了解 YANG UI 的功能特点，掌握 YANG UI 下发流表的方式及其在 OpenDaylight 架构中所起的作用。通过下发流表，帮助读者掌握数据包处理的流程及单级流表和多级流表的处理过程。希望借此使得读者对 OpenDaylight 控制器形成一个更为全面、深刻的理解，为后续使用开发提供技术支撑。

4.6　本章练习

1. 请写出 SDN 控制平面层次化架构的两个主要层面及其功能。

2. SDN 控制器的评估要素有哪些？

3. 当登录 OpenDaylight 主界面时，有时会出现无法登录（提示：Unable to Login）的问题，请问这有可能是什么原因导致的？说出解决办法。

4. 从 Helium 版本开始的 OpenDaylight 默认 Web 端口是多少？这个端口能否手动修改？如果能，如何手动修改？

5. 根据使用 OpenDaylight 界面下发流表这个实验，请叙述数据包处理的流程及单级流表和多级流表的处理过程。

第5章
SDN接口协议

05

SDN 接口协议开放了 SDN 的可编程性，实现了 SDN 架构中各部分间的连接与通信。其中，南向接口协议完成控制平面与数据平面间的交互及部分管理配置功能，北向接口协议实现控制器与业务应用层间的交互，东西向接口协议负责控制器间的协同。这些接口协议实现了 SDN 灵活的可编程能力，是 SDN 的核心技术环节之一。考虑到目前 3 类接口协议的成熟度不同，本章将重点介绍 SDN 南向接口协议和北向接口协议。

知识要点

1. 掌握OpenFlow协议的基本概念和架构。
2. 通过实验操作理解OpenFlow协议建立连接的交互过程。
3. 掌握NETCONF协议的基本概念和架构。
4. 通过实验操作理解NETCONF协议管理网络设备的过程。
5. 理解RESTful API的概念和作用。
6. 通过下发流表实验学习Postman的使用方法。

5.1 南向接口协议

SDN 控制平面通过南向接口协议对数据平面进行控制和管理，包括链路发现、拓扑管理、策略制定、表项下发等。南向接口协议在完成控制平面与数据平面间交互的同时，需要完成部分管理配置功能。SDN 南向接口协议有很多种，其中发展较为成熟、使用较为广泛的交互协议是 OpenFlow 协议，较为典型的网络设备管理协议是 NETCONF 协议，本节将分别对这两种协议进行详细介绍。

5.1.1 OpenFlow 协议

OpenFlow 是基于网络中"流"的概念设计的一种 SDN 南向接口协议。首先需要明确"流"的概念：IP 网络是一种分组交换网络，一次通信过程会产生大量的数据分组，而前后数据分组往往存在联系，如果能提取出它们的共同特征（如 MAC 地址、IP 地址等），把它们抽象成一个"流"，使网络设备统一看待这些数据分组，则将在很大程度上提高处理效率。在 OpenFlow 中引入了"流"的概念后，控制器根据每次通信中"流"的第一个数据分组的特征，使用相应的接口对数据平面的设备（OpenFlow 交换机，以下简称 OF 交换机）部署策略——OpenFlow 称之为流表，而这次通信中的后续流量按照对应的流表在硬件层面上进行匹配、转发，从而实现了灵活的网络平面的转发策略，网络中的设备也不再受固定协议的约束，体现了 SDN 控制与数据分离的核心思想。

目前，OpenFlow 协议还在不断地演进，本小节先详细介绍 OpenFlow v1.0 协议的基本架构并进行深入分析，随后简单介绍 OpenFlow 协议在后面几个版本中的演进及面临的问题。

1. OpenFlow v1.0 协议

OpenFlow v1.0 架构原理如图 5-1 所示，OF 交换机通过 OpenFlow 协议与控制器通信。流表、安全通道与 OpenFlow 协议是 v1.0 版本中最为核心的概念。流表是一些针对特定流的策略的集合，负责数据分组的查询和转发，主要包含数据分组的匹配特征和处理方法。OF 交换机通过安全通道与控制器相连，安全通道上传输的就是 OpenFlow 协议消息，负责控制器与交换机间的交互。

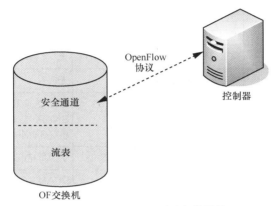

图 5-1　OpenFlow v1.0 架构原理

（1）OpenFlow 流表

OpenFlow 控制器通过部署流表来处理数据平面的流量。OpenFlow v1.0 中每台 OF 交换机只有一张流表，这张流表中存储着许多表项，每一个表项都表征了一个流及其对应的处理方法——动作（Action）表。一个数据分组进入 OF 交换机后需要先匹配流表，如果其特征与其中某条表项相匹配，则按照相应的动作进行转发，否则封装为 Packet-in 消息并通过安全通道交给控制器，再由控制器决定如何处理。另外，每条流表项都存在一个有效期，过期之后流表会自动删除。下面分析流表的结构和数据分组进入 OF 交换机后的匹配过程。

① 流表项的结构。OpenFlow 的流表项主要包括 3 个部分：用于数据分组匹配的分组头域（Head Field）、用于保存与条目相关的统计信息的计数器（Counter）、匹配表项后需要对数据分组执行的动作表，如图 5-2 所示。

图 5-2　OpenFlow v1.0 流表项结构

② 分组头域。分组头域是数据分组匹配流表项时的参考依据，作用类似于传统交换机进行二层交换时匹配数据分组的 MAC 地址，也类似于路由器进行三层路由时匹配的 IP 地址。如图 5-3 所示，在 OpenFlow v1.0 中，流表项的分组头域包括 12 个字段，协议称其为 12 元组（12-Tuple），它提供了 1~4 层的网络控制信息，如表 5-1 所示。其中，入端口（Ingress Port）属于一层的标识；以太网源地址、以太网目的地址、以太网帧类型、VLAN 标签、VLAN 优先级属于二层标识；源 IP 地址、目的 IP 地址、IP 数据分组类型、服务类型 ToS 属于三层标识；传输层源端口号、传输层目的端口号属于四层标识。这些丰富的匹配字段为标识流提供了更为精细的粒度。

入端口	以太网源地址	以太网目的地址	以太网帧类型	VLAN标识	VLAN优先级	源IP地址	目的IP地址	IP数据分组类型	服务类型ToS	传输层源端口号	传输层目的端口号

图 5-3　OpenFlow v1.0 中的 12 元组

表 5-1　OpenFlow v1.0 中 12 元组详细信息

字段	字节数	适用范围	说明
入端口	未规定	所有数据分组	数据分组进入交换机的端口号，从 1 开始
以太网源地址	6 B	有效端口收到的数据分组	无
以太网目的地址	6 B	有效端口收到的数据分组	无
以太网帧类型	2 B	有效端口收到的数据分组	OF 交换机必须支持由 IEEE 802.2+ SNAP 或 OUI 规定的类型。使用 IEEE 802.3 而非 SNAP 的帧类型为 0x05FF
VLAN 标识	12 bit	帧类型为 0x8100 的数据分组	VLAN ID
VLAN 优先级	3 bit	帧类型为 0x8100 的数据分组	VLAN PCP 字段
源 IP 地址	4 B	ARP 与 IP 数据分组	可划分子网
目的 IP 地址	4 B	ARP 与 IP 数据分组	可划分子网
IP 数据分组类型	1 B	ARP 与 IP 数据分组	对应 ARP 中 opcode 字段的低字节
服务类型 ToS	6 bit	IP 数据分组	高 6 bit 为 ToS
传输层源端口号	2 B	TCP/UDP/ICMP 分组	当数据分组类型是 ICMP 时，低 8 bit 用于标识 ICMP 类型
传输层目的端口号	2 B	TCP/UDP/ICMP 分组	当数据分组类型是 ICMP 时，低 8 bit 用于标识 ICMP 码值

　　每个元组有各自的适用场景，它的数值长度也不尽相同，可以是一个确定的值，也可以是"ANY"以匹配任意值，其中 IP 地址还可以指定子网掩码，以完成更为精确的匹配。需要指出的是，入端口不属于 2~4 层的概念，它用来标识数据分组进入 OF 交换机的物理端口，可以看作数据分组在 1 层的标识。

　　③ 计数器。流表项中的计数器用来统计流的一些信息，如查找次数、收发分组数、生存时间等。另外，OpenFlow 针对每张表、每条流表项、每个端口、每个队列也都会维护它们相应的计数器，具体信息如表 5-2 所示。

表 5-2　OpenFlow v1.0 中计数器的具体信息

类型	计数器	字节数/B
每张表	有效表项	4
	查表的数据分组	8
	匹配的数据分组	8

续表

类型	计数器	字节数/B
每条流表项	接收数据分组	8
	接收字节	8
	生存时间（单位为 s）	4
	生存时间（单位为 ns）	4
每个端口	接收数据分组	8
	传送数据分组	8
	接收字节	8
	传送字节	8
	接收出现的错误	8
	传送出现的错误	8
	接收后丢弃的分组	8
	传送时丢弃的分组	8
	接收的帧排列错误	8
	溢出错误	8
	循环冗余校验错误	8
	帧冲突	8
每个队列	传送的数据分组	8
	传送的字节	8
	溢出错误	8

④ 动作表。流表项可以根据指定动作字段来指导 OF 交换机如何处理流，动作表则指定了 OF 交换机处理相应流的行为。动作表可以包含 0 个或多个动作，交换机会按照这些动作的先后顺序依次执行。如果其中不包含转发（Forward）动作，则数据分组会被丢弃；如果包含转发动作，则数据分组会得到相应的转发处理。动作可以分为两种类型：必选动作（Required Action）和可选动作（Optional Action）。必选动作是默认支持的，可选动作需要交换机通知控制器它支持的动作类型。另外，当流表项中存在 OF 交换机不支持的动作时，将向控制器返回错误消息。OpenFlow v1.0 流表动作如表 5-3 所示。

表 5-3　OpenFlow v1.0 流表动作

类型	名称	说明
必选动作	转发	交换机必须支持将数据分组转发给设备的物理端口及其下的虚拟端口。 ALL：数据分组复制为多份转发到所有端口（不包括入口，不考虑最小生成树）。 CONTROLLER：将数据分组封装为 Packet-in 消息并转发给控制器。 LOCAL：转发给本地网络栈。 TABLE：对控制器 Packet-out 数据分组执行流表的匹配。 IN_PORT：把数据分组从它的入端口发回去
	丢弃	没有明确指明处理行动的表项，匹配的所有数据分组默认被丢弃

续表

类型	名称	说明
可选动作	转发	NORMAL：按照 OF 交换机所支持的传统交换机的二层或三层策略进行转发。 FLOOD：通过最小生成树从出口泛洪发出，但不包括入口
	入队	将分组转发到某个端口上已配置好的队列中，队列的配置 OpenFlow 无法实现
	修改域	交换机将修改数据分组的分组头，可以为 12 元组中的任意字段

⑤ 流表的匹配。在 OpenFlow v1.0 中，数据分组是依照 12 元组进行匹配的。当数据分组进入 OF 交换机后，就会将它的 12 元组解析出来，并将该 12 元组与流表中各个表项的分组头域中的 12 元组进行对照，以决定后续的动作，整个匹配流程如图 5-4 所示。

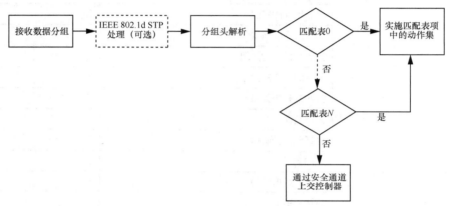

图 5-4　OpenFlow v1.0 中流表的匹配流程

图 5-4 是从官网的 OpenFlow v1.0 协议规范中截取的，下面将从数据分组被 OF 交换机接收开始，分析 OpenFlow v1.0 中流表的匹配流程。其中，IEEE802.1d STP 处理是一个可选操作，根据需求可以选择跳过。需要指出的是，为了避免交换机互连可能产生的广播"风暴"，一些 OF 交换机会支持生成树协议（Spanning Tree Protocol，STP）。这样，所有通过物理端口进入 OF 交换机的分组在分组头解析之前，都会先进行传统的生成树处理，再进行分组头解析。

分组头解析（Parse Header）是为了得到所接收的数据分组的 12 元组，其解析流程如图 5-5 所示。OF 交换机首先根据收到的数据分组解析出它的输入端口、以太网源地址/目的地址和协议类型，根据以太网帧类型得到 VLAN 或三层 IP 地址的信息，再根据 IP 地址分组头中的协议类型得到 ICMP 信息或四层的源、目的端口号。其中，根据是否需要 ARP 的解析，来设定是否进行"以太网帧类型=0x0806"的判定。得到数据分组的 12 元组后，就可以用它与流表项中的分组头域进行匹配。

从上述介绍可以看出，流表是 OF 交换机对数据转发逻辑的抽象，是交换机控制转发策略的核心数据结构。交换芯片通过查找流表项对进入交换机的网络流量进行决策并执行相应的动作。流表的功能与传统交换机中的二层 MAC 地址表、路由器中的三层 IP 路由表类似，但又和传统设备不同，流表可以同时包含更多层次的网络特征，而且是由网络管理者通过控制器编程定义的，不再受限于随设备出厂的操作系统。通过部署面向各种网络服务的流表，一台 OF 交换机可集交换、路由、防火墙、网关等功能于一身，极大地提高了网络部署的灵活性。因此，无论是在 OpenFlow v1.0 还是在后续的 OpengFlow 协议版本中，流表都是最为核心的概念之一。

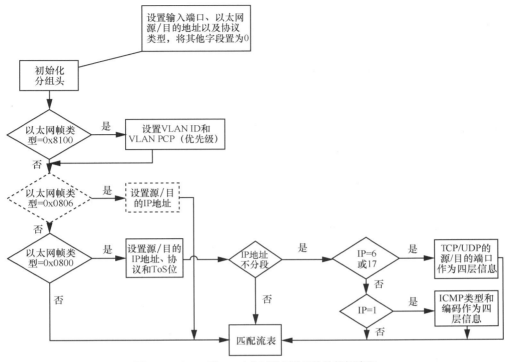

图 5-5　OpenFlow v1.0 对数据分组头的解析流程

（2）OpenFlow 安全通道

OpenFlow 安全通道负责承载 OpenFlow 协议的消息，不管是流表的下发还是其他的控制消息，都要经过这条通道。这部分流量属于 OpenFlow 网络的控制信令，不同于数据平面的网络流，其不需要经过交换机流表的检查。为了保证这部分流量安全可靠的传输，OpenFlow v1.0 规定通道建立在 TCP 连接之上，采用安全传输层协议（Transport Layer Security，TLS）进行加密。以下将从 OpenFlow 安全通道的建立与维护两个方面对其进行介绍。

① OpenFlow 安全通道的建立。OpenFlow 控制器开启 TCP 的 6633 端口等待交换机的连接，当交换机启动时，会连接到指定控制器的 6633 端口。为了保证安全性，双方需要交换证书完成身份认证。因此，每个交换机至少需配置两个证书，一个用来认证控制器，另一个用来向控制器发出认证。

当认证通过后，双方会给对方发送握手消息，该消息携带各自支持的最高的协议版本号，接收方将采用二者中较低版本协议进行通信。一旦发现两者拥有共同支持的协议版本，则建立安全通道，否则发送错误消息，描述失败原因，并终止连接。

② OpenFlow 安全通道的维护。安全通道建立以后，交换机与控制器通过消息协商一些参数，并定时交换一些"保活"（Keepalive）的消息来维持连接。

当连接发生异常时，交换机会尝试连接备份的控制器（至于备份控制器如何指定，不在 OpenFlow 协议规定范围内）。当多次尝试均失败后，交换机将进入紧急模式，并重置所有的 TCP 连接。此时，所有分组将匹配指定的紧急模式表项，其他所有正常表项将从流表中删除。此外，当交换机刚启动时，默认进入紧急模式。

（3）OpenFlow 协议消息

OpenFlow v1.0 支持 3 种消息类型：Controller-to-Switch（控制器—交换机）、Asynchronous

（异步）和 Symmetric（对称）。每一类消息又有多个子消息类型。下面将分别介绍这 3 种消息类型，其中各个消息的具体格式请参考官方文档。

① Controller-to-Switch 消息。这类消息是由控制器发起的，包括 Features、Configuration、Modify-State、Read-State、Send-Packet、Barrier 等几类，用于对 OF 交换机进行管理。控制器通过其中各种请求（Request）消息来查询 OF 交换机的状态，OF 交换机收到后需回复相应的响应（Reply）消息。

- Features：安全通道建立以后，控制器会立即发送 Features-Request 消息给交换机，以获取交换机支持的相关特性。
- Configuration：控制器可以通过 Set-Config 消息设置交换机的配置信息，通过 Get-Config 消息查询配置信息，交换机需要通过 Config-Reply 消息做出应答。
- Modify-State：控制器通过 Port-mod 消息管理交换机的端口状态，通过 Flow-mod 消息增加或者删除交换机的流表项。OpenFlow v1.0 中的 Flow-mod 消息的具体格式如图 5-6 所示，前 4 个字段是 OpenFlow 消息的通用报头。

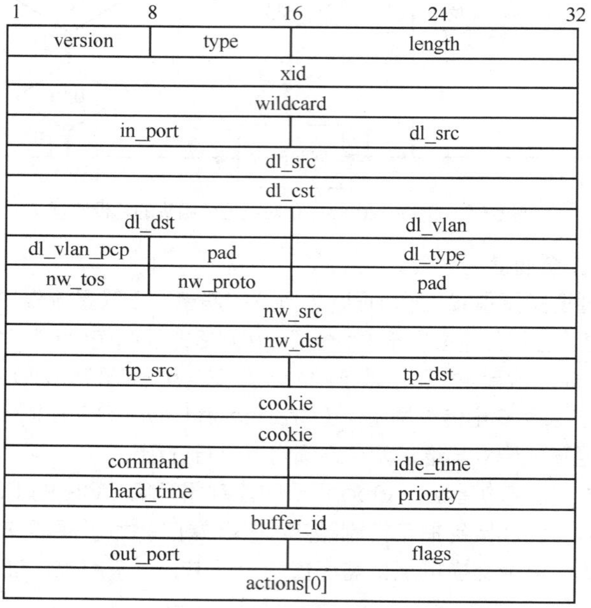

图 5-6　OpenFlow v1.0 中的 Flow-mod 消息的具体格式

其中，wildcard 表示匹配时 12 元组的掩码位，被掩盖掉的元组不参加匹配。

中间部分从 in_port 到 tp_dst 字段说明了流表项 12 元组的信息，其中，pad 负责对齐占位，不代表任何意义。

cookie 字段在处理数据分组时会用到，控制器通过 cookie 来过滤流的统计信息。

command 字段表示对流表的操作，包括增加（Add）、删除（Delete）、修改（Modify）等。

idle_time 和 hard_time 给出了该流表项的生存时间。其中，idle_time 表示当这条流表项在这段时间内没有匹配到数据分组时，该流表项会失效；hard_time 表示下发的流表项过了这段时间就会失效。当两者同时设置时，以先到的时间为准；当两者同时为 0 时，流表项不会自动失效。

priority 字段的设置参考流表匹配部分，原则上优先级越高，所属的 Table 号就越小。

buffer_id 表示对应 Packet-in 消息的 buffer_id。

out_port 仅在 command 为 Delete 或者 Delete Strict 时有效，表明当某个表项不仅匹配了 Flow-mod 中给出的 12 元组，且转发动作中指定端口等于该 out_port 时才予以删除，即对删除操作的一种额外限制。

flags 字段为标志位，OpenFlow v1.0 中包括 3 项：OFPFF_SEND_FLOW_REM（流表失效时是否向控制器发送 Flow-Removed 消息）、OFPFF_CHECK_OVERLAP（交换机是否检测流表冲突）、OFPFF_EMERG（该流表项将被存于 Emergency Flow Cache 中，仅在交换机处于紧急模式时生效，可参考 OpenFlow 安全通道部分）。

消息中最后的 actions 数组是对动作表的描述，actions[0] 即代表第一个动作。

- Read-State：OpenFlow 会维护每张表、每个流表项、每个端口、每个队列相应的计数器，当控制器需要统计信息时，还会向交换机发送相关的 Request 消息，请求相关信息。

- Send-Packet：很多情况下，控制器需要发送消息到数据平面，此时可以通过 Packet-out 消息封装好数据分组传给 OF 交换机，并在该消息中指定特定的动作表，指导交换机如何处理这个数据分组，而不再进行流表的匹配（除非动作表中包含转发到表的动作，如表 5-3 所示）。这种消息往往作为控制器对 Packet-in 消息处理逻辑的一部分。如果希望封装的数据字段独立于相应的 Packet-in 消息，则需要指定 buffer_id 字段为 -1，并给出明确的数据字段值。

- Barrier：控制器通过 Barrier-Request 消息确保之前下发的消息已经被交换机执行完成。它就像一道屏障，交换机收到这条消息后会立即处理完之前收到的所有消息，并回复 Barrier-Reply，然后处理在这条消息之后收到的消息。大家可以思考以下场景：控制器向交换机先后下发了 Flow-mod 和 Packet-out 消息，并希望该 Packet-out 携带的数据分组被这条新下发的流表处理，但是交换机对于 Controller-Switch 消息的处理顺序可能会改变，此时就可以在两条消息间增加一条 Barrier-Request 消息，确保交换机进行正确的处理。

② Asynchronous 消息。Asynchronous 消息用来将网络事件或交换机状态的变化更新到控制器中。Asynchronous 是异步的意思，也就是说，这类消息的触发不是因为控制器发出了请求，而是交换机主动发起的，控制器也不知道交换机什么时候会发送这类消息。因为 SDN 采用了集中式管控的架构，当交换机不知道该怎样处理流量，或者它的状态发生了改变，又或者发生了一些异常的时候，OF 交换机就会通过这类消息将相应情况上报给控制器，由控制器完成决策。Asynchronous 消息主要包括以下 4 种子类型。

- Packet-in：如果收到的数据分组在流表中没有匹配的流表项，或者匹配的流表项中给出了转发动作，但动作中指定端口为 CONTROLLER（见表 5-3），则 OF 交换机会封装 Packet-in 消息并将这个数据分组上交给控制器。封装时，如果交换机本地的缓存足够，则数据分组将被临时放在缓存中，分组头中的控制信息（默认大小为 128 B）和在交换机缓存中的序号一起发给控制器，这个序号就是之前多次提到的 buffer_id，控制器可以根据这个字段通过 Packet-out 消息处理缓存中的数据分组；如果交换机不支持本地缓存，或缓存容量不足，则将整个数据分组封装进 Packet-in 消息发给控制器。数据流的第一个数据分组往往会触发这类消息，也正是通过这类消息，控制器才能提取流的特征，决定如何处理后续的流量。

- Flow-Removed：交换机中的流表项因为超时或修改等原因被删除时，会触发 Flow-Removed 消息，触发的前提是在下发这条流表项时 flags 字段置为 OFPFF_SEND_FLOW_REM。

- Port-Status：交换机端口状态发生变化（如 Up/Down）时，会触发 Port-Status 消息报告端口的信息以及发生的状态变化（如 Add、Delete 或者 Modify）。

- Error：交换机通过 Error 消息来通知控制器发生错误的信息。

③ Symmetric 消息。与前两类消息不同的是，Symmetric 消息可由控制器发起，也可以由

OF 交换机发起，该消息包括以下 3 种类型。

- Hello：认证通过后，双方通过握手消息（Hello）建立安全通道。该消息携带发送方支持的最高协议版本号，接收方将采用双方都能够支持的较低版本协议进行通信。一旦发现两者拥有共同支持的协议版本，就建立安全通道，否则发送错误消息（Hello-Failed），描述失败原因，并终止连接。
- Echo：双方均可以主动向对方发出 Echo-Request 消息，接收者需要回复 Echo-Reply。该消息用来"保活"，也可以用来测量延迟。
- Vendor：Vendor 是为未来的协议版本预留的，以便允许 OF 交换机厂商提供额外的 OpenFlow 功能。

2．OpenFlow 协议的演进

OpenFlow 协议由 ONF 负责维护，OpenFlow v1.0 作为第一个较为成熟的版本，于 2009 年 12 月发布，随后陆续地发布了几个版本，迄今已经更新到 OpenFlow v1.5.1，且协议仍在不断演进。OpenFlow 协议家族的发布时间线如图 5-7 所示。

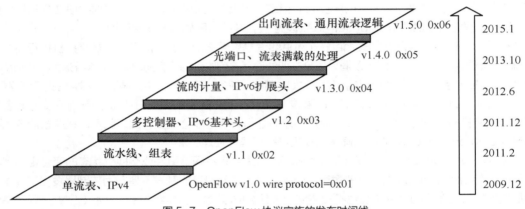

图 5-7　OpenFlow 协议家族的发布时间线

其中，OpenFlow v1.3 是一个很重要的版本，它提供了服务质量、IPv6 扩展头等更丰富的特性。ONF 承诺 v1.3 将成为一个稳定的版本，并对其进行长期的维护。因此，在发布了 OpenFlow v1.3.0 后，ONF 又持续推出了其修订版本，目前已跟进至 v1.3.5。现有的大多数 OF 交换机均提供了对 OpenFlow v1.3 版本的支持，市场上也出现了很多基于 OpenFlow v1.3 的 SDN 商业解决方案。OpenFlow v1.4 和 v1.5 目前仍无规模商用的实例。

协议的每个新版本均在前一版本的基础上进行了完善，各个版本细节上的具体变化请参考官方网站提供的技术文档，链接如下。

https://www.opennetworking.org/software-defined-standards/specifications/

3．OpenFlow 协议面临的问题

从 2007 年提出到现在，OpenFlow 系列协议不断完善，在硬件和软件支持方面取得了长足的发展，但仍然存在很多问题，下面简单介绍 OpenFlow 协议面临的一些主要问题。

（1）协议消息类型尚不完善

SDN 是一种革命性的技术，但就目前而言，完全脱离传统网络环境对于 SDN 而言是不切实际的。传统网络架构下，私有/公有协议并存，设备通过复杂的硬件设计实现了各种各样的网络功能，不同厂商的底层实现区别很大。为了在 SDN 中实现传统网络的功能，就要求控制器南向接口协议包含完备的消息类型。虽然 OpenFlow 各个版本在不断丰富消息类型，但整体来看其在这方面仍然存在很多缺陷。

（2）控制平面的安全性与扩展性问题

SDN 是集中式控制思想的产物。当网络规模超过一定限度时，单点控制会成为 SDN 中的瓶颈，其安全性也存在很大隐患。这是所有 SDN 技术都面临的问题，OpenFlow 自然也是无法回避这个问题的。因此，在 OpenFlow v1.2 中便提出了多控制器的概念，希望通过多个控制器对网络进行协同管控，即通过"局部集中，全局分布"来解决该问题。在这种机制下，交换机如何能够更有效地在多个控制器间进行状态同步、故障切换、负载均衡等，对于南向接口协议会是比较大的挑战。

（3）数据平面的设备性能问题

传统交换机根据 MAC 地址转发，路由器根据 IP 地址转发，通过定制 ASIC 芯片可以实现高速工作。而 OpenFlow 将网络协议栈扁平化，对转发设备而言，协议栈各层次不再具有明确的界限，各个网络字段都可作为流表中的匹配域，还可以进行任意字段的组合。与传统网络相比，这种做法无疑大大提高了网络灵活性，但为了适应这种通用的匹配方式，硬件设备需要付出高昂的代价，这就极大地限制了流表的规模，也就限制了 SDN 的规模。

以上是从技术角度分析 OpenFlow 系列协议的几个不足之处，其实 OpenFlow 协议同样受到非常多的非技术阻力。业界对于 OpenFlow 的看法有很多争议，而随着 SDN 生态圈的进一步完善，OpenFlow 面临的挑战更是与日俱增，例如，很多广域网的场景中开始采用路径计算单元通信协议（Path Computation Element Communication Protocol，PCEP）等其他南向接口协议。但是 ONF 仍在积极推动着 OpenFlow 的发展，相关的控制器、交换机以及典型应用的测试认证工作也正在工业界稳步进行。

OpenFlow 协议仍是目前业界较为成熟的南向接口协议，虽然它还有很长的路要走，但我们有理由相信它仍会不断发展，将在 SDN 引发的这场"革命"中扮演愈发重要的角色。

5.1.2　NETCONF 协议

在传统的单机网络管理的年代，网络工程师只需要通过命令行就能完成所需的网络管理任务。然而，随着网络规模的增大、复杂度的增加，网络管理的工作量也呈现出指数型的增长，传统的命令行界面（Command Line Interface，CLI）、简单网络管理协议（Simple Network Management Protocol，SNMP）已经不能适应如今复杂的网络管理工作，特别是不能满足配置管理的要求。

因此，为了提出一个全新的网络配置协议，IETF 在 2003 年成立了 NETCONF 工作组。该工作组在 2006 年 12 月通过了 NETCONF 协议的基本标准 RFC4741～4744，并于 2011 年 6 月提出了 RFC6241、RFC6242 标准作为原有的 RFC4741、RFC4742 的修订版。

1. NETCONF 简介

NETCONF 定义了一种简单的管理网络设备的机制,通过该机制可以从设备中检索配置数据信息，使用相应的软件向设备上传新的配置数据。通过 NETCONF 协议，网络设备可以提供规范的 API，应用程序可以使用这个简单的 API 来发送和接收完整的或部分配置数据。

NETCONF 使用远程过程调用（Remote Procedure Call，RPC）方式促进客户端和服务器之间的通信。客户端通常作为网络管理器的一部分运行脚本或应用程序。服务器通常是网络设备。客户端使用可扩展标记语言（Extensible Markup Language，XML）对 RPC 进行编码，并使用安全的、面向连接的会话将其发送到服务器。服务器以 XML 编码的回复进行响应。请求和响应的具体内容在 XML DTDs 或 XML 模式中进行了详细的描述。

NETCONF 允许客户端发现服务器支持的协议扩展集。这些"功能"允许客户端调整其行为以利用设备公开的功能。当 NETCONF 会话开始之后，客户端和服务器之间就会利用数据包交换信息，如服务器 NETCONF 协议版本支持列表、备选数据是否存在、运行中的数据存储可修改的方式等。该数据包的格式在 NETCONF RFC 中定义，开发者可以通过遵循 RFC 中描述的规范格式请求额外的数据信息。

XML 是网络设备间进行信息交换的通用语言，为分层内容提供了一种指定的灵活的编码方式。NETCONF 可与基于 XML 的转换技术配合使用，构建一个能够自动进行完整的和部分配置的系统。该系统可以向多个数据库查询有关网络拓扑、链接、策略、客户和服务的数据。可以使用一个或多个 XSLT 脚本，将这些数据从面向任务的、独立于供应商的数据模式，转换为特定于供应商、产品、操作系统和软件版本的模式。生成的数据可以使用 NETCONF 传递给设备。

2. NETCONF 协议原理描述

NETCONF 协议采用了分层协议模型，初始的配置数据通过每一层对应的协议进行包装，并向下一层提供相关的服务。采用这种分层架构能够将 NETCONF 复杂的整体拆分成相对独立的几层，让每层都只专注于协议的某个方面，将各层内部发生修改之后对其他层的影响降到最低，使得整个过程实现起来更加简单。NETCONF 协议分为 4 层：内容层、操作层、消息层、传输层，如图 5-8 所示。

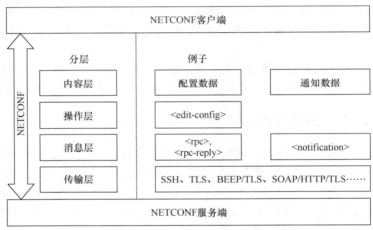

图 5-8　NETCONF 协议分层架构

（1）NETCONF 传输层

本小节详细介绍 NETCONF 底层传输协议的 3 个要求。

① 面向连接：NETCONF 协议是面向连接的，要求在对等方之间建立稳定的连接，这种连接必须提供可靠的、有序的数据传输。NETCONF 的连接是长期存在的，在进行协议操作的时候需要保持不变。

此外，当连接断开时，服务器为某条特定链路请求的资源必须能够被自动释放，这样能使故障恢复更简单和高效。例如，当客户端需要进行<lock>操作锁定某项资源的时候，该锁定会一直持续到其被释放为止，或者直到服务器认为该连接已经断开为止。如果在客户端持有锁定时终止连接，则服务器能够进行适当的恢复。

② 身份认证、完整性和机密性：NETCONF 连接必须提供身份认证、数据完整性、机密性和重传保护机制。例如，可以使用 TLS 或 SSH 对连接进行加密，这具体取决于底层协议。

③ 强制性运输协议：NETCONF 协议必须支持 SSH 传输协议。

（2）NETCONF 消息层

RPC 协议是一种通过网络从远程计算机程序上请求服务，而不需要了解底层网络技术的协议。RPC 协议假定某些传输协议的存在，如 TCP 或 UDP，可为通信程序之间携带信息数据。在 OSI 参考模型中，RPC 跨越了传输层和应用层。RPC 使得开发包括网络分布式多程序在内的应用程序更加容易。

NETCONF 协议采用了基于 RPC 的通信模式。NETCONF 协议使用<rpc>和<rpc-reply>元素来提供与传输协议相独立的 NETCONF 请求和响应，以完成对网络设备的配置管理工作。

① <rpc>：由 NETCONF 客户端发起的发送到服务器的消息，用于客户端请求服务器执行某项具体的操作。<rpc>包含一个强制属性 message-id，这个 ID 是一个单调递增的正整数，同一会话内不能重复。该 ID 用于<rpc>和<rpc-reply>的配对。例如：

```
<rpc message-id="101"
     xmlns="urn:ietf:params:xml:ns:netconf:base:1.0">
   <some-method>
      <!-- method parameters here... -->
   </some-method>
</rpc>
```

以下示例为调用不带参数的 NETCONF <get>方法。

```
<rpc message-id="101"
     xmlns="urn:ietf:params:xml:ns:netconf:base:1.0">
   <get/>
</rpc>
```

② <rpc-reply>：由 NETCONF 服务器发送给客户端的<rpc>响应。它不能由服务器主动发起，仅能在收到<rpc>消息之后回复，且<rpc-reply>必须携带与收到的<rpc>相同的 message-id。例如，以下<rpc>元素调用 NETCONF <get>方法，并包含一个名为"user-id"的附加属性，返回的<rpc-reply>元素将返回"user-id"属性以及请求的内容。

```
<rpc message-id="101"
    xmlns="urn:ietf:params:xml:ns:netconf:base:1.0"
    xmlns:ex="http://example.net/content/1.0"
    ex:user-id="fred">
  <get/>
</rpc>
```

对上面的<rpc>消息进行响应的<rpc-reply>消息格式如下。

```
<rpc-reply message-id="101"
    xmlns="urn:ietf:params:xml:ns:netconf:base:1.0"
    xmlns:ex="http://example.net/content/1.0"
    ex:user-id="fred">
  <data>
    <!-- contents here... -->
  </data>
</rpc-reply>
```

③ <rpc-error>：如果在处理<rpc>请求期间发生错误，则<rpc-error>元素将在<rpc-reply>消息中发送。如果服务器在处理<rpc>请求期间遇到多个错误，则<rpc-reply>可能包含多个<rpc-error>元素。但是如果请求包含多个错误，则不需要服务器检测或报告多个<rpc-error>元素。例如：

```
<rpc-reply xmlns="urn:ietf:params:xml:ns:netconf:base:1.0">
  <rpc-error>
    <error-type>rpc</error-type>
    <error-tag>missing-attribute</error-tag>
    <error-severity>error</error-severity>
    <error-info>
      <bad-attribute>message-id</bad-attribute>
      <bad-element>rpc</bad-element>
    </error-info>
  </rpc-error>
</rpc-reply>
```

④ <ok>：如果在处理<rpc>请求期间没有发生错误或警告，则<ok>元素在<rpc-reply>消息中发送，且没有返回数据。例如：

```
<rpc-reply message-id="101"
    xmlns="urn:ietf:params:xml:ns:netconf:base:1.0">
  <ok/>
</rpc-reply>
```

（3）NETCONF 操作层

NETCONF 协议在操作层中提供了一系列低级别操作来管理设备配置和检索设备状态信息，而设备状态信息一般存放在数据库中，这些操作提供了检索、配置、复制和删除配置数据存储的功能。NETCONF 协议规定了 9 种简单的 RPC 基本操作，同时支持用户自定义 RPC 操作。NETCONF 基本操作如表 5-4 所示。

表 5-4　NETCONF 基本操作

操作名称	描述
<get-config>	在指定的配置数据库中检索全部或者部分设备配置数据
<edit-config>	用于对指定配置数据库的内容进行修改，支持合并、替换、创建、删除操作
<copy-config>	使用一个完整配置数据库的内容创建或替换另一个配置数据库的内容。如果目标配置数据库存在，则会被新的数据库覆盖，否则将创建一个新的配置数据库
<delete-config>	删除配置数据库，无法删除<running>配置数据库
<lock>	该操作允许客户端锁定设备的配置数据库。当客户端锁定了指定数据库之后，在没有释放该锁之前，其余客户端均不能锁定或者修改该数据库。同一客户端也不能在没有释放锁之前重复申请锁。这种锁定机制允许在配置过程中不受 SNMP 和 CLI 等脚本的配置影响，以防止产生冲突
<unlock>	用于释放先前通过<lock>操作获得的配置锁
<get>	在指定的配置数据库中检索全部或者部分设备状态数据
<close-session>	请求正常终止 NETCONF 会话。当 NETCONF 服务器收到<close-session>请求时，它将正常关闭会话。服务器将释放与会话关联的任何锁和资源，并正常关闭任何关联的连接。在<close-session>请求之后收到的任何 NETCONF 请求都将被忽略
<kill-session>	强制终止 NETCONF 会话。当 NETCONF 终端收到<kill-session>请求时，它将中止当前正在进行的任何操作，释放与该会话关联的任何锁和资源，并关闭所有关联的连接

以上 9 种基本操作协同工作能够实现 NETCONF 的基本功能。除此之外，NETCONF 协议还支持客户端发现服务器支持的协议扩展集，这种特性被称为能力（Capability）。每个 NETCONF

终端都通过在初始阶段发送消息来通告其拥有的能力。每个终端只需要理解它可能使用的那些能力，并且必须忽略从其他终端接收到的不需要或不理解的能力。RFC6241 中定义了 8 种 NETCONF 基本能力，如表 5-5 所示。

表 5-5　NETCONF 基本能力

能力名称	描述
Writable-Running	表示设备支持直接对<running/>配置数据库进行修改操作
Candidate Configuration	表示设备支持候选配置数据库，用于保存可在不影响设备当前配置的情况下操作的配置数据。可以在任何时候执行<commit>操作，使设备的运行配置设置为候选配置的值
Confirmed Commit	表示设备支持操作<commit>携带<confirmed>和<confirm-timeout>两个参数
Rollback-on-Error	表示服务器支持<edit-config>操作的<error-option>参数中的"rollback-on-error"值。在配置数据出错后可以进行回滚操作
Validate	表示服务器可以验证客户端发送的配置数据的正确性
Distinct Startup	表示服务器具有一个用于保存启动配置数据的数据库
URL	表示设备能够接收<source>和<target>参数中的<url>元素
XPath	表示设备支持在过滤器中使用 XPath 表达式作为过滤条件

（4）NETCONF 内容层

内容层由配置数据和通知数据组成。在 NETCONF 的标准规定中并没有对内容层进行标准化，但是在 RFC6020 标准中提出的 YANG 数据建模语言被应用于 NETCONF 数据模型和协议操作。

NETCONF 的内容层未指定具体的模型结构，而是指定了一套数据建模语言 YANG。使用 YANG 模型定义的数据模型，均可以作为 NETCONF 的内容层。NETCONF 协议可以通过不断增加和修改对应的 YANG 文件来实现对协议的扩展。基于 NETCONF 内容层的这个特性，NETCONF 可以支持用户自定义的操作。当标准规定的 9 个基本操作类型不够用的时候，就可以根据实际需要在 YANG 文件中定义相应的 RPC 操作。

关于 YANG 模型的具体信息在 RFC6020 中有所介绍。

5.2　北向接口协议

北向接口是提供给运营商或者用户接入和管理的接口，用户通过控制器提供的北向接口定义和开发应用层中的网络管理应用程序。与南向接口领域已经有 OpenFlow 等多种国际标准不同，北向接口方面还缺少业界公认的标准。其主要原因是北向接口直接为业务应用服务，其设计需密切联系业务应用需求，具有多样化的特征，很难统一。本节针对 RESTful API 这一北向接口进行介绍。

5.2.1　RESTful API 简介

随着移动互联网的发展，各种类型的前端展示媒体（手机、平板电脑、PC 等）层出不穷。所以，需要有一种统一的机制，实现不同类型的前端与统一的后台的通信。RESTful 就是在这种情况下诞生的，它可以通过一套统一的 API 为 Web、iOS 和 Android 提供服务。

RESTful API 指的就是 REST 风格的应用程序接口。最初是由 Roy Fielding（参与设计 HTTP）在其博士毕业论文中提出的。REST 主要有以下几个特点：资源、统一资源标识符（Uniform Resource Identifier，URI）、统一接口、无状态。

（1）资源

资源指的是网络中的一个具体的信息实体，它可以是一张图片、一首歌曲、一段文字等。资源需要有一种载体来展示它的具体内容，例如，图片可以是 JPG、PNG、BMP 格式，歌曲可以是 MP3 格式，文字可以是 TXT、HTML 格式。现在的网络资源大部分是通过 JSON 来表示的。

（2）URI

URI 可以指向网络资源，一般每个资源至少有一个 URI 与其对应。常见的 URL 就是 URI 的一种。如果想要获取某项网络资源，则可以直接访问该资源的 URI。URI 可以认为是每一个资源的地址或识别符。

（3）统一接口

在 RESTful 架构风格中，资源的获取、上传、更新、删除操作分别对应于 HTTP 中的 GET、POST、PUT、DELETE 方法。这种形式统一了网络资源操作的接口，通过 HTTP 就可以完成对资源的基本操作。HTTP 中的常用方法如表 5-6 所示。

表 5-6　HTTP 中的常用方法

方法	描述
GET	请求获取指定的资源
POST	向指定的资源提交要被处理的数据
PUT	向指定资源位置上传其最新内容
DELETE	请求服务器删除指定的资源
HEAD	类似于 GET 请求，只返回报头的内容
OPTIONS	用于客户端查看服务器的性能
TRACE	回显服务器收到的请求，主要用于测试或诊断

（4）无状态

无状态指的是网络资源可以通过 URI 获取，同时不受其他的资源变化的影响。对于有状态和无状态的区别，这里以大学生在教务系统中查询期末考试成绩为例进行介绍。通常情况下查询成绩是有状态的，首先需要通过账号和密码登录教务系统，进入查询成绩的界面，执行一系列的操作，最终查询到自己的成绩。其中的每一步操作之间都具有依赖关系，如果某个操作失败了，如密码错误导致登录失败，则后续的操作会无法执行。但是如果通过输入一个 URL 来查询自己的成绩，把学生成绩看作一个资源，而不依赖于其他的资源条件，则这种情况就是无状态的，就是典型的 REST 风格。例如，可以通过以下两个 URL 来查询 abc 学校的学生张三的数学成绩和英语成绩。

http://jwxt.abc.edu.cn/zhangsan/grades/math
http://jwxt.abc.edu.cn/zhangsan/grades/english

5.2.2　RESTful API 调测工具 Postman

Postman 是 Google 开发的一款功能强大的网页调试、发送网页 HTTP 请求，并能运行测试用例的 Chrome 插件。其主要功能如下。

（1）模拟各种 HTTP 请求

其中包括常用的 GET、POST、PUT 和 DELETE 等。还可以发送文件、发送额外的头部（Header）。

（2）Collection 功能（测试集合）

Collection 是请求的集合。在进行测试时，可以把请求保存到特定的 Collection 中，供下次重复使用。一个 Collection 可以包含多条请求。如果把一个请求当作一个 Test Case，则 Collection 可以看作一个 Test Suite。通过 Collection 的归类，可以分类测试软件所提供的 API。此外，Collection 可以导入或者分享，让团队中的所有人共享所建立起来的 Collection。

（3）人性化的 Response 整理

Postman 可以针对 Response 内容的格式自动美化。JSON、XML 或 HTML 格式的数据都会被整理成用户可以阅读的格式。

（4）内置测试脚本语言

Postman 支持编写测试脚本，可以快速地检查请求的结果，并返回测试结果。

（5）设定变量与环境

Postman 可以自由设定变量与环境，并把变量保存在不同的环境中。

Postman 主界面如图 5-9 所示。

① Collections：在 Postman 中，Collections 类似于文件夹，可以把同一个项目的请求放在一个 Collections 中以方便管理和分享，Collections 中也可以再创建文件夹。如果制作 API 文档，则可以使每个 API 对应一条请求。

② 图 5-9 中的黑字"注册"是请求的名称，如果有请求描述，则其会显示在此处。图中"②"处的"注册成功"是保存的请求结果，单击这里可以载入某次请求的参数和返回值。

图 5-9　Postman 主界面

③ 选择 HTTP 方法。

④ 请求 URL，两层花括号表示这是一个环境变量，可以在"⑯"处选择当前的环境，环境变量就会被替换成该环境中变量的值。

⑤ 设置 URL 参数的 Key 和 Value。

⑥ 单击"Send"按钮以发送请求。

⑦ 单击保存按钮保存请求到 Collections 中。

⑧ Authorization 用来设置鉴权参数。

⑨ Headers 用来自定义 HTTP Header。

⑩ Body 用来设置 Request Body，"⑬"处显示的就是 Body 的内容。

⑪ Pre-request script 是在发起请求之前执行的脚本。例如，Request Body 中的两个随机变量就是每次请求之前临时生成的。

⑫ Tests 是在收到 Response 之后执行的测试，测试的结果会显示在"⑰"处。

⑬ Body 有以下 4 种形式可以选择。

- form-data：网页表单，通常为传输数据的默认格式，可以模拟填写表单并提交表单。
- x-www-form-urlencoded：同 form-data，但通过这种编码模式不能上传文件。
- raw：可以上传任意格式的文本，所有填写的 text 都随着请求发送。
- binary：只可以上传二进制数据，通常用来上传文件。

⑭ 返回数据的格式。Pretty 可以看到格式化后的 JSON，Raw 是未经处理的数据，Preview 可以预览 HTML 页面。

⑮ 单击"Save response"按钮，将响应保存到"②"处。

⑯ 设置环境变量和全局变量。

⑰ 测试执行的结果。

5.3 实验一 使用 OpenFlow 协议建立连接

1. 实验目的

① 了解 OpenFlow 交换机与控制器建立 TCP 连接的过程。

② 掌握配置安全通道中 OpenFlow 版本的方法。

③ 理解 OpenFlow 交换机和控制器的消息交互过程。

2. 实验环境

实验拓扑如图 5-10 所示。

控制器

主机1

图 5-10 实验拓扑

实验环境配置说明如表 5-7 所示。

表 5-7　实验环境配置说明

设备名称	软件环境	硬件环境
控制器	Ubuntu 14.04 桌面版 ODL_Carbon_desktop_cv1.1	CPU：2 核 内存：4 GB 磁盘：20 GB
主机 1	Ubuntu 14.04 桌面版 Mininet 2.2.0	CPU：2 核 内存：2 GB 磁盘：20 GB

3. 实验内容

① 学习 OpenFlow 交换机和控制器的配置方式。

② 使用 Wireshark 抓包并进行分析，学习 OpenFlow 交换机与控制器的消息交互过程。

4. 实验原理

本实验采用 OpenFlow v1.3 协议。在该协议下，控制器与 OpenFlow 交换机的消息交互流程如图 5-11 所示。

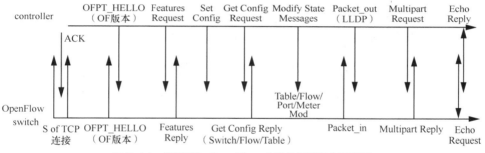

图 5-11　控制器与 OpenFlow 交换机的消息交互流程

① 控制器与 OpenFlow 交换机通过 TCP"3 次握手"建立连接。其中，控制器的端口号为 6633。ACK（Acknowledge character）是确认字符。

② 控制器与 OpenFlow 交换机之间相互发送 Hello 消息，协商双方的 OpenFlow 版本号。如果双方协商不一致，则会产生 Error（错误）消息。

③ 控制器向 OpenFlow 交换机发送 Features Request（功能请求）消息，请求交换机上传自己的详细参数。OpenFlow 交换机收到请求后，向控制器发送 Features Reply（功能反馈）消息，详细汇报自身参数，包括支持的 buffer（缓存）数目、流表数及动作等。

④ 控制器通过 Set Config 消息下发配置参数，并通过 Get Config Request 消息请求 OpenFlow 交换机上传修改后的配置信息。OpenFlow 交换机通过 Get Config Reply 消息向控制器发送当前的配置信息。如果要进行状态的修改，则控制器应通过 Modify State Messages 消息修改 Table/Flow/Port/Meter Mod 等参数。

⑤ 控制器与 OpenFlow 交换机发送 Packet_out、Packet_in 消息，通过 Packet_out 中内置的 LLDP 包进行网络拓扑的探测。

⑥ 控制器与 OpenFlow 交换机通过发送 Multipart Request（多部分请求）、Mutipart Reply（多部分反馈）消息，可以获取 OpenFlow 交换机的状态信息，包括流的信息、端口信息等。

⑦ 控制器与 OpenFlow 交换机通过发送 Echo Request（回应请求）、Echo Reply（回应反馈）消息，保证两者之间存在有效连接，避免失联。

> **说明**　以上是控制器和 **OpenFlow** 交换机交互的标准流程，在具体实验过程中某些过程可能会缺失。

5. 实验步骤

（1）环境检查

步骤① 登录控制器，打开命令行窗口，执行 ifconfig 命令，查看控制器所在主机的 IP 地址，如图 5-12 所示。桌面版镜像可以通过双击桌面上的"Terminal"图标打开命令终端，也可以按"Ctrl+Alt+T"快捷键打开命令终端。

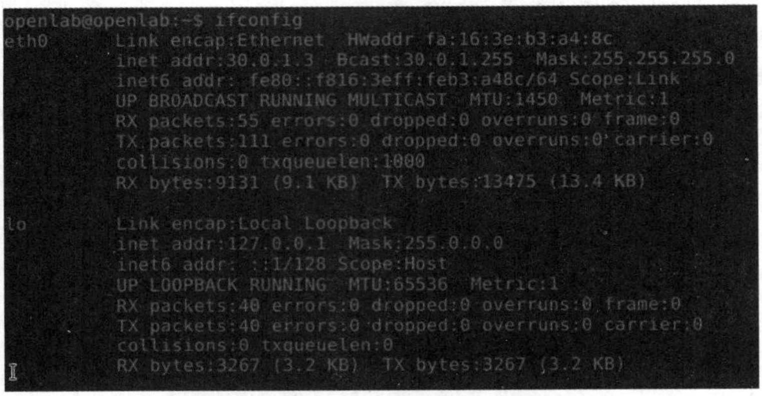

图 5-12　查看控制器所在主机的 IP 地址

步骤② 登录 Mininet 主机，执行 ifconfig 命令，查看 Mininet 所在主机的 IP 地址，如图 5-13 所示。

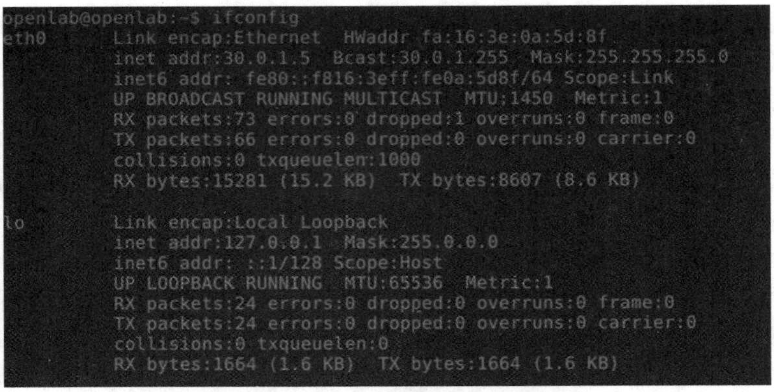

图 5-13　查看 Mininet 所在主机的 IP 地址

（2）捕获数据包

步骤① 登录 OpenDaylight 控制器，打开命令行窗口，执行 sudo wireshark 命令，启动抓包工具 Wireshark。

步骤② 双击 eth0 网卡，查看 eth0 网卡的数据包收发情况，如图 5-14 所示。

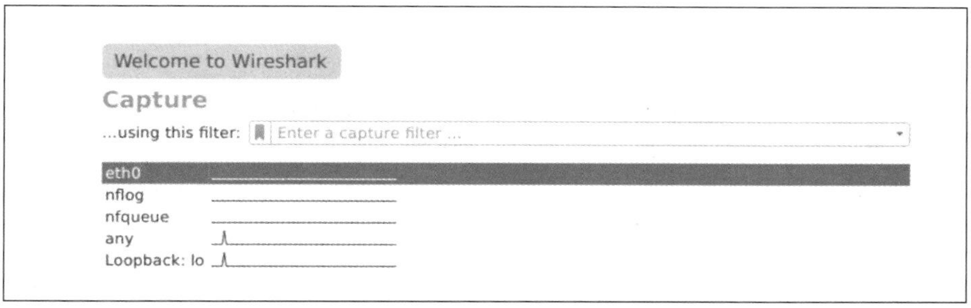

图 5-14　查看 eth0 网卡的数据包收发情况

步骤③　登录 Mininet 虚拟机，启动 Mininet，其运行界面如图 5-15 所示，命令行代码如下。

$ sudo mn --controller=remote,ip=30.0.1.3,port=6633 --switch=ovsk, protocols=OpenFlow13

其中，--controller=remote，ip=30.0.1.3，port=6633 表示连接远程控制器（IP 地址为 30.0.1.3，端口号为 6633，实验时以实际 IP 地址为准）；--switch=ovsk,protocols=OpenFlow13 表示交换机型号为 ovsk，采用 OpenFlow v1.3 协议。

```
openlab@openlab:~$ sudo mn --controller=remote,ip=30.0.1.3,port=6633 --switch=ovsk,protocols=OpenFlow13
[sudo] password for openlab:
*** Creating network
*** Adding controller
*** Adding hosts:
h1 h2
*** Adding switches:
s1
*** Adding links:
(h1, s1) (h2, s1)
*** Configuring hosts
h1 h2
*** Starting controller
c0
*** Starting 1 switches
s1
*** Starting CLI:
openlab>
```

图 5-15　Mininet 运行界面

步骤④　登录 OpenDaylight 控制器，停止 Wireshark，观察数据包列表，可以看出控制器与交换机的基本交互流程。Wireshark 抓包结果如图 5-16 所示。

No.	Time	Source	Destination	Protocol	Length	Info
1	0.000000000	fa:16:3e:…	Broadcast	ARP	42	Who has 30.0.1.3? Tell 30.0.1.5
2	0.000044636	fa:16:3e:…	fa:16:3e:0…	ARP	42	30.0.1.3 is at fa:16:3e:b3:a4:8c
3	0.000836227	30.0.1.5	30.0.1.3	TCP	74	33701 → 6633 [SYN] Seq=0 Win=28200 Len=0 MS
4	0.000888037	30.0.1.3	30.0.1.5	TCP	74	6633 → 33701 [SYN, ACK] Seq=0 Ack=1 Win=279
5	0.001414908	30.0.1.5	30.0.1.3	TCP	66	33701 → 6633 [ACK] Seq=1 Ack=1 Win=28672 Le
6	0.002326715	30.0.1.5	30.0.1.3	TCP	66	33701 → 6633 [FIN, ACK] Seq=1 Ack=1 Win=286
7	0.006226158	30.0.1.3	30.0.1.5	TCP	66	6633 → 33701 [ACK] Seq=1 Ack=2 Win=28032 Le
8	0.171713100	30.0.1.3	30.0.1.5	TCP	66	6633 → 33701 [FIN, ACK] Seq=1 Ack=2 Win=280
9	0.172178421	30.0.1.5	30.0.1.3	TCP	66	33701 → 6633 [ACK] Seq=2 Ack=2 Win=28672 Le
10	0.685729651	30.0.1.5	30.0.1.3	TCP	74	33702 → 6633 [SYN] Seq=0 Win=28200 Len=0 MS
11	0.685760688	30.0.1.3	30.0.1.5	TCP	74	6633 → 33702 [SYN, ACK] Seq=0 Ack=1 Win=279
12	0.686106361	30.0.1.5	30.0.1.3	TCP	66	33702 → 6633 [ACK] Seq=1 Ack=1 Win=28672 Le
13	0.686215698	30.0.1.5	30.0.1.3	OpenFlow	82	Type: OFPT_HELLO
14	0.686225655	30.0.1.3	30.0.1.5	TCP	66	6633 → 33702 [ACK] Seq=1 Ack=17 Win=28032 L
15	0.709581258	30.0.1.3	30.0.1.5	OpenFlow	82	Type: OFPT_HELLO
16	0.710038661	30.0.1.5	30.0.1.3	TCP	66	33702 → 6633 [ACK] Seq=17 Ack=17 Win=28672
17	0.723029525	30.0.1.3	30.0.1.5	OpenFlow	74	Type: OFPT_FEATURES_REQUEST
18	0.723338869	30.0.1.5	30.0.1.3	TCP	66	33702 → 6633 [ACK] Seq=17 Ack=25 Win=28672
19	0.723385406	30.0.1.5	30.0.1.3	OpenFlow	98	Type: OFPT_FEATURES_REPLY
20	0.738759262	30.0.1.3	30.0.1.5	OpenFlow	74	Type: OFPT_BARRIER_REQUEST
21	0.739204976	30.0.1.5	30.0.1.3	OpenFlow	74	Type: OFPT_BARRIER_REPLY
22	0.778209096	30.0.1.3	30.0.1.5	TCP	66	6633 → 33702 [ACK] Seq=33 Ack=57 Win=28032
23	0.816408060	30.0.1.5	30.0.1.3	OpenFlow	186	Type: OFPT_PACKET_IN
24	0.816431897	30.0.1.3	30.0.1.5	TCP	66	6633 → 33702 [ACK] Seq=33 Ack=177 Win=28032

图 5-16　Wireshark 抓包结果

（3）OpenFlow v1.3 交互流程分析

步骤① 交换机连接控制器的 6633 端口，经过 3 次握手后双方建立了 TCP 连接。

分析 TCP 连接建立过程，需要先了解 TCP 的状态位，主要包括 SYN、FIN、ACK、PSH、RST 和 URG。SYN 表示建立连接，FIN 表示关闭连接，ACK 表示响应，PSH 表示有数据传输，RST 表示连接重置。由图 5-17 可以看出，交换机与控制器经过 3 次握手后建立起了 TCP 连接。

No.	Time	Source	Destination	Protocol	Lengtl	Info
1	0.000000000	fa:16:3e:…	Broadcast	ARP	42	Who has 30.0.1.3? Tell 30.0.1.5
2	0.000044636	fa:16:3e:…	fa:16:3e:0…	ARP	42	30.0.1.3 is at fa:16:3e:b3:a4:8c
3	0.000836227	30.0.1.5	30.0.1.3	TCP	74	33701 → 6633 [SYN] Seq=0 Win=28200 Len=0 MSS=14
4	0.000888002	30.0.1.3	30.0.1.5	TCP	74	6633 → 33701 [SYN, ACK] Seq=0 Ack=1 Win=27960 L
5	0.001414908	30.0.1.5	30.0.1.3	TCP	66	33701 → 6633 [ACK] Seq=1 Ack=1 Win=28672 Len=0
6	0.002326715	30.0.1.5	30.0.1.3	TCP	66	33701 → 6633 [FIN, ACK] Seq=1 Ack=1 Win=28672 Len=0
7	0.006226158	30.0.1.3	30.0.1.5	TCP	66	6633 → 33701 [ACK] Seq=1 Ack=2 Win=28032 Len=0
8	0.171713100	30.0.1.3	30.0.1.5	TCP	66	6633 → 33701 [FIN, ACK] Seq=1 Ack=2 Win=28032 Len=0
9	0.172178421	30.0.1.5	30.0.1.3	TCP	66	33701 → 6633 [ACK] Seq=2 Ack=2 Win=28672 Len=0
10	0.685729651	30.0.1.5	30.0.1.3	TCP	74	33702 → 6633 [SYN] Seq=0 Win=28200 Len=0 MSS=14
11	0.685760688	30.0.1.3	30.0.1.5	TCP	74	6633 → 33702 [SYN, ACK] Seq=0 Ack=1 Win=27960 L
12	0.686106361	30.0.1.5	30.0.1.3	TCP	66	33702 → 6633 [ACK] Seq=1 Ack=1 Win=28672 Len=0

图 5-17　3 次握手信息

步骤② 当控制器与交换机建立 TCP 连接后，双方发起 Hello 消息，协商 OpenFlow 协议版本。

控制器和交换机都会向对方发送 Hello 消息，消息中附上自己支持的 OpenFlow 最高版本。接收到对方的 Hello 消息后，判断自己能否支持对方发送的版本，能支持则版本协商成功，不能支持则回复一条 OFPT_ERROR 消息。查看 Hello 消息详情，本实验中由于交换机和控制器都能支持 OpenFlow v1.3，所以版本协商为 1.3，如图 5-18 所示。

No.	Time	Source	Destination	Protocol	Lengtl	Info
13	0.686215698	30.0.1.5	30.0.1.3	OpenFlow	82	Type: OFPT_HELLO
14	0.686225655	30.0.1.3	30.0.1.5	TCP	66	6633 → 33702 [ACK] Seq=1 Ack=17 Win=28032 Len=0 TS
15	0.709581258	30.0.1.3	30.0.1.5	OpenFlow	82	Type: OFPT_HELLO

Wireshark · Packet 13 · wireshark_pcapng_eth0_20181212172756_Xo8NTj

▷ Frame 13: 82 bytes on wire (656 bits), 82 bytes captured (656 bits) on interface 0
▷ Ethernet II, Src: fa:16:3e:0a:5d:8f (fa:16:3e:0a:5d:8f), Dst: fa:16:3e:b3:a4:8c (fa:16:3e:b3:a4:8c)
▷ Internet Protocol Version 4, Src: 30.0.1.5, Dst: 30.0.1.3
▷ Transmission Control Protocol, Src Port: 33702 (33702), Dst Port: 6633 (6633), Seq: 1, Ack: 1, Len: 16
▷ OpenFlow 1.3

图 5-18　双方协商 OpenFlow 协议版本

步骤③ 完成 OpenFlow 协议版本协商后，控制器发送 OFPT_FEATURES_REQUEST 消息获取交换机的特性信息，包括交换机的 ID（DPID）、缓冲区数量、端口及端口属性等；相应的，交换机回复 OFPT_FEATURES_REPLY 消息，如图 5-19 所示。

No.	Time	Source	Destination	Protocol	Lengtl	Info
17	0.723029525	30.0.1.3	30.0.1.5	OpenFlow	74	Type: OFPT_FEATURES_REQUEST
18	0.723338869	30.0.1.5	30.0.1.3	TCP	66	33702 → 6633 [ACK] Seq=17 Ack=
19	0.723385406	30.0.1.5	30.0.1.3	OpenFlow	98	Type: OFPT_FEATURES_REPLY

图 5-19　OFPT_FEATURES_REQUEST 和 OFPT_FEATURES_REPLY 消息

查看数据包详细信息，OFPT_FEATURES_REQUEST 消息只有包头，其详细信息如图 5-20 所示。

▷ Frame 17: 74 bytes on wire (592 bits), 74 bytes captured (592 bits) on interface 0
▷ Ethernet II, Src: fa:16:3e:b3:a4:8c (fa:16:3e:b3:a4:8c), Dst: fa:16:3e:0a:5d:8f (fa:16:3e:0a:5d:8f)
▷ Internet Protocol Version 4, Src: 30.0.1.3, Dst: 30.0.1.5
▷ Transmission Control Protocol, Src Port: 6633 (6633), Dst Port: 33702 (33702), Seq: 17, Ack: 17, Len: 8
▽ OpenFlow 1.3
　　Version: 1.3 (0x04)
　　Type: OFPT_FEATURES_REQUEST (5)
　　Length: 8
　　Transaction ID: 2

图 5-20　OFPT_FEATURES_REQUEST 数据包详细信息

OFPT_FEATURES_REPLY 数据包详细信息如图 5-21 所示，交换机的 DPID（datapath_id）是数据通道独一无二的标识符。本实验中交换机缓冲区数量（n_buffers）为 256，交换机支持的流表数量（n_tables）为 254。

```
▷ Frame 19: 98 bytes on wire (784 bits), 98 bytes captured (784 bits) on interface 0
▷ Ethernet II, Src: fa:16:3e:0a:5d:8f (fa:16:3e:0a:5d:8f), Dst: fa:16:3e:b3:a4:8c (fa:16:3e:b3:a4:8c)
▷ Internet Protocol Version 4, Src: 30.0.1.5, Dst: 30.0.1.3
▷ Transmission Control Protocol, Src Port: 33702 (33702), Dst Port: 6633 (6633), Seq: 17, Ack: 25, Len: 32
▽ OpenFlow 1.3
     Version: 1.3 (0x04)
     Type: OFPT_FEATURES_REPLY (6)
     Length: 32
     Transaction ID: 2
     datapath_id: 0x0000000000000001
     n_buffers: 256
     n_tables: 254
     auxiliary_id: 0
     Pad: 0
   ▽ capabilities: 0x00000047
        .... .... .... .... .... .... .... ...1 = OFPC_FLOW_STATS: True
        .... .... .... .... .... .... .... ..1. = OFPC_TABLE_STATS: True
        .... .... .... .... .... .... .... .1.. = OFPC_PORT_STATS: True
        .... .... .... .... .... .... .... 0... = OFPC_GROUP_STATS: False
        .... .... .... .... .... .... ...0 .... = OFPC_IP_REASM: False
        .... .... .... .... .... .... ..1. .... = OFPC_QUEUE_STATS: True
        .... .... .... .... .... .... .0.. .... = OFPC_PORT_BLOCKED: False
     Reserved: 0x00000000
```

图 5-21　OFPT_FEATURES_REPLY 数据包详细信息

步骤④　OpenFlow v1.0 中 OFPT_FEATURES_REPLY 消息包含交换机端口信息，OpenFlow v1.3 将"Stats"框架更名为"Multipart"框架，并将端口描述放在 Multipart 消息中。OFPMP_PORT_DESC 类型的 Multipart 消息用于获取交换机端口信息。OFPT_MULTIPART_REQUEST 和 OFPT_MULTIPART_REPLY 消息如图 5-22 所示。

Source	Destination	Protocol	Length	Info
30.0.1.3	30.0.1.5	TCP	66	6633 → 33702 [ACK] Seq=49 Ack=1489 Win=30208 Le
30.0.1.3	30.0.1.5	OpenFlow	114	Type: OFPT_MULTIPART_REQUEST, OFPMP_PORT_DESC
30.0.1.5	30.0.1.3	OpenFlow	98	Type: OFPT_MULTIPART_REPLY, OFPMP_METER_FEATURE
30.0.1.5	30.0.1.3	TCP	66	6633 → 33702 [ACK] Seq=97 Ack=1521 Win=30208 Le
30.0.1.5	30.0.1.3	OpenFlow	94	Type: OFPT_ERROR
30.0.1.3	30.0.1.5	TCP	66	6633 → 33702 [ACK] Seq=97 Ack=1549 Win=30208 Le
30.0.1.5	30.0.1.3	OpenFlow	274	Type: OFPT_MULTIPART_REPLY, OFPMP_PORT_DESC

图 5-22　OFPT_MULTIPART_REQUEST 和 OFPT_MULTIPART_REPLY 消息

步骤⑤　查看 OFPMP_PORT_DESC 类型的 OFPT_MULTIPART_REPLY 详细消息，该消息列出了交换机的端口及每个端口的详细信息，包括端口名称和 MAC 地址等，如图 5-23 所示。

步骤⑥　查看 OFPMP_DESC 类型的 OFPT_MULTIPART_REPLY 详细消息，该消息包含交换机的其他信息，如交换机厂商名称、交换机名称及交换机版本等。本实验中使用的是 Mininet 仿真软件中自带的开源交换机 Open vSwitch（2.0.2），开发厂商为 Nicira 公司，如图 5-24 所示。

```
▽ OpenFlow 1.3
     Version: 1.3 (0x04)
     Type: OFPT_MULTIPART_REPLY (19)
     Length: 208
     Transaction ID: 3
     Type: OFPMP_PORT_DESC (13)
   ▷ Flags: 0x0000
     Pad: 00000000
   ▽ Port
        Port no: 1
        Pad: 00000000
        Hw addr: 16:07:72:97:ae:43 (16:07:72:97:ae:43)
        Pad: 0000
        Name: s1-eth1
      ▷ Config: 0x00000000
      ▷ State: 0x00000000
      ▷ Current: 0x00000840
      ▷ Advertised: 0x00000000
      ▷ Supported: 0x00000000
      ▷ Peer: 0x00000000
        Curr speed: 10000000
        Max speed: 0
   ▷ Port
   ▷ Port
```

图 5-23　OFPMP_PORT_DESC 类型的
OFPT_MULTIPART_REPLY 详细信息

```
▽ OpenFlow 1.3
     Version: 1.3 (0x04)
     Type: OFPT_MULTIPART_REPLY (19)
     Length: 1072
     Transaction ID: 0
     Type: OFPMP_DESC (0)
   ▷ Flags: 0x0000
     Pad: 00000000
     Manufacturer desc.: Nicira, Inc.
     Hardware desc.: Open vSwitch
     Software desc.: 2.0.2
     Serial no.: None
     Datapath desc.: None
```

图 5-24　OFPMP_DESC 类型的
OFPT_MULTIPART_REPLY 详细信息

143

5.4　实验二　使用 Postman 下发流表

1.　实验目的

① 掌握 OpenFlow 流表相关知识，理解 SDN 中 L2、L3、L4 层流表的概念。

② 学习并掌握使用 Postman 工具下发 L2、L3、L4 层流表的方法。

2.　实验环境

使用 Postman 下发流表的实验拓扑如图 5-25 所示。

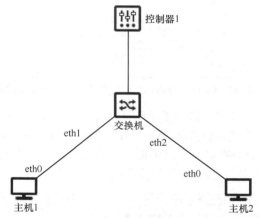

图 5-25　实验拓扑

实验环境配置说明如表 5-8 所示。

表 5-8　实验环境配置说明

设备名称	软件环境	硬件环境
控制器 1	ODL_Carbon_desktop_cv1.1	CPU：2 核 内存：4 GB 磁盘：20 GB
交换机	OVS2.3.1_9port_cmd_cv1.0	CPU：1 核 内存：2 GB 磁盘：20 GB
主机 1	Ubuntu 14.04_desktop_cv1.2	CPU：2 核 内存：2 GB 磁盘：20 GB
主机 2	Ubuntu 14.04_desktop_cv1.2	CPU：2 核 内存：2 GB 磁盘：20 GB

注意　系统默认的账户为 root/root@openlab、openlab/user@openlab。

3. 实验内容

① 学习 OpenFlow 流表的组成，包头域的解析流程及流表的匹配流程。

② 设置 OpenDaylight 控制器对接 Open vSwitch 交换机。

③ 使用 Postman 工具下发 L2、L3、L4 层流表并验证流表下发效果。

4. 实验原理

（1）Postman 请求

HTTP 请求主要分为 5 个部分——HTTP 方法、URL、Authorization、Headers 和 Body，如图 5-26 所示。

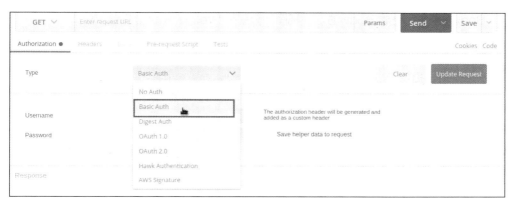

图 5-26　Postman 请求

① HTTP 方法：Postman 支持所有的方法，包括 GET、POST、PUT、PATCH、DELETE、COPY、HEAD、OPTIONS、LINK、UNLINK、PURGE、LOCK、UNLOCK、PROPFIND、VIEW 等。

② URL：输入过的 URL 可以通过下拉列表自动补全。如果单击"Params"按钮，则 Postman 会弹出一个键值编辑器，可以输入 URL 的参数，Postman 会自动将其加入 URL；如果 URL 中已经有了参数，则 Postman 会在打开键值编辑器时使参数自动载入。

③ Authorization：由于 RESTful API 的服务是无状态的，因此认证机制尤为重要。REST 认证机制包括 Basic Auth、Digest Auth、OAuth2.0 等。

• Basic Auth：配合 RESTful API 使用的最简单的认证方式之一，只需提供用户名和密码即可，生产环境中较少使用。

• Digest Auth：摘要认证采用哈希加密方法，以避免用明文传输用户的口令，参与通信的双方都知道双方共享的一个口令。

• OAuth2.0：每个令牌授权一个特定的第三方系统在特定的时段内访问特定的资源，是 RESTful 架构风格中最常用的认证机制之一，是企业级服务的标配。

④ Headers：单击"Headers"按钮，Postman 同样会弹出一个键值编辑器，可以随意添加想要的 Header 属性，同样，Postman 支持自动补全功能，输入一个字母后可以在其下拉列表中选择想要的标准属性。

⑤ Body：如果要创建的请求类似于 POST，则需要编辑 Request Body。根据 Body 类型的不同，Postman 提供了 4 种编辑方式：form-data、x-www-form-urlencoded、raw、binary。

（2）Postman 响应

一个 API 的响应包含 Body、Cookies、Headers 和 Tests。Postman 将 Body 和 Headers

145

放在不同的 tabs（标签）中，响应码和响应时间显示在 tabs 的旁边，将鼠标指针悬停在响应码上可以查看其详细信息，如图 5-27 所示。

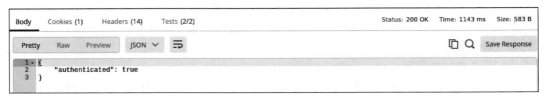

图 5-27　Postman 响应

① Body：提供了查看 Body 的 3 种视图，分别是 Pretty、Raw、Preview。

- Pretty：格式化了 JSON 和 XML，方便查看。
- Raw：提供压缩过的纯字符串，即 TEXT。
- Preview：提供响应结果的预览效果。

② Cookies：显示浏览器的 Cookies，对于本地应用，需要启用截取器（Interceptor），可以在响应部分的"Cookies"选项卡中查看响应的 Cookies。

③ Headers：在"Headers"选项卡中，Headers 显示为 key/value 对。鼠标指针悬停在 Header 上时显示根据 HTTP 规范对 Header 的描述。如果正在发送一个 Header 请求，则 Postman 会默认显示"Headers"选项卡。

④ Tests：显示 HTTP 响应结果对应的状态码。

5. 实验步骤

（1）实验环境检查

步骤① 登录 OpenDaylight 控制器，输入以下命令，查看控制器主机的 IP 地址，如图 5-28 所示。本实验控制器主机的 IP 地址为 30.0.1.3，具体实验时以实际查到的 IP 地址为准。

```
ifconfig
```

```
openlab@openlab:~$ ifconfig
eth0      Link encap:Ethernet  HWaddr fa:16:3e:19:21:9c
          inet addr:30.0.1.3  Bcast:30.0.1.255  Mask:255.255.255.0
          inet6 addr: fe80::f816:3eff:fe19:219c/64 Scope:Link
          UP BROADCAST RUNNING MULTICAST  MTU:1450  Metric:1
          RX packets:12848 errors:0 dropped:0 overruns:0 frame:0
          TX packets:20780 errors:0 dropped:0 overruns:0 carrier:0
          collisions:0 txqueuelen:1000
          RX bytes:19287880 (19.2 MB)  TX bytes:3209448 (3.2 MB)
```

图 5-28　查看控制器主机的 IP 地址

步骤② 登录 OpenDaylight 控制器，输入以下命令，查看端口是否处于监听状态，如图 5-29 所示。

```
netstat -an|grep 6633
```

```
openlab@openlab:~$ netstat -an|grep 6633
tcp6       0      0 :::6633                 :::*                    LISTEN
tcp6       0      0 30.0.1.3:6633           30.0.1.10:51037         ESTABLISHED
```

图 5-29　查看端口是否处于监听状态

步骤③ 在保证控制器的 6633 端口处于监听状态后，以 root 用户登录交换机，查看交换机与控制器的连接情况。输入以下命令，查看交换机与控制器的连接情况。

```
ovs-vsctl show
```

情况 1：交换机与控制器连接成功，如图 5-30 所示，显示"is_connected：true"时，表明连接成功。

情况 2：交换机与控制器连接失败，如图 5-31 所示。

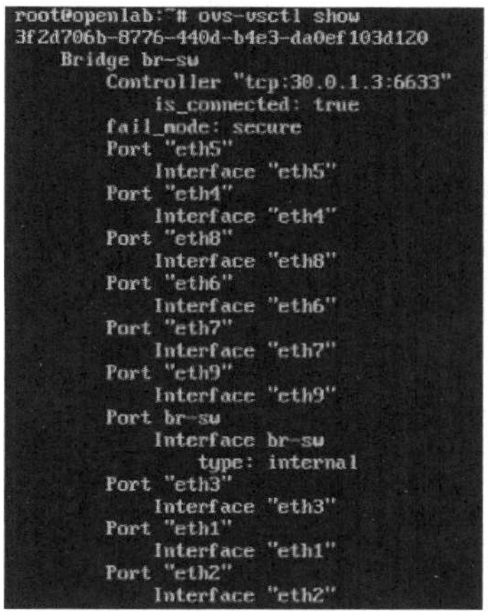

图 5-30　交换机与控制器连接成功

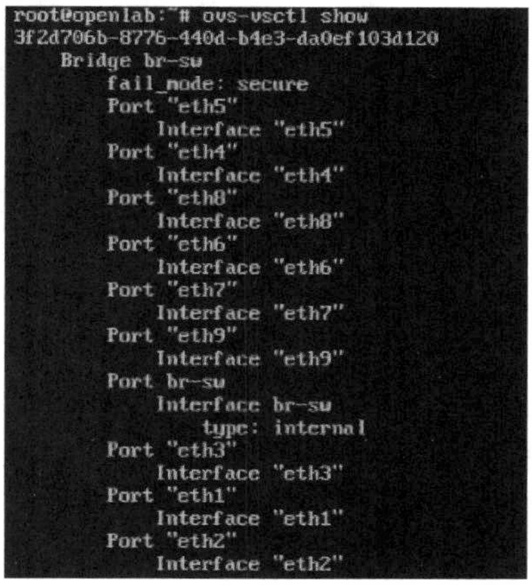

图 5-31　交换机与控制器连接失败

当交换机与控制器连接失败时，执行以下命令，进行手动重连。

```
ovs-vsctl del-controller br-sw
ovs-vsctl set-controller br-sw tcp:30.0.1.3:6633
```

稍等一会儿后，重新执行 ovs-vsctl show 命令查看连接状态，若显示"is_connected:true"，则表明连接成功。

步骤④　当交换机与控制器连接成功后，登录主机，执行 ifconfig 命令，查看主机是否获取到 IP 地址。

情况 1：主机获取到 IP 地址，结果如下。

主机 1 的 IP 地址如图 5-32 所示。

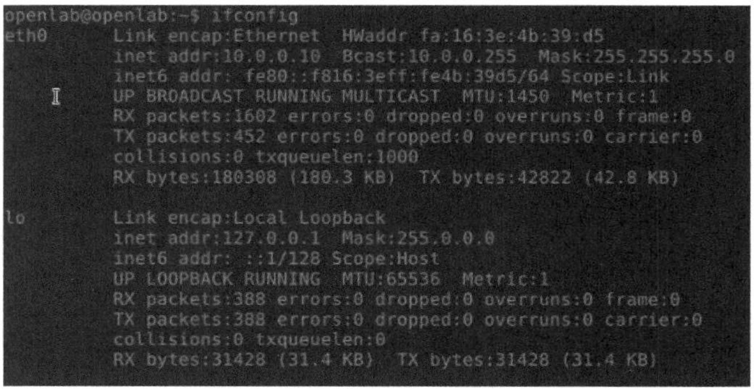

图 5-32　主机 1 的 IP 地址

主机 2 的 IP 地址如图 5-33 所示。

情况 2：主机未获取到 IP 地址。

当主机未获取到 IP 地址时，执行以下命令，进行手动重连。

```
ovs-vsctl del-controller br-sw
ovs-vsctl set-controller br-sw tcp:30.0.1.3:6633
```

图 5-33　主机 2 的 IP 地址

执行 ifconfig 命令并等待 1~3 min，查看主机是否重新获取到 IP 地址。

```
sudo apt-get install iperf
```

步骤⑤　执行以下命令检查是否安装了 iPerf 工具，如图 5-34 所示。

```
iperf -s
```

图 5-34　检查是否安装了 iPerf 工具

步骤⑥　按"Ctrl+C"快捷键关闭 iPerf 应用程序。

（2）L2 层流表下发与验证

L2 层对应 OSI 参考模型的第二层，控制器可以通过匹配源 MAC 地址、目的 MAC 地址、以太网帧类型、VLAN ID、VLAN 优先级等字段实现流的转发。本实验基于源和目的 MAC 地址进行数据流的转发。

步骤①　登录控制器，在图 5-35 所示的"Application Finder"中搜索"Postman"工具，搜索到后将其打开。

图 5-35　搜索 Postman 工具

步骤② 选择"Authorization"选项卡，在"Type"字段中选择"Basic Auth"，设置"Username"字段为"admin"，"Password"字段为"admin"，完成认证，如图 5-36 所示。

图 5-36 配置 Basic Auth 的参数

步骤③ 设置提交方式为 GET。在 URL 地址栏中输入以下内容，设置完成后单击"Send"按钮，获取交换机 ID 信息，如图 5-37 所示，交换机的 ID 为 244645309949510。

http://127.0.0.1:8080/restconf/operational/network-topology:network-topology

图 5-37 获取交换机 ID 信息

步骤④ 下发第一条流表。

- 选择提交方式为"PUT"。
- 在 URL 地址栏中输入以下形式的地址。

http://{controller-ip}:8080/restconf/config/opendaylight-inventory:nodes/node/{node-id}/table/{table-id}/flow/{flow-id}

其中，controller-ip 为控制器的 IP 地址，node-id 为前文获取到的交换机 ID 信息，table-id 在这里为 0，flow-id 根据下发的流表变化，可自定义。本实验在 URL 地址栏中输入以下地址。

http://127.0.0.1:8080/restconf/config/opendaylight-inventory:nodes/node/openflow:244645309949510/table/0/flow/107

- 填写 Headers 信息，如图 5-38 所示。

图 5-38　填写 Headers 信息

步骤⑤　查看实验拓扑，查看主机与交换机的连接情况，如图 5-39 所示。

可知主机 10.0.0.12 与交换机的 eth1 端口连接，主机 10.0.0.10 与交换机的 eth2 端口连接。

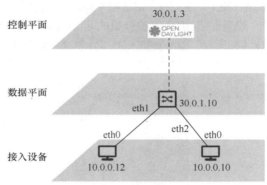

图 5-39　查看实验拓扑

步骤⑥　设置"Body"为"raw"，格式为 XML（application/xml），并填写以下消息体。

此条流表负责匹配源 MAC 地址为 fa:16:3e:2e:c6:81（主机 1 的 MAC 地址），目的 MAC 地址为 fa:16:3e:4b:39:d5（主机 2 的 MAC 地址）的流量，匹配成功的流量从 2 号出端口转发。

```xml
<?xml version="1.0" encoding="UTF-8" standalone="no"?>
<flow xmlns="urn:opendaylight:flow:inventory">
<priority>200</priority>
<flow-name>Foo1</flow-name>
<idle-timeout>0</idle-timeout>
<hard-timeout>0</hard-timeout>
<match>
<ethernet-match>
<ethernet-source>
<address>fa:16:3e:2e:c6:81</address>
</ethernet-source>
<ethernet-destination>
<address>fa:16:3e:4b:39:d5</address>
</ethernet-destination>
```

```
</ethernet-match>
</match>
<id>107</id>
<table_id>0</table_id>
<instructions>
<instruction>
<order>0</order>
<apply-actions>
<action>
<order>0</order>
<output-action>
<output-node-connector>2</output-node-connector>
</output-action>
</action>
</apply-actions>
</instruction>
</instructions>
</flow>
```

参数说明如下。

- priority：匹配流表的优先级。
- flow-name：流表的名称。
- idle-timeout：设定超时时间（单位为 s），参数为 0 表示永不超时。
- hard-timeout：最大超时时间（单位为 s），参数为 0 表示永不超时。
- match：匹配域。
- ethernet-source：源 MAC 地址。
- ethernet-destination：目的 MAC 地址。
- instructions：修改动作配置或流水线处理。

步骤⑦ 单击"Send"按钮，发送第一条流表请求，如图 5-40 所示。

图 5-40 发送第一条流表请求

步骤⑧　下发第二条流表。

- 选择提交方式为"PUT"。
- 在 URL 地址栏中输入以下地址。

http://127.0.0.1:8080/restconf/config/opendaylight-inventory:nodes/
node/openflow:244645309949510/table/0/flow/108

- 设置"Body"为"raw"，格式为 XML（application/xml），并填写以下消息体。

此条流表负责匹配源 MAC 地址为 fa:16:3e:4b:39:d5（主机 2 的 MAC 地址），目的 MAC 地址为 fa:16:3e:2e:c6:81（主机 1 的 MAC 地址）的流量，匹配成功的流量从 1 号出端口转发。

```xml
<?xml version="1.0" encoding="UTF-8" standalone="no"?>
<flow xmlns="urn:opendaylight:flow:inventory">
<priority>200</priority>
<flow-name>Foo1</flow-name>
<idle-timeout>0</idle-timeout>
<hard-timeout>0</hard-timeout>
<match>
<ethernet-match>
<ethernet-source>
<address>fa:16:3e:4b:39:d5</address>
</ethernet-source>
<ethernet-destination>
<address>fa:16:3e:2e:c6:81</address>
</ethernet-destination>
</ethernet-match>
</match>
<id>108</id>
<table_id>0</table_id>
<instructions>
<instruction>
<order>0</order>
<apply-actions>
<action>
<order>0</order>
<output-action>
<output-node-connector>1</output-node-connector>
</output-action>
</action>
</apply-actions>
</instruction>
</instructions>
</flow>
```

步骤⑨　单击"Send"按钮，发送第二条流表请求，如图 5-41 所示。

步骤⑩　以 root 用户登录交换机，执行 ovs-ofctl dump-flows br-sw 命令，查看流表，如图 5-42 所示。

图 5-41　发送第二条流表请求

图 5-42　查看流表

步骤⑪　登录主机 1，ping 主机 2，如图 5-43 所示。

图 5-43　主机 1 ping 主机 2

步骤⑫　执行 ovs-ofctl dump-flows br-sw 命令，再次查看流表，如图 5-44 所示。
由上可以看到，匹配的是优先级为 200 的流表，其 n_bytes 值随着 ping 操作而增加。

步骤⑬　按 "Ctrl+C" 快捷键，停止主机 1 的 ping 操作。

步骤⑭　删除第一条流表，在 URL 地址栏中输入以下内容，使用 DELETE 方法，如图 5-45 所示。

http://127.0.0.1:8080/restconf/config/opendaylight-inventory:nodes/node/openflow:2446453099
49510/table/0/flow/107

图 5-44　再次查看流表

DELETE ∨　http://127.0.0.1:8080/restconf/config/opendaylight-inventory:nodes/node/openflow:2446453...　Params　Send ∨

图 5-45　删除第一条流表

步骤⑮　单击"Send"按钮。

步骤⑯　删除第二条流表，在 URL 地址栏中输入以下内容，使用 DELETE 方法。

http://127.0.0.1:8080/restconf/config/opendaylight-inventory:nodes/node/openflow:24464530994 9510/table/0/flow/108

步骤⑰　单击"Send"按钮。

（3）L3 层流表下发与验证

L3 层对应 OSI 参考模型的第三层，三层流表主要匹配 IP 包的协议类型和 IP 地址。

场景一　匹配源 IP 地址

步骤①　下发第一条流表。

- 选择提交方式为"PUT"。
- 在 URL 地址栏中输入以下形式的地址。

http://{controller-ip}:8080/restconf/config/opendaylight-inventory:nodes/node/{node-id}/table/{table-id}/flow/{flow-id}

其中，controller-ip 为控制器的 IP 地址，node-id 为前文获取到的交换机 ID 信息，table-id 在这里为 0，flow-id 根据下发的流表变化，可自定义。本实验在 URL 地址栏中输入以下地址。

http://127.0.0.1:8080/restconf/config/opendaylight-inventory:nodes/node/openflow:24464530994 9510/table/0/flow/111

- 填写 Headers 信息，如图 5-46 所示。

图 5-46　填写 Headers 信息

- 设置"Body"为"raw"，格式为 XML（application/xml），并填写以下消息体。

此条流表匹配源 IP 地址为 10.0.0.12/32（主机 1 的 IP 地址）的报文，匹配成功的流量从 2 号出端口转发。

```xml
<?xml version="1.0" encoding="UTF-8" standalone="no"?>
<flow xmlns="urn:opendaylight:flow:inventory">
<priority>200</priority>
<flow-name>Foo1</flow-name>
<idle-timeout>0</idle-timeout>
<hard-timeout>0</hard-timeout>
<match>
<ethernet-match>
<ethernet-type>
<type>2048</type>
</ethernet-type>
</ethernet-match>
<ipv4-source>10.0.0.12/32</ipv4-source>
</match>
<id>111</id>
<table_id>0</table_id>
<instructions>
<instruction>
<order>0</order>
<apply-actions>
<action>
<order>0</order>
<output-action>
<output-node-connector>2</output-node-connector>
</output-action>
</action>
</apply-actions>
</instruction>
</instructions>
</flow>
```

步骤② 单击"Send"按钮，发送第一条流表请求，如图 5-47 所示。

图 5-47 发送第一条流表请求

步骤③ 下发第二条流表。

- 选择提交方式为"PUT"。
- 在 URL 地址栏中输入以下内容。

http://127.0.0.1:8080/restconf/config/opendaylight-inventory:nodes/node/openflow:2446453099
49510/table/0/flow/112

- 设置"Body"为"raw"，格式为 XML（application/xml），并填写以下消息体。

此条流表匹配源 IP 地址为 10.0.0.10/32（主机 2 的 IP 地址）的报文，匹配成功的流量从 1 号
出端口转发。

```xml
<?xml version="1.0" encoding="UTF-8" standalone="no"?>
<flow xmlns="urn:opendaylight:flow:inventory">
<priority>200</priority>
<flow-name>Foo1</flow-name>
<idle-timeout>0</idle-timeout>
<hard-timeout>0</hard-timeout>
<match>
<ethernet-match>
<ethernet-type>
<type>2048</type>
</ethernet-type>
</ethernet-match>
<ipv4-source>10.0.0.10/32</ipv4-source>
</match>
<id>112</id>
<table_id>0</table_id>
<instructions>
<instruction>
<order>0</order>
<apply-actions>
<action>
<order>0</order>
<output-action>
<output-node-connector>1</output-node-connector>
</output-action>
</action>
</apply-actions>
</instruction>
</instructions>
</flow>
```

步骤④ 单击"Send"按钮，发送第二条流表请求，如图 5-48 所示。

步骤⑤ 登录交换机，执行 ovs-ofctl dump-flows br-sw 命令，查看流表，如图 5-49 所示。

步骤⑥ 登录主机 1，ping 主机 2，如图 5-50 所示。

步骤⑦ 执行 ovs-ofctl dump-flows br-sw 命令，再次查看流表，下发的流表被匹配，如
图 5-51 所示。

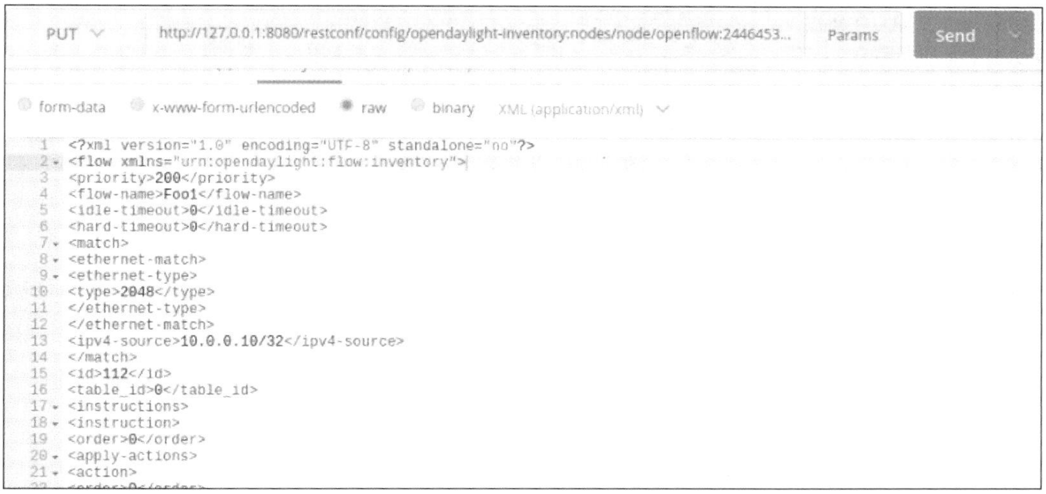

图 5-48　发送第二条流表请求

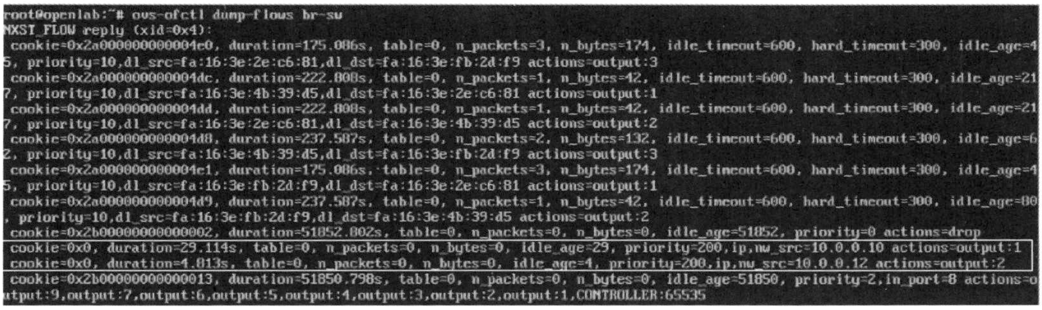

图 5-49　查看流表

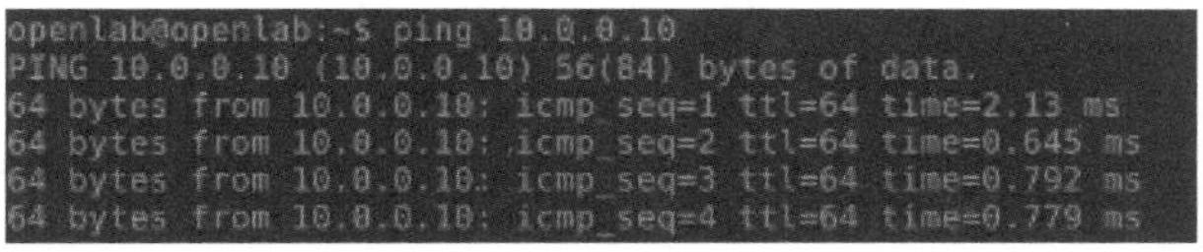

图 5-50　主机 1 ping 主机 2

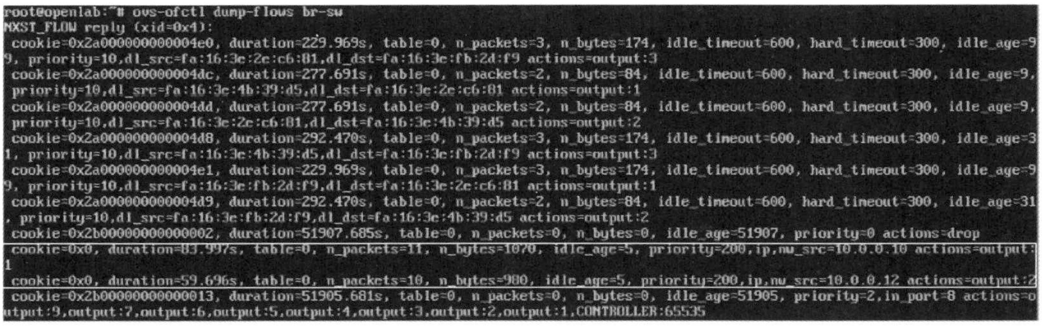

图 5-51　再次查看流表

步骤⑧　停止主机 1 的 ping 操作。

步骤⑨　删除第一条流表，在 URL 地址栏中输入以下内容，使用 DELETE 方法，如图 5-52
所示。

http://127.0.0.1:8080/restconf/config/opendaylight-inventory:nodes/node/openflow:2446453099
49510/table/0/flow/111

图 5-52　删除第一条流表

步骤⑩　单击"Send"按钮。

步骤⑪　删除第二条流表，在 URL 地址栏中输入以下内容，使用 DELETE 方法。

http://127.0.0.1:8080/restconf/config/opendaylight-inventory:nodes/node/openflow:2446453099
49510/table/0/flow/112

步骤⑫　单击"Send"按钮。

场景二　匹配 nw_proto 字段

步骤①　下发第一条流表。

● 选择提交方式为"PUT"。

● 在 URL 地址栏中输入以下内容。

http://127.0.0.1:8080/restconf/config/opendaylight-inventory:nodes/node/openflow:2446453099
49510/table/0/flow/114

● 填写 Headers 信息，如图 5-53 所示。

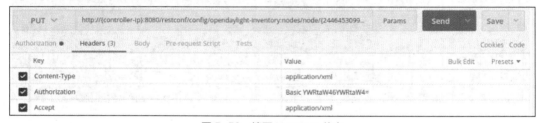

图 5-53　填写 Headers 信息

● 设置"Body"为"raw"，格式为 XML（application/xml），并填写以下消息体。

此条流表匹配目的 IP 地址为 10.0.0.10/32（主机 2 的 IP 地址）的 ICMP 报文，匹配成功的流
量从 2 号出端口转发。

```xml
<?xml version="1.0" encoding="UTF-8" standalone="no"?>
<flow xmlns="urn:opendaylight:flow:inventory">
<priority>200</priority>
<flow-name>Foo1</flow-name>
<idle-timeout>0</idle-timeout>
<hard-timeout>0</hard-timeout>
<match>
<ethernet-match>
<ethernet-type>
<type>2048</type>
</ethernet-type>
</ethernet-match>
<ipv4-destination>10.0.0.10/32</ipv4-destination>
<ip-match>
<ip-protocol>1</ip-protocol>
</ip-match>
```

```
</match>
<id>114</id>
<table_id>0</table_id>
<instructions>
<instruction>
<order>0</order>
<apply-actions>
<action>
<order>0</order>
<output-action>
<output-node-connector>2</output-node-connector>
</output-action>
</action>
</apply-actions>
</instruction>
</instructions>
</flow>
```

步骤② 单击"Send"按钮，发送第一条流表请求，如图 5-54 所示。

图 5-54 发送第一条流表请求

步骤③ 下发第二条流表。

- 选择提交方式为"PUT"。

- 在 URL 地址栏中输入以下内容。

http://127.0.0.1:8080/restconf/config/opendaylight-inventory:nodes/node/openflow:24464530999
49510/table/0/flow/115

- 设置"Body"为"raw"，格式为 XML（application/xml），并填写以下消息体。

此条流表匹配目的 IP 地址为 10.0.0.12/32（主机 1 的 IP 地址）的 ICMP 报文，匹配成功的流量从 1 号出端口转发。

```
<?xml version="1.0" encoding="UTF-8" standalone="no"?>
<flow xmlns="urn:opendaylight:flow:inventory">
<priority>200</priority>
```

```
<flow-name>Foo1</flow-name>
<idle-timeout>0</idle-timeout>
<hard-timeout>0</hard-timeout>
<match>
<ethernet-match>
<ethernet-type>
<type>2048</type>
</ethernet-type>
</ethernet-match>
<ipv4-destination>10.0.0.12/32</ipv4-destination>
<ip-match>
<ip-protocol>1</ip-protocol>
</ip-match>
</match>
<id>115</id>
<table_id>0</table_id>
<instructions>
<instruction>
<order>0</order>
<apply-actions>
<action>
<order>0</order>
<output-action>
<output-node-connector>1</output-node-connector>
</output-action>
</action>
</apply-actions>
</instruction>
</instructions>
</flow>
```

步骤④　单击"Send"按钮，发送第二条流表请求，如图 5-55 所示。

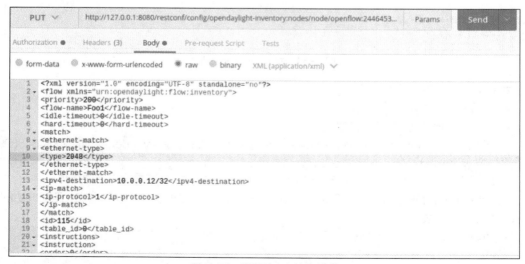

图 5-55　发送第二条流表请求

步骤⑤　登录交换机，执行 ovs-ofctl dump-flows br-sw 命令，查看流表，如图 5-56 所示。

```
root@openlab:~# ovs-ofctl dump-flows br-sw
NXST_FLOW reply (xid=0x4):
 cookie=0x2a000000000005fc, duration=265.246s, table=0, n_packets=3, n_bytes=426, idle_timeout=600, hard_timeout=300, idle_age=1
90, priority=10,dl_src=fa:16:3e:4b:39:d5,dl_dst=fa:16:3e:ec:d9:52 actions=output:3
 cookie=0x2a00000000000600, duration=100.565s, table=0, n_packets=1, n_bytes=90, idle_timeout=600, hard_timeout=300, idle_age=94
, priority=10,dl_src=fa:16:3e:4b:39:d5,dl_dst=fa:16:3e:fb:2d:f9 actions=output:3
 cookie=0x2a00000000000601, duration=100.565s, table=0, n_packets=0, n_bytes=0, idle_timeout=600, hard_timeout=300, idle_age=100
, priority=10,dl_src=fa:16:3e:fb:2d:f9,dl_dst=fa:16:3e:4b:39:d5 actions=output:2
 cookie=0x2a000000000005fd, duration=265.246s, table=0, n_packets=3, n_bytes=474, idle_timeout=600, hard_timeout=300, idle_age=1
90, priority=10,dl_src=fa:16:3e:ec:d9:52,dl_dst=fa:16:3e:4b:39:d5 actions=output:2
 cookie=0x2b00000000000002, duration=65877.362s, table=0, n_packets=0, n_bytes=0, idle_age=65534, hard_age=65534, priority=0 act
ions=drop
 cookie=0x2b00000000000013, duration=65875.358s, table=0, n_packets=0, n_bytes=0, idle_age=65534, hard_age=65534, priority=2,in_
port=8 actions=output:9,output:7,output:6,output:5,output:4,output:3,output:2,output:1,CONTROLLER:65535
 cookie=0x2b00000000000014, duration=65875.358s, table=0, n_packets=0, n_bytes=0, idle_age=65534, hard_age=65534, priority=2,in_
port=7 actions=output:9,output:8,output:6,output:5,output:4,output:3,output:2,output:1,CONTROLLER:65535
 cookie=0x2b00000000000018, duration=65875.358s, table=0, n_packets=415, n_bytes=21498, idle_age=100, hard_age=65534, priority=2
,in_port=3 actions=output:9,output:8,output:7,output:6,output:5,output:4,output:2,output:1,CONTROLLER:65535
 cookie=0x2b0000000000001a, duration=65875.358s, table=0, n_packets=320, n_bytes=21144, idle_age=488, hard_age=65534, priority=2
,in_port=1 actions=output:9,output:8,output:7,output:6,output:5,output:4,output:3,output:2,CONTROLLER:65535
 cookie=0x2b00000000000012, duration=65875.358s, table=0, n_packets=0, n_bytes=0, idle_age=65534, hard_age=65534, priority=2,in_
port=9 actions=output:8,output:7,output:6,output:5,output:4,output:3,output:2,output:1,CONTROLLER:65535
 cookie=0x2b00000000000015, duration=65875.358s, table=0, n_packets=0, n_bytes=0, idle_age=65534, hard_age=65534, priority=2,in_
port=6 actions=output:9,output:8,output:7,output:5,output:4,output:3,output:2,output:1,CONTROLLER:65535
 cookie=0x2b00000000000016, duration=65875.358s, table=0, n_packets=0, n_bytes=0, idle_age=65534, hard_age=65534, priority=2,in_
port=5 actions=output:9,output:8,output:7,output:6,output:4,output:3,output:2,output:1,CONTROLLER:65535
 cookie=0x2b00000000000017, duration=65875.358s, table=0, n_packets=0, n_bytes=0, idle_age=65534, hard_age=65534, priority=2,in_
port=4 actions=output:9,output:8,output:7,output:6,output:5,output:3,output:2,output:1,CONTROLLER:65535
 cookie=0x2b00000000000019, duration=65875.358s, table=0, n_packets=330, n_bytes=21372, idle_age=100, hard_age=65534, priority=2
,in_port=2 actions=output:9,output:8,output:7,output:6,output:5,output:4,output:3,output:1,CONTROLLER:65535
 cookie=0x2b00000000000002, duration=65877.362s, table=0, n_packets=0, n_bytes=0, idle_age=65534, hard_age=65534, priority=100,d
l_type=0x88cc actions=CONTROLLER:65535
 cookie=0x0, duration=80.837s, table=0, n_packets=0, n_bytes=0, idle_age=80, priority=200,icmp,nw_dst=10.0.0.12 actions=output:1
 cookie=0x0, duration=253.406s, table=0, n_packets=0, n_bytes=0, idle_age=325, priority=200,icmp,nw_dst=10.0.0.10 actions=output
:2
```

图 5-56　查看流表

步骤⑥　登录主机 1，执行 ping 10.0.0.10 命令 ping 主机 2，如图 5-57 所示。

```
openlab@openlab:~$ ping 10.0.0.10
PING 10.0.0.10 (10.0.0.10) 56(84) bytes of data.
64 bytes from 10.0.0.10: icmp_seq=1 ttl=64 time=3.05 ms
64 bytes from 10.0.0.10: icmp_seq=2 ttl=64 time=0.942 ms
64 bytes from 10.0.0.10: icmp_seq=3 ttl=64 time=0.741 ms
64 bytes from 10.0.0.10: icmp_seq=4 ttl=64 time=0.750 ms
64 bytes from 10.0.0.10: icmp_seq=5 ttl=64 time=0.917 ms
```

图 5-57　主机 1 ping 主机 2

步骤⑦　执行 ovs-ofctl dump-flows br-sw 命令，再次查看流表，下发的流表被匹配，如图 5-58 所示。

```
 cookie=0x2b00000000000013, duration=66066.476s, table=0, n_packets=0, n_bytes=0, idle_age=65534, hard_age=65534, priority=2,in_
port=8 actions=output:9,output:7,output:6,output:5,output:4,output:3,output:2,output:1,CONTROLLER:65535
 cookie=0x2b00000000000014, duration=66066.476s, table=0, n_packets=0, n_bytes=0, idle_age=65534, hard_age=65534, priority=2,in_
port=7 actions=output:9,output:8,output:6,output:5,output:4,output:3,output:2,output:1,CONTROLLER:65535
 cookie=0x2b00000000000018, duration=66066.476s, table=0, n_packets=416, n_bytes=21540, idle_age=25, hard_age=65534, priority=2,
in_port=3 actions=output:9,output:8,output:7,output:6,output:5,output:4,output:2,output:1,CONTROLLER:65535
 cookie=0x2b0000000000001a, duration=66066.476s, table=0, n_packets=323, n_bytes=21318, idle_age=25, hard_age=65534, priority=2,
in_port=1 actions=output:9,output:8,output:7,output:6,output:5,output:4,output:3,output:2,CONTROLLER:65535
 cookie=0x2b00000000000012, duration=66066.476s, table=0, n_packets=0, n_bytes=0, idle_age=65534, hard_age=65534, priority=2,in_
port=9 actions=output:8,output:7,output:6,output:5,output:4,output:3,output:2,output:1,CONTROLLER:65535
 cookie=0x2b00000000000015, duration=66066.476s, table=0, n_packets=0, n_bytes=0, idle_age=65534, hard_age=65534, priority=2,in_
port=6 actions=output:9,output:8,output:7,output:5,output:4,output:3,output:2,output:1,CONTROLLER:65535
 cookie=0x2b00000000000016, duration=66066.476s, table=0, n_packets=0, n_bytes=0, idle_age=65534, hard_age=65534, priority=2,in_
port=5 actions=output:9,output:8,output:7,output:6,output:4,output:3,output:2,output:1,CONTROLLER:65535
 cookie=0x2b00000000000017, duration=66066.476s, table=0, n_packets=0, n_bytes=0, idle_age=65534, hard_age=65534, priority=2,in_
port=4 actions=output:9,output:8,output:7,output:6,output:5,output:3,output:2,output:1,CONTROLLER:65535
 cookie=0x2b00000000000019, duration=66066.476s, table=0, n_packets=331, n_bytes=21414, idle_age=57, hard_age=65534, priority=2,
in_port=2 actions=output:9,output:8,output:7,output:6,output:5,output:4,output:3,output:1,CONTROLLER:65535
 cookie=0x2b00000000000002, duration=66068.480s, table=0, n_packets=0, n_bytes=0, idle_age=65534, hard_age=65534, priority=100,d
l_type=0x88cc actions=CONTROLLER:65535
 cookie=0x0, duration=271.955s, table=0, n_packets=12, n_bytes=1176, idle_age=51, priority=200,icmp,nw_dst=10.0.0.12 actions=out
put:1
 cookie=0x0, duration=444.524s, table=0, n_packets=12, n_bytes=1176, idle_age=51, priority=200,icmp,nw_dst=10.0.0.10 actions=out
put:2
```

图 5-58　再次查看流表

步骤⑧　按“Ctrl+C”快捷键停止主机 1 的 ping 操作。

步骤⑨　删除第一条流表，在 URL 地址栏中输入以下内容，使用 DELETE 方法，如图 5-59 所示。

http://127.0.0.1:8080/restconf/config/opendaylight-inventory:nodes/node/openflow:2446453099
49510/table/0/flow/114

图 5-59　删除第一条流表

步骤⑩　单击"Send"按钮。

步骤⑪　删除第二条流表，在 URL 地址栏中输入以下内容，使用 DELETE 方法。

http://127.0.0.1:8080/restconf/config/opendaylight-inventory:nodes/node/openflow:2446453099
49510/table/0/flow/115

步骤⑫　单击"Send"按钮。

（4）L4 层流表下发与验证

L4 对应 OSI 参考模型中的第四层，即流表对应的 TCP/UDP 源端口（TCP/UDP src port）、TCP/UDP 目的端口（TCP/UDP dst port）字段。本实验匹配 TCP 目的端口。

步骤①　下发第一条流表。

- 选择提交方式为"PUT"。
- 在 URL 地址栏中输入以下内容。

http://127.0.0.1:8080/restconf/config/opendaylight-inventory:nodes/node/openflow:2446453099
49510/table/0/flow/117

- 填写 Headers 信息，如图 5-60 所示。

图 5-60　填写 Headers 信息

- 设置"Body"为"raw"，格式为 XML（application/xml），并填写以下消息体。

此条流表匹配目的 IP 地址为 10.0.0.10/32（主机 2 的 IP 地址）且目的端口为 5001 的 TCP 报文，匹配成功的流量从 2 号出端口转发。

```xml
<?xml version="1.0" encoding="UTF-8" standalone="no"?>
<flow xmlns="urn:opendaylight:flow:inventory">
<priority>200</priority>
<flow-name>Foo1</flow-name>
<idle-timeout>0</idle-timeout>
<hard-timeout>0</hard-timeout>
<match>
<tcp-destination-port>5001</tcp-destination-port>
<ethernet-match>
<ethernet-type>
<type>2048</type>
</ethernet-type>
</ethernet-match>
```

```
<ipv4-destination>10.0.0.10/32</ipv4-destination>
<ip-match>
<ip-protocol>6</ip-protocol>
</ip-match>
</match>
<id>117</id>
<table_id>0</table_id>
<instructions>
<instruction>
<order>0</order>
<apply-actions>
<action>
<order>0</order>
<output-action>
<output-node-connector>2</output-node-connector>
</output-action>
</action>
</apply-actions>
</instruction>
</instructions>
</flow>
```

步骤② 单击 "Send" 按钮, 发送第一条流表请求, 如图 5-61 所示。

图 5-61 发送第一条流表请求

步骤③ 下发第二条流表。

- 选择提交方式为 "PUT"。

- 在 URL 地址栏中输入以下内容。

http://127.0.0.1:8080/restconf/config/opendaylight-inventory:nodes/node/openflow:24464530999510/table/0/flow/118

- 将 "Body" 设置为 "raw", 格式为 XML（application/xml）, 并填写以下消息体。

此条流表匹配目的 IP 地址为 10.0.0.12/32（主机 1 的 IP 地址）的 TCP 报文, 匹配成功的流量从 1 号出端口转发。

```xml
<?xml version="1.0" encoding="UTF-8" standalone="no"?>
<flow xmlns="urn:opendaylight:flow:inventory">
<priority>200</priority>
<flow-name>Foo1</flow-name>
<idle-timeout>0</idle-timeout>
<hard-timeout>0</hard-timeout>
<match>
<ethernet-match>
<ethernet-type>
<type>2048</type>
</ethernet-type>
</ethernet-match>
<ipv4-destination>10.0.0.12/32</ipv4-destination>
<ip-match>
<ip-protocol>6</ip-protocol>
</ip-match>
</match>
<id>118</id>
<table_id>0</table_id>
<instructions>
<instruction>
<order>0</order>
<apply-actions>
<action>
<order>0</order>
<output-action>
<output-node-connector>1</output-node-connector>
</output-action>
</action>
</apply-actions>
</instruction>
</instructions>
</flow>
```

步骤④　单击"Send"按钮，发送第二条流表请求，如图 5-62 所示。

图 5-62　发送第二条流表请求

步骤⑤　登录交换机，执行 ovs-ofctl dump-flows br-sw 命令，查看流表，如图 5-63 所示。

图 5-63　查看流表

步骤⑥　登录主机 2，执行 iperf –s 命令，启用 iPerf 为服务端，如图 5-64 所示。

图 5-64　启动主机 2 的 iPerf 服务

步骤⑦　登录主机 1，执行 iperf –c 10.0.0.10 命令，向主机 2 发送 TCP 请求，如图 5-65 所示。

图 5-65　主机 1 向主机 2 发送 TCP 请求

步骤⑧　执行 ovs-ofctl dump-flows br-sw 命令，再次查看流表，下发的流表被匹配，如图 5-66 所示。

图 5-66　再次查看流表

步骤⑨　按"Ctrl+C"快捷键停止主机 2 的 iPerf 操作。

步骤⑩　删除第一条流表，在 URL 地址栏中输入以下内容，使用 DELETE 方法，如图 5-67 所示。

http://127.0.0.1:8080/restconf/config/opendaylight-inventory:nodes/node/openflow:2446453099 49510/table/0/flow/117

图 5-67　删除第一条流表

步骤⑪　单击"Send"按钮。

步骤⑫　删除第二条流表，在 URL 地址栏中输入以下内容，使用 DELETE 方法。

http://127.0.0.1:8080/restconf/config/opendaylight-inventory:nodes/node/openflow:2446453099 49510/table/0/flow/118

步骤⑬　单击"Send"按钮。

5.5　本章小结

　　SDN 接口协议实现了 SDN 各部分之间的通信，在架构中起着至关重要的作用。南向接口协议作为 SDN 的指令集联系着控制平面与数据平面。OpenFlow 系列协议在技术上和市场上都较为成熟，本章对此做了深入的介绍。NETCONF 协议提供了网络设备管理机制，其良好的功能性和扩展性使其被主流设备厂商所支持。北向接口协议实现了控制器与上层应用间的交互，为 SDN 设计者提供了二次开发的能力，完备的北向接口是 SDN 强大生命力的根本保证之一。由于北向接口尚未成熟，本章仅对部分相对有代表性的 RESTful API 进行了简要介绍，并介绍了 RESTful API 的调测工具 Postman。同时，本章对 SDN 接口协议进行了较为全面的介绍，目的是希望能够帮助读者对 SDN 形成一个更为全面和多元化的理解。

5.6　本章练习

　　1. 简述 OpenFlow 协议中流表的结构和功能，比较流表与传统网络中交换机、路由器转发表的相似点和不同点。

　　2. 简述 OpenFlow 协议中安全通道的建立过程。

　　3. 创建一个小型拓扑，抓包分析 OpenFlow 交换机和控制器的交互过程。

　　4. NETCONF 协议作为一个网络管理协议，与之前的 SNMP 及 CLI 的管理方式相比有什么优点？

　　5. NETCONF 协议分为几层，每层对应实现了什么功能？

　　6. 查阅资料，思考 NETCONF 主要有哪些应用场景。

　　7. 登录控制器，打开 Postman，在 URL 地址栏中输入如下内容，提交方式为 GET，以获取交换机 ID 信息，对比两种方式的 Body 中信息有哪些区别。

http://127.0.0.1:8080/restconf/operational/opendaylight-inventory:nodes

第6章
SDN基础应用开发

06

我们已经介绍了与 SDN 相关的各大仿真软件，本章将联合使用这些软件进行真正的 SDN 应用开发实践。

知识要点

1. 熟悉SDN仿真工具的联合使用方法。
2. 掌握SDN仿真平台的常规命令。
3. 学会应用仿真软件对SDN应用进行开发。

6.1 SDN 应用开发简介

SDN 的应用场景非常广泛。比较常见的 SDN 应用开发场景按照功能可划分为 3 种：基于 SDN 的流量调度、流量可视化应用开发，基于 SDN 的网络安全应用开发和基于 SDN 的上层应用开发。下面将按照这种划分一一进行介绍。

1. 基于 SDN 的流量调度、流量可视化应用开发

流量调度和流量可视化可应用于数据中心内部，也可应用于数据中心之间和广域网。基于 SDN 的流量调度和流量可视化应用通常包括以下几个模块。

① 流量采集模块，包括传统网络流量采集和虚拟网络流量采集，通常由控制模块下发采集策略，定期主动收集或主动上报原始流量信息，为数据分析模块提供数据源。

② 数据分析模块，对各网络节点的流量数据（包括虚拟层和物理层）进行分析汇总，将其封装成适用于前端展示的数据，供前端展示模块使用。

③ 前端展示模块，获取数据分析模块的输出数据，实时或根据用户操作展示相应的流量可视化界面。

④ 控制模块，将用户输入转化为流表，下发到交换机，以优化和控制网络状态。

如果不采用以上模块进行流量监控，则可以采用基于 sFlow 的方法对网络的流量进行监控，还可以采用"基于控制器 OpenDaylight+Open vSwitch+主机"的方法对网络中的流量进行监控，详情参见 6.2 节。

2. 基于 SDN 的网络安全应用开发

基于 SDN 的网络安全应用通过 SDN 对网络的集中和灵活控制特性，结合传统网络安全技术，完成灵活的安全策略下发和有效的网络状态监控。基于 SDN 的网络安全应用通常包括以下几个模块。

① 防火墙模块，提供基于网络和虚拟网络的防火墙和访问控制核心功能。

② 网络策略分析模块，获取防火墙的策略信息，并转化为流表下发到网络节点。

③ 前端显示模块，提供可视化的用户管理界面，供用户进行网络策略设置和网络安全状况的管理。

3. 基于 SDN 的上层应用开发

上层应用开发通常通过 SDN 的特性结合上层应用场景的方法，实现更加灵活的负载均衡、容灾以及业务的弹性伸缩功能等。此类应用通常包括以下几个模块。

① 上层应用模块，提供各类业务功能。

② 上层应用管理模块，提供上层应用的生命周期管理和维护功能，通常和 MANO 共同集成，用户可配置业务的容灾、负载均衡和弹性伸缩等功能。

③ 策略转化模块，将应用管理模块的配置转化为控制信息，并动态下发到各个网络节点，实现具体的应用。

第 6 章的其余部分是几个基于 SDN 的应用开发示例，可供读者参考。

6.2 实验一 防 DDoS 攻击 SDN 应用开发

DDoS 攻击指借助于客户端/服务器技术，将多台计算机联合起来作为攻击平台，对一个或多个目标发动攻击，从而成倍地提高拒绝服务攻击的威力。通常，攻击者使用一个偷窃的账号将 DDoS 攻击的主控程序安装在一台计算机上。在一个设定的时间，主控程序将与大量代理程序通信，代理程序已经被安装在网络中的多台计算机上。代理程序收到指令时就发动攻击。DDoS 攻击将造成网络资源浪费、链路带宽堵塞、服务器资源耗尽而使业务中断。

1. 实验目的

防 DDoS 攻击实验通过获取流量的 JSON 数据并对 JSON 数据进行解析，对解析到的数据进行分析判断来实施策略。通过事先设定阈值，当监测到的流量超过这个阈值时即判断为 DDoS 攻击，从而完成模拟 DDoS 攻击防御。

2. 实验环境

防 DDoS 攻击的实验拓扑如图 6-1 所示。

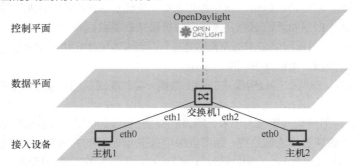

图 6-1 实验拓扑

实验环境配置说明如表 6-1 所示。

表 6-1 实验环境配置说明

设备名称	软件环境	硬件环境
OpenDaylight （控制器）	Ubuntu 14.04 桌面版 OpenDaylight Carbon	CPU：2 核 内存：4 GB 磁盘：20 GB

续表

设备名称	软件环境	硬件环境
交换机 1	Ubuntu 14.04 命令行版 Open vSwitch 2.3.1	CPU：1 核 内存：2 GB 磁盘：20 GB
主机 1	Ubuntu 14.04 桌面版	CPU：1 核 内存：2 GB 磁盘：20 GB
主机 2	Ubuntu 14.04 桌面版	CPU：1 核 内存：2 GB 磁盘：20 GB

3．实验内容

① 完成 sFlow-RT 的安装和 OpenDaylight 的配置。

② 模拟 DDoS 攻击并利用 sFlow 验证针对 DDoS 攻击的防御功能。

4．实验原理

在防 DDoS 攻击实验中可以采用 sFlow 技术。sFlow 技术是一种以设备端口为基本单元的数据流随机采样的流量监控技术，不仅可以提供完整的第 2 层到第 4 层甚至全网范围内的实时流量信息，还可以适应超大网络流量（如大于 10 Gbit/s）环境下的流量分析，以便用户详细、实时地分析网络传输流的性能、趋势和存在的问题。sFlow 监控工具由 sFlow Agent 和 sFlow Collector 两部分组成。sFlow Agent 作为客户端，一般内嵌于网络转发设备（本实验在 OpenFlow 交换机中部署 sFlow Agent），通过获取设备上的接口统计信息和数据信息，将信息封装成 sFlow 报文。当 sFlow 报文缓冲区满或 sFlow 报文缓存时间超时后，sFlow Agent 会将 sFlow 报文发送到指定的 sFlow Collector。sFlow Collector 通常由专门的服务器充当，负责对 sFlow 报文进行分析（Analysis）、汇总、生成流量（Traffic Data）报告。本实验中的 sFlow Collector 被部署在控制器（Controler）OpenDaylight 中。sFlow 的基本工作原理如图 6-2 所示。

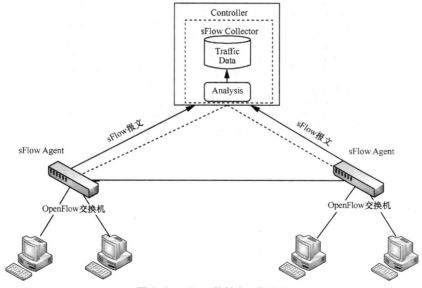

图 6-2　sFlow 的基本工作原理

本实验采用的 sFlow 软件为 sFlow-RT。sFlow-RT 可统计到每个接口的流量信息，通过 sFlow-RT 的 REST API 获取 JSON 数据并对 JSON 数据进行解析，再对解析到的数据进行分析判断即可实施策略。

通过对 sFlow-RT 进行配置，设定 metric=ddos，并设定它的阈值，当监测到的流量超过这个阈值时即判断发生了 DDoS 攻击。sFlow-RT 调用预制的 OpenDaylight 脚本——odl.js 来调用 OpenDaylight RESTful API 下发匹配 DDoS 攻击包流表，并进行丢弃操作，完成模拟 DDoS 攻击防御。

5. 实验步骤

（1）查看控制器的 IP 地址及与交换机的连接状态

步骤① 登录控制器，执行 netstat -an|grep 6633 命令，查看端口是否处于监听状态，如图 6-3 所示。

图 6-3 查看端口是否处于监听状态

步骤② 在保证控制器 6633 端口处于监听状态后，以 root 用户登录交换机，执行 ovs-vsctl show 命令，查看交换机与控制器的连接情况，如图 6-4 所示，若显示"is_connected:true"，则表明连接成功。

```
openlab login: root
Password:
Welcome to Ubuntu 14.04 LTS (GNU/Linux 3.13.0-24-generic x86_64)

 * Documentation:  https://help.ubuntu.com/
root@openlab:~# ovs-vsctl show
3f2d706b-8776-440d-b4e3-da0ef103d120
    Bridge br-sw
        Controller "tcp:30.0.1.3:6633"
            is_connected: true
        fail_mode: secure
        Port "eth2"
            Interface "eth2"
        Port "eth6"
            Interface "eth6"
        Port "eth9"
            Interface "eth9"
        Port "eth1"
            Interface "eth1"
        Port "eth8"
            Interface "eth8"
        Port br-sw
            Interface br-sw
                type: internal
        Port "eth3"
            Interface "eth3"
        Port "eth4"
            Interface "eth4"
        Port "eth7"
            Interface "eth7"
        Port "eth5"
            Interface "eth5"
```

图 6-4 查看交换机与控制器的连接情况

若交换机与控制器连接不成功，则显示"fail_mode:secure"，执行以下命令，进行手动重连。

```
# ovs-vsctl del-controller br-sw
# ovs-vsctl set-controller br-sw tcp:30.0.1.3:6633
```

稍等一会儿后，重新执行 ovs-vsctl show 命令，查看连接状态，若显示"is_connected:true"，则表明连接成功。

步骤③ 当交换机与控制器连接成功后，登录主机，执行 ifconfig 命令，查看主机是否获取到 IP 地址。主机已获取到 IP 地址，主机 1 的 IP 地址如图 6-5 所示。

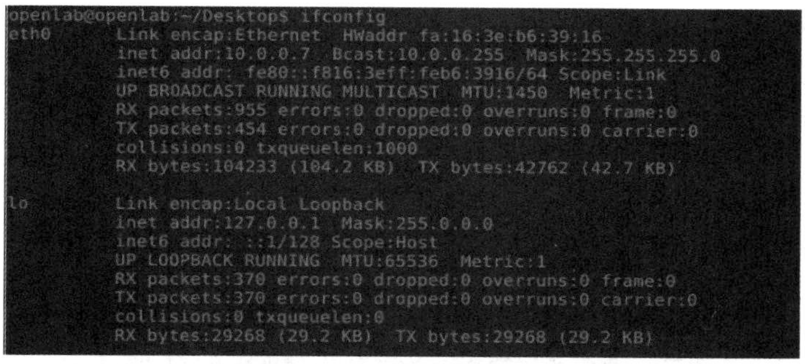

```
openlab@openlab:~/Desktop$ ifconfig
eth0      Link encap:Ethernet  HWaddr fa:16:3e:b6:39:16
          inet addr:10.0.0.7  Bcast:10.0.0.255  Mask:255.255.255.0
          inet6 addr: fe80::f816:3eff:feb6:3916/64 Scope:Link
          UP BROADCAST RUNNING MULTICAST  MTU:1450  Metric:1
          RX packets:955 errors:0 dropped:0 overruns:0 frame:0
          TX packets:454 errors:0 dropped:0 overruns:0 carrier:0
          collisions:0 txqueuelen:1000
          RX bytes:104233 (104.2 KB)  TX bytes:42762 (42.7 KB)

lo        Link encap:Local Loopback
          inet addr:127.0.0.1  Mask:255.0.0.0
          inet6 addr: ::1/128 Scope:Host
          UP LOOPBACK RUNNING  MTU:65536  Metric:1
          RX packets:370 errors:0 dropped:0 overruns:0 frame:0
          TX packets:370 errors:0 dropped:0 overruns:0 carrier:0
          collisions:0 txqueuelen:0
          RX bytes:29268 (29.2 KB)  TX bytes:29268 (29.2 KB)
```

图 6-5　主机 1 的 IP 地址

主机 2 的 IP 地址如图 6-6 所示。

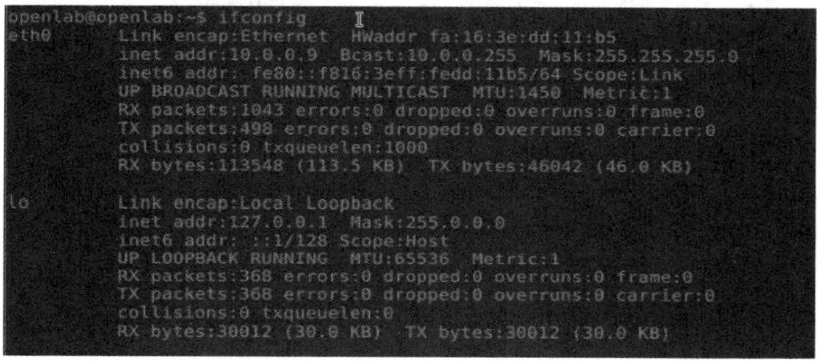

```
openlab@openlab:~$ ifconfig
eth0      Link encap:Ethernet  HWaddr fa:16:3e:dd:11:b5
          inet addr:10.0.0.9  Bcast:10.0.0.255  Mask:255.255.255.0
          inet6 addr: fe80::f816:3eff:fedd:11b5/64 Scope:Link
          UP BROADCAST RUNNING MULTICAST  MTU:1450  Metric:1
          RX packets:1043 errors:0 dropped:0 overruns:0 frame:0
          TX packets:498 errors:0 dropped:0 overruns:0 carrier:0
          collisions:0 txqueuelen:1000
          RX bytes:113548 (113.5 KB)  TX bytes:46042 (46.0 KB)

lo        Link encap:Local Loopback
          inet addr:127.0.0.1  Mask:255.0.0.0
          inet6 addr: ::1/128 Scope:Host
          UP LOOPBACK RUNNING  MTU:65536  Metric:1
          RX packets:368 errors:0 dropped:0 overruns:0 frame:0
          TX packets:368 errors:0 dropped:0 overruns:0 carrier:0
          collisions:0 txqueuelen:0
          RX bytes:30012 (30.0 KB)  TX bytes:30012 (30.0 KB)
```

图 6-6　主机 2 的 IP 地址

若主机未获取到 IP 地址，则在交换机中执行以下命令，进行手动重连。

```
# ovs-vsctl del-controller br-sw
# ovs-vsctl set-controller br-sw tcp:30.0.1.3:6633
```

步骤④　登录交换机，执行 ovs-vsctl set-manager tcp:30.0.1.3:6640 命令，连接控制器。

原本控制器与交换机之间的连接是通过 OpenFlow 协议实现的，在此基于 OVSDB 协议创建一个新的连接，其中，30.0.1.3 是控制器的 IP 地址，6640 是 OVSDB 协议对应的监听端口，如图 6-7 所示。

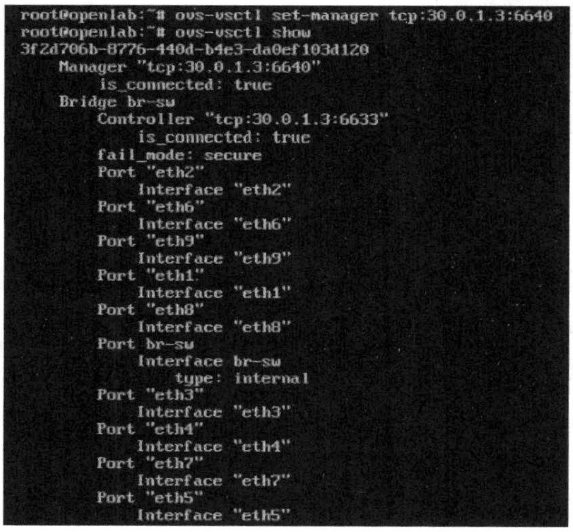

```
root@openlab:~# ovs-vsctl set-manager tcp:30.0.1.3:6640
root@openlab:~# ovs-vsctl show
3f2d706b-8776-440d-b4e3-da0ef103d120
    Manager "tcp:30.0.1.3:6640"
        is_connected: true
    Bridge br-sw
        Controller "tcp:30.0.1.3:6633"
            is_connected: true
        fail_mode: secure
        Port "eth2"
            Interface "eth2"
        Port "eth6"
            Interface "eth6"
        Port "eth9"
            Interface "eth9"
        Port "eth1"
            Interface "eth1"
        Port "eth8"
            Interface "eth8"
        Port br-sw
            Interface br-sw
                type: internal
        Port "eth3"
            Interface "eth3"
        Port "eth4"
            Interface "eth4"
        Port "eth7"
            Interface "eth7"
        Port "eth5"
            Interface "eth5"
```

图 6-7　基于 OVSDB 协议创建一个新的连接

（2）安装 sFlow

步骤① 下载 sFlow 安装包。

步骤② 登录控制器，查看镜像文件中预置的 sFlow 安装包并执行解压命令，如图 6-8 所示。

```
# ls
# tar –xvzf sflow-rt.tar.gz
```

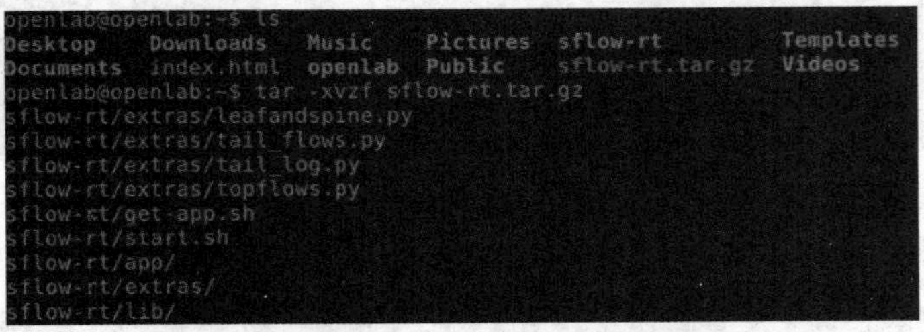

图 6-8 查看镜像文件中预置的 sFlow 安装包并解压

步骤③ 执行以下命令，复制脚本。第一条命令用于将 json2.js 脚本复制到 sflow-rt 文件夹的 extras 文件夹中，第二条命令用于将 odl.js 脚本复制到 sflow-rt 文件夹中。

```
# cp /home/openlab/openlab/ddos/json2.js   /home/openlab/sflow-rt/extras
# cp /home/openlab/openlab/ddos/odl.js   /home/openlab/sflow-rt
```

步骤④ 在控制器中打开浏览器，设置 URL 为 http://[controller_ip]:8181/index.html（注意：实际网址中控制器的 IP 地址不加[]），用户名为 admin，密码为 admin，单击"Login"按钮，登录界面如图 6-9 所示。

图 6-9 登录界面

步骤⑤ 选择"Nodes"选项，获取交换机的 Node Id，如图 6-10 所示。

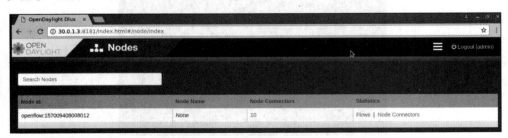

图 6-10 获取交换机的 Node Id

步骤⑥　进入控制器主机的/home/openlab/sflow-rt 目录，编辑脚本 odl.js。用上述获取的主机 IP 地址以及连接到 OpenDaylight 的节点信息进行替换，如图 6-11 所示。

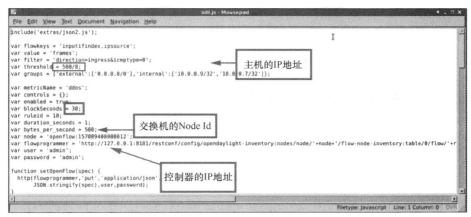

图 6-11　编辑脚本 odl.js

其中，在 var groups 处配置主机的 IP 地址；在 var node 处配置交换机的 Node Id。

步骤⑦　修改 start.sh 脚本。

```
exec java ${JVM_OPTS} ${RT_OPTS} ${RTPROP} -jar ${JAR}
```

将以上内容替换如下。

```
exec java ${JVM_OPTS} ${RT_OPTS} ${RTPROP} ${SCRIPTS} -jar ${JAR}
```

（3）部署 sFlow Agent

步骤①　以 root 用户登录交换机，执行以下命令，部署 sFlow Agent。

```
# ovs-vsctl -- --id=@sflow create sflow agent=s1 target=\"30.0.1.3:6343\" header=128
sampling=10 polling=1 -- set bridge br-sw sflow=@sflow
```

步骤②　执行以下命令，查看已经配置的 sFlow Agent 信息，如图 6-12 所示。

```
# ovs-vsctl list sflow
```

图 6-12　查看已经配置的 sFlow Agent 信息

步骤③　登录控制器，进入/home/openlab/sflow-rt，执行./start.sh 命令，启动 sFlow，如图 6-13 所示。

```
root@openlab:/home/openlab# cd sflow-rt/
root@openlab:/home/openlab/sflow-rt# ./start.sh
2018-12-08T18:53:31+0800 INFO: Listening, sFlow port 6343
2018-12-08T18:53:31+0800 INFO: Listening, HTTP port 8008
2018-12-08T18:53:31+0800 INFO: odl.js started
```

图 6-13　启动 sFlow

（4）验证防 DDoS 攻击

步骤①　登录控制器，打开浏览器。

在地址栏中输入 http://127.0.0.1:8008/flow/html，查看 Flow（流表）信息，如图 6-14 所示。

图 6-14　查看 Flow 信息

在地址栏中输入 http://127.0.0.1:8008/threshold/html，查看阈值信息，如图 6-15 所示。

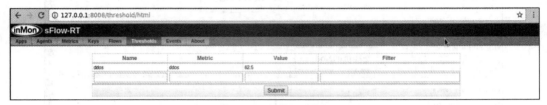

图 6-15　查看阈值信息

在地址栏中输入 http://127.0.0.1:8008/agents/html，查看部署的 sFlow Agent 信息，如图 6-16 所示。

图 6-16　查看部署的 sFlow Agent 信息

步骤②　单击图 6-16 中的 30.0.1.7（该 IP 地址为交换机的 IP 地址），进入该虚拟机所监控的端口列表页面，如图 6-17 所示。

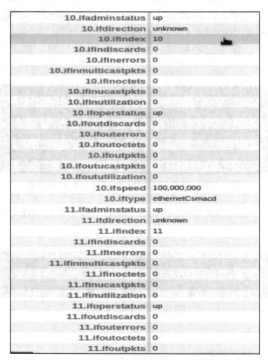

图 6-17　虚拟机所监控的端口列表页面

步骤③　登录主机 1，执行 sudo ping 10.0.0.9 -f 命令，模拟 DDoS 攻击主机 2，鼠标指针不动，一直处于图 6-18 所示状态。

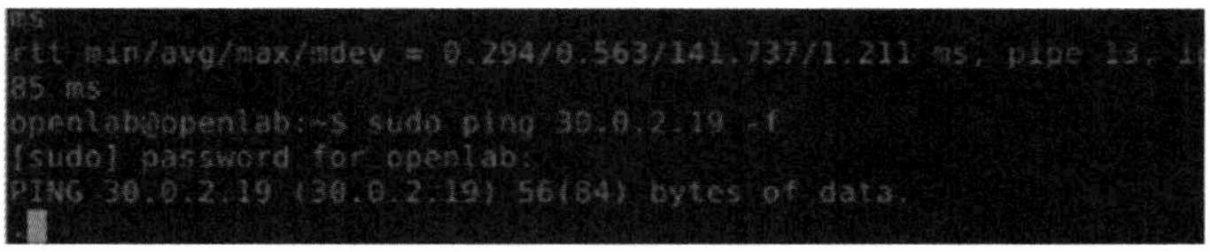

图 6-18　模拟 DDoS 攻击主机 2

步骤④　执行以下命令，查看交换机中对 DDoS 攻击处理的流表。

```
# ovs-ofctl dump-flows br-sw -O OpenFlow13|grep drop
```

步骤⑤　登录控制器，打开浏览器，先在地址栏中输入 http://127.0.0.1:8008/agents/html，再单击 30.0.1.7，进入图 6-17 所示的虚拟机所监控的端口列表页面，搜索 DDoS，单击以进入流量视图页面，如图 6-19 所示。可以看出，当开启 DDoS 攻击防御时，泛洪包被迅速丢弃，当停止 DDoS 攻击防御时，流量迅速增大。

图 6-19　流量视图页面

6.3　实验二　服务器灾备 SDN 应用开发

本节将针对与服务器灾备相关的 SDN 应用开发实验展开介绍，读者在学习完本节内容后将会对服务器灾备的 SDN 应用开发有一定的了解。

1. 实验目的

本实验的实验目的是通过 SDN 应用开发完成服务器灾备的功能，在实验过程中使读者初步掌握服务器灾备的原理、要点、操作流程，以及 SDN 技术在其中发挥的作用，使读者对 SDN 技术的相关应用有更深刻的了解。

2. 实验环境

服务器灾备实验拓扑如图 6-20 所示。

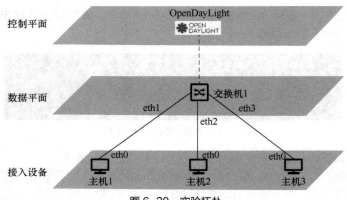

图6-20　实验拓扑

实验环境配置说明如表 6-2 所示。

表6-2　实验环境配置说明

设备名称	软件环境	硬件环境
OpenDayLight（控制器）	Ubuntu 14.04 桌面版 OpenDaylight Carbon	CPU：2核 内存：4 GB 磁盘：20 GB
交换机 1	Ubuntu 14.04 命令行版 Open vSwitch 2.3.1	CPU：1核 内存：2 GB 磁盘：20 GB
主机 1	Ubuntu 14.04 桌面版	CPU：1核 内存：2 GB 磁盘：20 GB
主机 2	Ubuntu 14.04 桌面版	CPU：1核 内存：2 GB 磁盘：20 GB
主机 3	Ubuntu 14.04 桌面版	CPU：1核 内存：2 GB 磁盘：20 GB

3. 实验内容

① 学习灾备技术基础知识并对比各种技术的特点。

② 使用 Postman 下发灾备应用初始配置并验证灾备效果。

4. 实验原理

（1）灾备原理

灾备技术是指在一个数据中心发生故障或灾难的情况下，其他数据中心可以正常运行并对关键业务或全部业务实现接管，达到互为备份的效果。好的灾备技术可以实现用户的"故障无感知"。数据中心整体灾备技术可以分为 4 种：冷备技术、暖备技术、热备技术和双活技术。

① 冷备技术。冷备技术就是在整个数据中心发生故障无法提供服务时，数据中心会临时找到空闲设备或者租用外界的数据中心进行临时恢复。当数据中心恢复时，再将业务切回。

② 暖备技术。暖备技术是在主备数据中心的基础上实现的，前提是拥有两个（一主一备）数据

中心。备用数据中心为暖备部署，应用业务由主用数据中心响应。当主用数据中心出现故障造成该业务不可用时，需要在规定的恢复时间目标（Recovery Time Objective，RTO，即灾难发生后，信息系统从停顿到恢复正常的时间要求）以内实现数据中心的整体切换。在具体实现上，主备数据中心的两套业务系统网络配置完全一样，备用数据中心路由平时不对外发布。当实现主备数据中心切换时，需要断开主用数据中心路由链路，并连接备用数据中心路由链路，保证同一时间只有一个数据中心在线。暖备技术通常采用手动方式。

③ 热备技术。与暖备技术相比，热备技术最重要的特点是实现了整体自动切换，其他和暖备技术实现基本一致。实现热备技术的数据中心仅比暖备技术的数据中心多部署一款软件，软件可以自动感知数据中心故障并保证应用实现自动切换。

④ 双活技术。通过双活技术可以实现主备数据中心均对外提供服务，正常工作时，两个数据中心的业务可根据权重进行分载均衡，没有主备之分，分别响应一部分用户，权重可以按地域、数据中心服务能力或对外带宽划分。当其中一个数据中心出现故障时，另一个数据中心将承担所有业务。

（2）基于 SDN 的灾备实现

本实验基于 OpenDaylight 二次开发实现灾备应用功能。本实验中通过流表实现多台服务器对外使用同一个虚拟 IP 地址提供相关的服务。例如，图 6-21 中服务器为 IP 地址为 10.0.0.11、10.0.0.3 的两台机器，其中，IP 地址为 10.0.0.11 的机器为正常使用的服务器，IP 地址为 10.0.0.3 的机器为备用服务器。当 IP 地址为 10.0.0.11 的机器发生故障时，自动切换使用 IP 地址为 10.0.0.3 的机器。

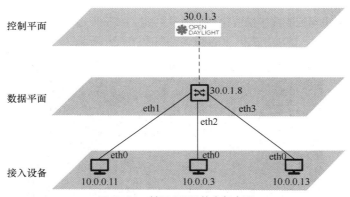

图 6-21　基于 SDN 的灾备实现

5. 实验步骤

（1）实验环境检查

步骤① 登录控制器，执行 netstat -an|grep 6633 命令，查看端口是否处于监听状态，如图 6-22 所示。

图 6-22　查看端口是否处于监听状态

步骤② 在保证控制器 6633 端口处于监听状态后，以 root 用户登录交换机，执行 ovs-vsctl show 命令，查看交换机与控制器的连接情况，如图 6-23 所示，若显示"is_connected:true"，则表明连接成功。

```
root@openlab:~# ovs-vsctl show
3f2d706b-8776-440d-b4e3-da0ef103d120
    Bridge br-sw
        Controller "tcp:30.0.1.3:6633"
            is_connected: true
        fail_mode: secure
        Port "eth1"
            Interface "eth1"
        Port "eth7"
            Interface "eth7"
        Port "eth9"
            Interface "eth9"
        Port "eth2"
            Interface "eth2"
        Port "eth4"
            Interface "eth4"
        Port "eth5"
            Interface "eth5"
        Port "eth6"
            Interface "eth6"
        Port "eth8"
            Interface "eth8"
        Port "eth3"
            Interface "eth3"
        Port br-sw
            Interface br-sw
                type: internal
```

图 6-23　查看交换机与控制器的连接情况

若交换机与控制器连接不成功，则显示“fail_mode:secure”，执行以下命令，进行手动重连。

```
# ovs-vsctl del-controller br-sw
# ovs-vsctl set-controller br-sw tcp:30.0.1.3:6633
```

稍等一会儿后，重新执行 ovs-vsctl show 命令，查看连接状态，若显示“is_connected: true”，则表明连接成功。

步骤③　当交换机与控制器连接成功后，登录主机，执行 ifconfig 命令，查看主机是否获取到 IP 地址。主机已获取到 IP 地址，主机 1 的 IP 地址如图 6-24 所示。

```
openlab@openlab:~$ ifconfig
eth0      Link encap:Ethernet  HWaddr fa:16:3e:7e:bb:35
          inet addr:10.0.0.11  Bcast:10.0.0.255  Mask:255.255.255.0
          inet6 addr: fe80::f816:3eff:fe7e:bb35/64 Scope:Link
          UP BROADCAST RUNNING MULTICAST  MTU:1450  Metric:1
          RX packets:441 errors:0 dropped:1 overruns:0 frame:0
          TX packets:320 errors:0 dropped:0 overruns:0 carrier:0
          collisions:0 txqueuelen:1000
          RX bytes:45960 (45.9 KB)  TX bytes:30222 (30.2 KB)

lo        Link encap:Local Loopback
          inet addr:127.0.0.1  Mask:255.0.0.0
          inet6 addr: ::1/128 Scope:Host
          UP LOOPBACK RUNNING  MTU:65536  Metric:1
          RX packets:12 errors:0 dropped:0 overruns:0 frame:0
          TX packets:12 errors:0 dropped:0 overruns:0 carrier:0
          collisions:0 txqueuelen:0
          RX bytes:640 (640.0 B)  TX bytes:640 (640.0 B)
```

图 6-24　主机 1 的 IP 地址

主机 2 的 IP 地址如图 6-25 所示。

```
openlab@openlab:~$ ifconfig
eth0      Link encap:Ethernet  HWaddr fa:16:3e:ac:1f:87
          inet addr:10.0.0.3  Bcast:10.0.0.255  Mask:255.255.255.0
          inet6 addr: fe80::f816:3eff:feac:1f87/64 Scope:Link
          UP BROADCAST RUNNING MULTICAST  MTU:1450  Metric:1
          RX packets:562 errors:0 dropped:0 overruns:0 frame:0
          TX packets:274 errors:0 dropped:0 overruns:0 carrier:0
          collisions:0 txqueuelen:1000
          RX bytes:70882 (70.8 KB)  TX bytes:30283 (30.2 KB)

lo        Link encap:Local Loopback
          inet addr:127.0.0.1  Mask:255.0.0.0
          inet6 addr: ::1/128 Scope:Host
          UP LOOPBACK RUNNING  MTU:65536  Metric:1
          RX packets:370 errors:0 dropped:0 overruns:0 frame:0
          TX packets:370 errors:0 dropped:0 overruns:0 carrier:0
          collisions:0 txqueuelen:0
          RX bytes:29268 (29.2 KB)  TX bytes:29268 (29.2 KB)
```

图 6-25　主机 2 的 IP 地址

主机 3 的 IP 地址如图 6-26 所示。

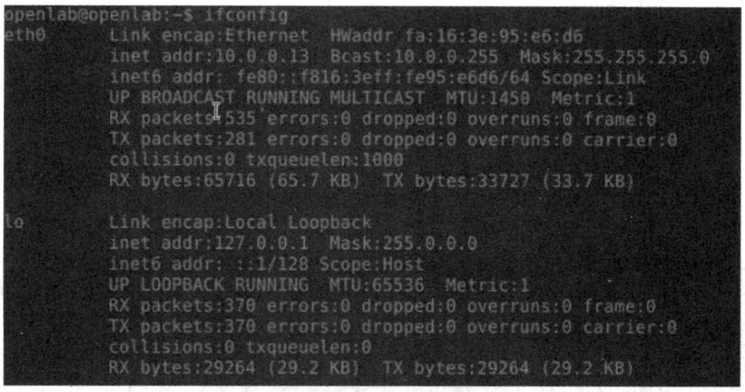
```
openlab@openlab:~$ ifconfig
eth0      Link encap:Ethernet  HWaddr fa:16:3e:95:e6:d6
          inet addr:10.0.0.13  Bcast:10.0.0.255  Mask:255.255.255.0
          inet6 addr: fe80::f816:3eff:fe95:e6d6/64 Scope:Link
          UP BROADCAST RUNNING MULTICAST  MTU:1450  Metric:1
          RX packets:535 errors:0 dropped:0 overruns:0 frame:0
          TX packets:281 errors:0 dropped:0 overruns:0 carrier:0
          collisions:0 txqueuelen:1000
          RX bytes:65716 (65.7 KB)  TX bytes:33727 (33.7 KB)

lo        Link encap:Local Loopback
          inet addr:127.0.0.1  Mask:255.0.0.0
          inet6 addr: ::1/128 Scope:Host
          UP LOOPBACK RUNNING  MTU:65536  Metric:1
          RX packets:370 errors:0 dropped:0 overruns:0 frame:0
          TX packets:370 errors:0 dropped:0 overruns:0 carrier:0
          collisions:0 txqueuelen:0
          RX bytes:29264 (29.2 KB)  TX bytes:29264 (29.2 KB)
```
图 6-26　主机 3 的 IP 地址

若主机未获取到 IP 地址，则在交换机中执行以下命令，进行手动重连。

```
# ovs-vsctl del-controller br-sw
# ovs-vsctl set-controller br-sw tcp:30.0.1.3:6633
```

步骤④　登录控制器，执行 ifconfig 命令，查看控制器的 IP 地址，控制器的 IP 地址为 30.0.1.3，如图 6-27 所示。

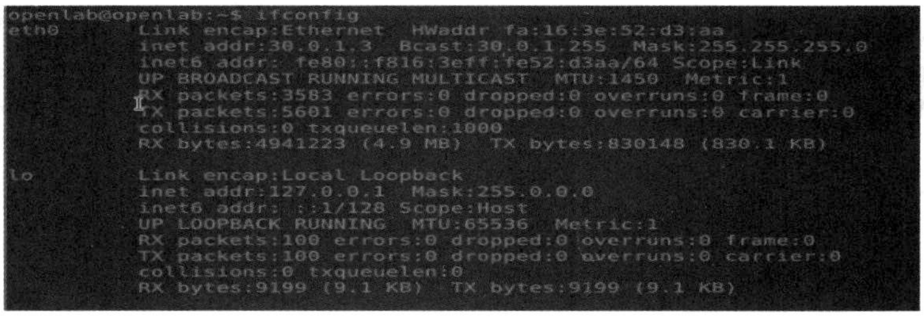
```
openlab@openlab:~$ ifconfig
eth0      Link encap:Ethernet  HWaddr fa:16:3e:52:d3:aa
          inet addr:30.0.1.3  Bcast:30.0.1.255  Mask:255.255.255.0
          inet6 addr: fe80::f816:3eff:fe52:d3aa/64 Scope:Link
          UP BROADCAST RUNNING MULTICAST  MTU:1450  Metric:1
          RX packets:3583 errors:0 dropped:0 overruns:0 frame:0
          TX packets:5601 errors:0 dropped:0 overruns:0 carrier:0
          collisions:0 txqueuelen:1000
          RX bytes:4941223 (4.9 MB)  TX bytes:830148 (830.1 KB)

lo        Link encap:Local Loopback
          inet addr:127.0.0.1  Mask:255.0.0.0
          inet6 addr: ::1/128 Scope:Host
          UP LOOPBACK RUNNING  MTU:65536  Metric:1
          RX packets:100 errors:0 dropped:0 overruns:0 frame:0
          TX packets:100 errors:0 dropped:0 overruns:0 carrier:0
          collisions:0 txqueuelen:0
          RX bytes:9199 (9.1 KB)  TX bytes:9199 (9.1 KB)
```
图 6-27　查看控制器的 IP 地址

步骤⑤　以 root 用户登录交换机，执行以下命令，连接控制器，如图 6-28 所示。

```
# ovs-vsctl set-manager tcp:30.0.1.3:6640
# ovs-vsctl show
```

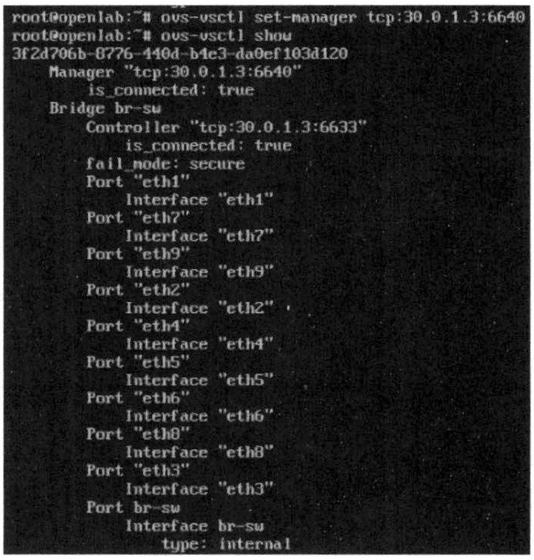
```
root@openlab:~# ovs-vsctl set-manager tcp:30.0.1.3:6640
root@openlab:~# ovs-vsctl show
3f2d706b-8776-440d-b4e3-da0ef103d120
    Manager "tcp:30.0.1.3:6640"
        is_connected: true
    Bridge br-sw
        Controller "tcp:30.0.1.3:6633"
            is_connected: true
        fail_mode: secure
        Port "eth1"
            Interface "eth1"
        Port "eth7"
            Interface "eth7"
        Port "eth9"
            Interface "eth9"
        Port "eth2"
            Interface "eth2"
        Port "eth4"
            Interface "eth4"
        Port "eth5"
            Interface "eth5"
        Port "eth6"
            Interface "eth6"
        Port "eth8"
            Interface "eth8"
        Port "eth3"
            Interface "eth3"
        Port br-sw
            Interface br-sw
                type: internal
```
图 6-28　连接控制器

原本控制器与交换机之间是通过 OpenFlow 协议连接的，在此基于 OVSDB 协议创建一个新的连接，其中，30.0.1.3 是控制器的 IP 地址，6640 是 OVSDB 协议对应的监听端口。

（2）下发灾备应用初始配置

步骤① 登录控制器，打开浏览器，在地址栏中输入 URL 为 http://[controller_ip]:8181/index.html，用户名为 admin，密码为 admin，单击"Login"按钮进行登录。

步骤② 选择"Nodes"选项，获取交换机的 Node Id，如图 6-29 所示。

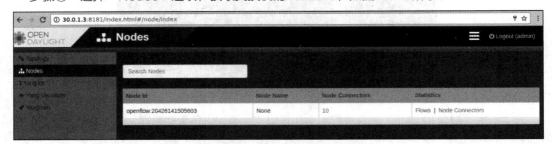

图 6-29　获取交换机的 Node Id

步骤③ 选择"Applications Menu"→"Development"→"Postman"选项，进入 Postman 主界面，如图 6-30 所示。

图 6-30　Postman 主界面

步骤④ 选择"Authorization"选项卡，在"Type"字段中选择"Basic Auth"类型，在"Username"字段中填写"admin"，在"Password"字段中填写"admin"，完成用户认证，如图 6-31 和图 6-32 所示。

图 6-31　选择"Basic Auth"类型

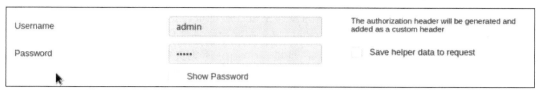

图 6-32　用户认证

步骤⑤　使用 Postman 下发灾备应用初始配置命令。

① 在地址栏中输入 URL 为 http://[controller-ip]:8181/restconf/config/dplb:dplb-config。

② 填写 Headers 信息，手动输入 Content-Type 和 Accept 且值均为 application/json，如
图 6-33 所示。

图 6-33　填写 Headers 信息

③ 请求类型选择"PUT"。

④ 设置"Body"为"raw"，格式为 JSON。Body 的内容如下。

```json
{
    "dplb-config": {
        "switch-id": "openflow:20426141505603",
        "port-number": "3",
        "practical-ip":"10.0.0.13/0",
        "virtual-ip":"10.0.0.100/0",
        "group-list": [
        {
            "id" : "1",
            "port-number": "1",
            "port-status": "up",
            "group-ip" : "10.0.0.11/0"
        },
        {
            "id" : "2",
            "port-number": "2",
            "port-status": "up",
            "group-ip" : "10.0.0.3/0"
        }
        ]
    }
}
```

说明　　　　本实验中 Body 在 Postman 的 Collections 中提供了模板，仅供参考。

其中，practical-ip 为访问服务器的普通主机 IP 地址，这里设为主机 3 的 IP 地址；port-number 为主机 3 与交换机连接的端口号，可通过实验拓扑查看；virtual-ip 为代理的 IP 地址，这里是通过流表构造出来的虚拟 IP 地址；group-ip 为灾备服务器的 IP 地址，这里设为主机 1 和主机 2 的 IP 地址。

步骤⑥　单击“Send”按钮发送请求，“Status”显示连接创建成功，如图 6-34 所示。

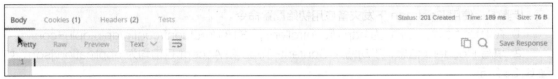

图 6-34　连接创建成功

说明　**下发命令失败后需清空配置库，使用 DELETE 方法，如图 6-35 所示。**

图 6-35　使用 DELETE 方法清空配置库

步骤⑦　登录交换机，执行以下命令，查看当前下发的流表，如图 6-36 所示。

```
# ovs-ofctl dump-flows br-sw |grep 10.0.0
```

```
root@openlab:~# ovs-ofctl dump-flows br-sw |grep 10.0.0
 cookie=0x2a00000000000017, duration=524.158s, table=0, n_packets=48, n_bytes=2016, idle_timeout=1800, hard_timeout=3600, idle_a
ge=25, priority=100,arp,arp_spa=10.0.0.8 actions=load:0xa000064->NXM_OF_ARP_SPA[],load:0xa000009->NXM_OF_ARP_TPA[],output:3
 cookie=0x2a00000000000014, duration=524.158s, table=0, n_packets=24, n_bytes=1008, idle_timeout=1800, hard_timeout=3600, idle_a
ge=25, priority=100,arp,arp_spa=10.0.0.9 actions=load:0xa000064->NXM_OF_ARP_SPA[],load:0xa000008->NXM_OF_ARP_TPA[],output:2,outp
ut:1
 cookie=0x2a00000000000018, duration=524.158s, table=0, n_packets=27, n_bytes=1134, idle_timeout=1800, hard_timeout=3600, idle_a
ge=53, priority=100,arp,arp_spa=10.0.0.7 actions=load:0xa000064->NXM_OF_ARP_SPA[],load:0xa000009->NXM_OF_ARP_TPA[],output:3
 cookie=0x2a00000000000015, duration=524.158s, table=0, n_packets=526, n_bytes=51548, idle_timeout=1800, hard_timeout=3600, idle
_age=0, priority=100,ip,nw_src=10.0.0.9,nw_dst=10.0.0.100 actions=mod_nw_src:10.0.0.100,mod_nw_dst:10.0.0.8,output:2
 cookie=0x2a00000000000016, duration=524.158s, table=0, n_packets=526, n_bytes=51548, idle_timeout=1800, hard_timeout=3600, idle
_age=0, priority=100,ip,nw_src=10.0.0.8,nw_dst=10.0.0.100 actions=mod_nw_src:10.0.0.100,mod_nw_dst:10.0.0.9,output:3
```

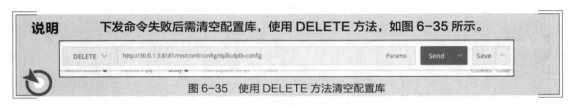

图 6-36　查看当前下发的流表

（3）验证灾备

步骤①　登录主机 3，ping 虚拟 IP 地址 10.0.0.100，查看网络情况，如图 6-37 所示。

```
openlab@openlab:~$ ping 10.0.0.100
PING 10.0.0.100 (10.0.0.100) 56(84) bytes of data.
64 bytes from 10.0.0.100: icmp_seq=9 ttl=64 time=3.40 ms
64 bytes from 10.0.0.100: icmp_seq=10 ttl=64 time=0.794 ms
64 bytes from 10.0.0.100: icmp_seq=11 ttl=64 time=1.17 ms
64 bytes from 10.0.0.100: icmp_seq=12 ttl=64 time=0.853 ms
64 bytes from 10.0.0.100: icmp_seq=13 ttl=64 time=0.656 ms
64 bytes from 10.0.0.100: icmp_seq=14 ttl=64 time=0.628 ms
64 bytes from 10.0.0.100: icmp_seq=15 ttl=64 time=1.25 ms
```

图 6-37　查看网络情况

步骤②　登录主机 2，执行 sudo tcpdump -i eth0 -n -vvv host 10.0.0.100 命令，查看流量状态，如图 6-38 所示。

由前文获取到的流表信息可知，此时 ping 虚拟 IP 地址 10.0.0.100 的流量将被引导到交换机的端口 2 上，也就是 IP 地址为 10.0.0.3 的虚拟机上。

```
openlab@openlab:~$ sudo tcpdump -i eth0 -n -vvv host 10.0.0.100
[sudo] password for openlab:
tcpdump: listening on eth0, link-type EN10MB (Ethernet), capture size 65535 byte
s
14:41:09.837953 IP (tos 0x0, ttl 64, id 41172, offset 0, flags [DF], proto ICMP
(1), length 84)
    10.0.0.100 > 10.0.0.8: ICMP echo request, id 2055, seq 1, length 64
14:41:09.837990 IP (tos 0x0, ttl 64, id 40520, offset 0, flags [none], proto ICM
P (1), length 84)
    10.0.0.8 > 10.0.0.100: ICMP echo reply, id 2055, seq 1, length 64
14:41:10.838540 IP (tos 0x0, ttl 64, id 41173, offset 0, flags [DF], proto ICMP
(1), length 84)
```

图 6-38　查看流量状态

步骤③　重新引导流量到其他主机上。登录控制器，使用 Postman 下发灾备应用更新端口状态配置命令，将 10.0.0.3（主机 2）对应端口状态设为 down。

① 输入 URL 为 http://[controller-ip]:8181/restconf/config/dplb:dplb-config。

② 填写 Headers 信息，手动输入 Content-Type 和 Accept 且值均为 application/json。

③ 请求类型选择"PUT"。

④ 设置"Body"为"raw"，内容格式为 JSON。Body 的内容如下。

```json
{
    "dplb-config":{
        "switch-id":"openflow: 20426141505603",
        "port-number":"3",
        "practical-ip":"10.0.0.13/0",
        "virtual-ip":"10.0.0.100/0",
        "group-list":[
            {
                "id":"1",
                "port-number":"1",
                "port-status":"up",
                "group-ip":"10.0.0.11/0"
            },
            {
                "id":"2",
                "port-number":"2",
                "port-status":"down",
                "group-ip":"10.0.0.3/0"
            }
        ]
    }
}
```

步骤④　单击"Send"按钮发送请求，"Status"显示发送成功。

步骤⑤　登录交换机，执行以下命令，查看当前流表状态，如图 6-39 所示。

`# ovs-ofctl dump-flows br-sw |grep 10.0.0`

此时，ping 虚拟 IP 地址 10.0.0.100 的流量已经被引导到主机 10.0.0.3 上。

步骤⑥　登录主机 3，ping 虚拟 IP 地址 10.0.0.100，查看网络状态，如图 6-40 所示。

图 6-39　查看当前流表状态

图 6-40　查看网络状态

步骤⑦　登录主机 1，执行 sudo tcpdump –i eth0 –n –vvv host 10.0.0.100 命令，查看流量
状态，如图 6-41 所示。

图 6-41　查看流量状态

由上可知，当前流量已经被成功引导到该主机上。

6.4　实验三　简易负载均衡 SDN 应用开发

负载均衡是一种服务器或网络设备的集群技术。负载均衡将特定的业务（网络服务、网络流量
等）分担给多个服务器或网络设备，从而提高了业务处理能力，保证了业务的高可用性。负载均衡
基本概念有实服务、实服务组、虚服务、调度算法、持续性等，其常用应用场景主要是服务器负载
均衡和链路负载均衡。在企业网、运营商链路出口需要部署链路负载设备以优化链路选择，提升访
问体验。链路负载均衡按照流量发起方向分为入方向（Inbound）负载均衡和出方向（Outbound）
负载均衡。

（1）Inbound 负载均衡

外网用户通过域名访问内部服务器时，本地域名系统（Domain Name System，DNS）的地
址解析请求到达负载均衡设备。负载均衡设备根据对本地 DNS 请求的就近性探测结果响应一个最
优的 IP 地址，外网用户根据这个最优的 IP 地址响应完成对内部服务器的访问。

（2）Outbound 负载均衡

内网用户访问 Internet 中的其他服务器时，负载均衡设备接收内网用户流量后依次根据策略、
持续性功能、就近性算法、调度算法选择最佳的链路，并将内网访问外网的业务流量分发到该链路。

负载均衡技术大大提高了网络资源的利用率，显著降低了用户的网络部署成本，提升了用户的
网络使用体验。随着云计算的发展，负载均衡技术还将与云计算相结合，在虚拟化和 NFV 软件定

义网关等方面持续发展。

1. 实验目的

本实验主要是对链路负载进行计算，并规划最优路径，即首先通过迪杰斯特拉算法（Dijkstra's Algorithm）计算出最优路径，然后通过特定的 API 将规划好的路径转换成流表，下发给各个交换机节点，最终达到路径最优规划的目的，实现负载均衡。

2. 实验环境

简易负载均衡的实验拓扑如图 6-42 所示。

控制器1

主机1

图 6-42　实验拓扑

实验环境配置说明如表 6-3 所示。

表 6-3　实验环境配置说明

设备名称	软件环境	硬件环境
控制器 1	Ubuntu 14.04 桌面版 OpenDaylight Carbon	CPU：2 核 内存：4 GB 磁盘：20 GB
主机 1	Ubuntu 14.04 桌面版 Mininet 2.2.0	CPU：1 核 内存：2 GB 磁盘：20 GB

3. 实验内容

① 使用 Mininet 创建负载均衡的实验拓扑。

② 编写负载均衡实验脚本并验证实验效果。

4. 实验原理

本实验基于 SDN 技术使用 OpenDaylight 实现简易的链路负载均衡。模拟负载均衡的拓扑如图 6-43 所示。

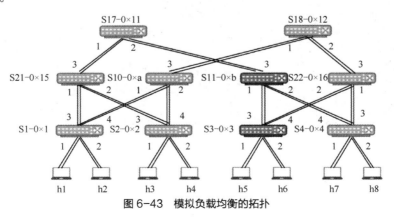

图 6-43　模拟负载均衡的拓扑

在简易链路负载均衡实验中，主要的工作是对链路负载的计算、最优路径的规划。对于链路负载的计算，将以通过一定时间内链路上传输的数据包的数量（假设包大小差不多）作为该链路的权值，通过迪杰斯特拉算法计算出最优路径。通过 OpenDaylight REST API，将规划好的路径转换成流表，下发给各个交换机节点，最终达到路径最优规划的目的。

5. 实验步骤

（1）创建拓扑

步骤① 登录 OpenDaylight 控制器，执行 netstat -an|grep 6633 命令，查看端口是否处于监听状态，确保 OpenDaylight 控制器服务已经启动成功，如图 6-44 所示。

```
openlab@openlab:~$ netstat -an|grep 6633
tcp6       0      0 :::6633                 :::*                    LISTEN
```

图 6-44 查看端口是否处于监听状态

步骤② 执行 ifconfig 命令，查看控制器的 IP 地址，如图 6-45 所示。

```
openlab@openlab:~$ ifconfig
eth0      Link encap:Ethernet  HWaddr fa:16:3e:10:25:0b
          inet addr:30.0.1.3  Bcast:30.0.1.255  Mask:255.255.255.0
          inet6 addr: fe80::f816:3eff:fe10:250b/64 Scope:Link
          UP BROADCAST RUNNING MULTICAST  MTU:1454  Metric:1
          RX packets:4483075 errors:0 dropped:2 overruns:0 frame:0
          TX packets:987088 errors:0 dropped:0 overruns:0 carrier:0
          collisions:0 txqueuelen:1000
          RX bytes:1466894465 (1.4 GB)  TX bytes:706542142 (706.5 MB)

lo        Link encap:Local Loopback
          inet addr:127.0.0.1  Mask:255.0.0.0
          inet6 addr: ::1/128 Scope:Host
          UP LOOPBACK RUNNING  MTU:65536  Metric:1
          RX packets:48478 errors:0 dropped:0 overruns:0 frame:0
          TX packets:48478 errors:0 dropped:0 overruns:0 carrier:0
          collisions:0 txqueuelen:0
          RX bytes:5569289 (5.5 MB)  TX bytes:5569289 (5.5 MB)
```

图 6-45 查看控制器的 IP 地址

步骤③ 登录 Mininet 主机，执行以下命令，使用 Mininet 创建自定义拓扑，如图 6-46 所示。

$ sudo mn --custom /home/openlab/loadbalance /topology.py --topo mytopo -- controller=remote,ip=30.0.1.3,port=6633

其中，/home/openlab/loadbalance/topology.py 为内置自定义拓扑文件的路径，30.0.1.3 为控制器的 IP 地址。

```
openlab@openlab:~/openlab$ sudo mn --custom topology.py --topo mytopo --controller=remote,ip=30.0.1.3,port=6633
*** Creating network
*** Adding controller
*** Adding hosts:
h1 h2 h3 h4 h5 h6 h7 h8
*** Adding switches:
s1 s2 s3 s4 s10 s11 s17 s18 s21 s22
*** Adding links:
(h1, s1) (h2, s1) (h3, s2) (h4, s2) (h5, s3) (h6, s3) (h7, s4) (h8, s4) (s1, s10) (s1, s21) (s2, s10) (s3, s11) (s3, s22) (s4, s22) (s10, s18) (s11, s4) (s11, s17) (s21, s2) (s21, s17) (s22, s18)
*** Configuring hosts
h1 h2 h3 h4 h5 h6 h7 h8
*** Starting controller
c0
*** Starting 10 switches
s1 s2 s3 s4 s10 s11 s17 s18 s21 s22
*** Starting CLI:
openlab>
```

图 6-46 使用 Mininet 创建自定义拓扑

（2）验证负载均衡

步骤① 执行 pingall 命令，查看拓扑的连通性，如图 6-47 所示。

```
openlab> pingall
*** Ping: testing ping reachability
h1 -> h2 h3 h4 h5 h6 h7 h8
h2 -> h1 h3 h4 h5 h6 h7 h8
h3 -> h1 h2 h4 h5 h6 h7 h8
h4 -> h1 h2 h3 h5 h6 h7 h8
h5 -> h1 h2 h3 h4 h6 h7 h8
h6 -> h1 h2 h3 h4 h5 h7 h8
h7 -> h1 h2 h3 h4 h5 h6 h8
h8 -> h1 h2 h3 h4 h5 h6 h7
*** Results: 0% dropped (56/56 received)
```

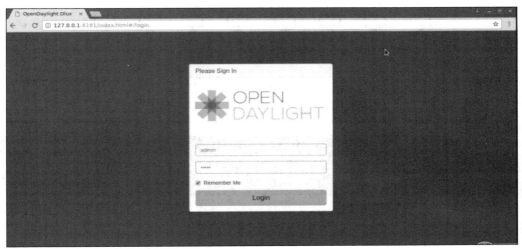

图 6-47　查看拓扑的连通性

步骤②　登录控制器，打开浏览器，在地址栏中输入 URL 为 http://127.0.0.1:8181/index.html，用户名为 admin，密码为 admin，单击“Login”按钮进行登录，如图 6-48 所示。

图 6-48　登录控制器

步骤③　登录后选择“Topology”选项，查看网络拓扑结构，如图 6-49 所示。

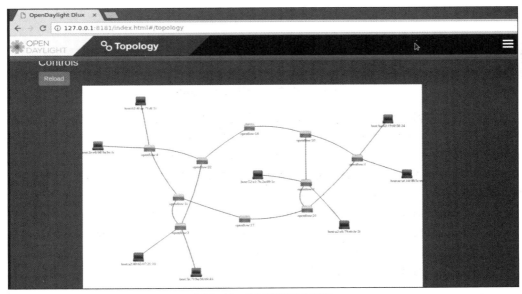

图 6-49　查看网络拓扑结构

其对应的直观的网络拓扑结构如图 6-50 所示。

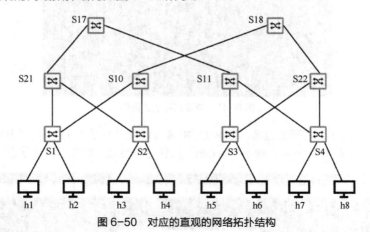

图 6-50　对应的直观的网络拓扑结构

步骤④　在控制器的 Web 页面中选择"Nodes"选项，查看拓扑中的 Nodes 信息，如图 6-51 所示。

Node Id	Node Name	Node Connectors	Statistics
openflow:1		5	Flows | Node Connectors
openflow:11		4	Flows | Node Connectors
openflow:3		5	Flows | Node Connectors
openflow:22		4	Flows | Node Connectors
openflow:2		5	Flows | Node Connectors
openflow:10		4	Flows | Node Connectors
openflow:4		5	Flows | Node Connectors
openflow:21		4	Flows | Node Connectors
openflow:17		3	Flows | Node Connectors
openflow:18		3	Flows | Node Connectors

图 6-51　查看拓扑中的 Nodes 信息

步骤⑤　在控制器界面中执行 su root 命令切换到 root 用户。执行 cd /home/openlab/openlab/ loadblance 命令，进入 loadblance 目录。执行 chmod 777 odl_loadblance.py 命令，授予其执行.py 文件的权限。执行./odl_loadblance.py 命令，运行负载均衡脚本。

当前的拓扑中有 8 个 host，分别对应编号 1～8，这 8 台主机根据物理连接可以分为 4 组，使用其中两组中的两个 host 进行负载路径规划。

- 在"Enter Host 1"后填写第一组中一个 host 的编号，按"Enter"键。
- 在"Enter Host 2"中填写第二组中一个 host 的编号，按"Enter"键。
- 在"Enter Host 3"中填写第二组中另一个 host 的编号，按"Enter"键。

负载路径规划具体信息如图 6-52 所示。

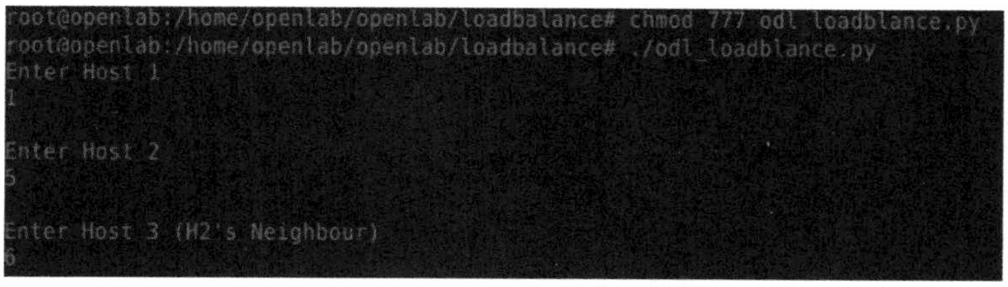

```
root@openlab:/home/openlab/openlab/loadbalance# chmod 777 odl_loadblance.py
root@openlab:/home/openlab/openlab/loadbalance# ./odl_loadblance.py
Enter Host 1
1

Enter Host 2
5

Enter Host 3 (H2's Neighbour)
6
```

图 6-52　负载路径规划具体信息

步骤⑥　查看输出的 Switch Port:Port Maping 信息。在 Mininet 中使用的是同一个 Open vSwitch，所以所有交换机的 port id 都不重复。图 6-53 所示为端口连接信息。

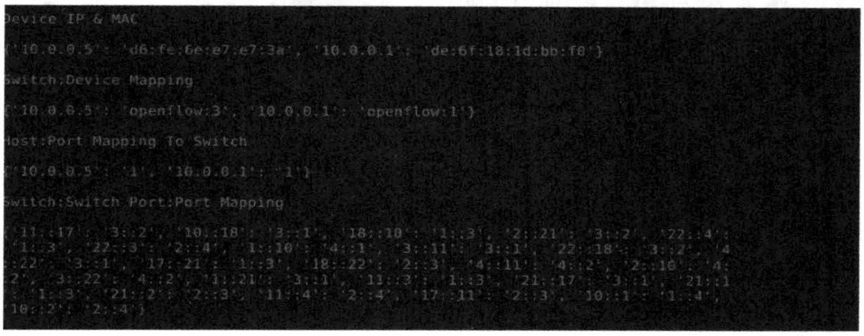

```
Device IP & MAC
{'10.0.0.5': 'd6:fe:6e:e7:e7:3a', '10.0.0.1': 'de:6f:18:1d:bb:f8'}

Switch:Device Mapping
{'10.0.0.5': 'openflow:3', '10.0.0.1': 'openflow:1'}

Host:Port Mapping To Switch
{'10.0.0.5': '1', '10.0.0.1': '1'}

Switch:Switch Port:Port Mapping
```

图 6-53　端口连接信息

步骤⑦　输出 h1 和 h5 之间的所有链路，如图 6-54 所示。

步骤⑧　输出 h1 和 h5 之间的所有链路及其权值，可以得出当前的最优路径为 Switch3—Switch22—Switch18—Switch10—Switch1，如图 6-55 所示。

图 6-54　h1 和 h5 之间的所有链路

图 6-55　h1 和 h5 之间的所有链路及其权值

步骤⑨　登录 Mininet 主机，执行 xterm s11 命令，使用 xterm 登录 Switch11，如图 6-56 所示。

图 6-56　使用 xterm 登录 Switch11

步骤⑩　执行 ovs-ofctl dump-flows s11 命令，查看流表，如图 6-57 所示。

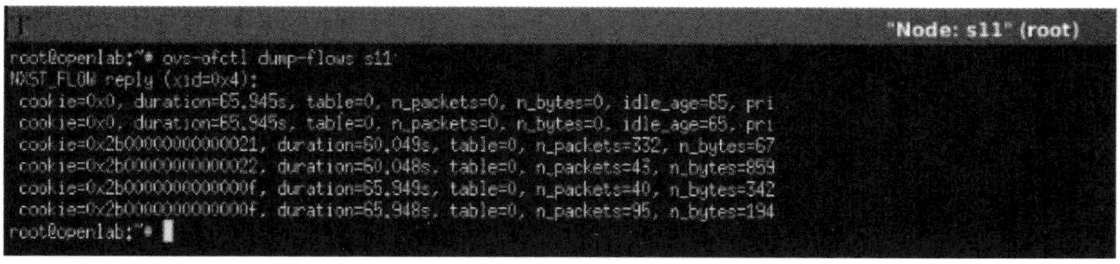

图 6-57　查看流表

步骤⑪　在 Mininet 界面中执行 h1 ping h5 命令，不要中断 ping 操作，等待一段时间。输出结果如图 6-58 所示。

步骤⑫　切换到控制器界面，发现路径已经重新计算，但还是原来的两条链路，但是根据负载情况，当前的链路的权值已经发生了变化，原来最优链路的权值由 7 变为 14，略有上升，另外一条链路的权值由 58 变为 22，下降较为明显，但最优链路没有发生改变，如图 6-59 所示。

图 6-58　在 Mininet 界面中执行 h1 ping h5 命令的　　　　图 6-59　最优链路的计算
　　　　　　输出结果

 说明　　具体实验时计算出的最优链路应结合实际情况确定，与本实验中给出的结果不一定完全相同。有可能会出现最优链路发生改变的情况。

6.5　本章小结

本章基于 SDN 应用的用途对 SDN 应用开发进行了简单的分类，分别为基于 SDN 的流量调度、流量可视化应用开发，基于 SDN 的网络安全应用开发和基于 SDN 的上层应用开发。其中，在基于 SDN 的流量调度、流量可视化应用开发方面，重点介绍了负载均衡；在基于 SDN 的网络安全应用开发方面，重点解说了防 DDoS 攻击，其原理就是在控制器上执行相应的防 DDoS 攻击程序，在交换机中安装 sFlow 代理；在基于 SDN 的上层应用开发方面，重点介绍了服务器灾备。读者可根据自己的兴趣进行相关实验。因为实验的操作步骤不是固定的，所以读者可以加入自己的想法进行实验，从而得到不同的实验结果。

6.6　本章练习

1. 请简要谈谈使用 SDN 的仿真工具进行实验的优缺点。
2. 请尝试对实验内容进行修改并增添自己的想法，并定制一个自己的实验。

第7章
SDN综合应用开发

07

现在我们知道了各式各样的与 SDN 相关的知识和软件，并且已经了解过一些 SDN 应用开发实践。接下来将专注于一个类防火墙的 SDN 应用开发实践，在开发过程中应用并巩固所学到的知识。

知识要点

1. 熟悉北向API的使用方法。
2. 熟悉SDN流表的自行设计方法。
3. 熟悉SDN应用的开发流程。

7.1 应用开发背景

当今世界，信息技术革命日新月异，对政治、经济、文化、社会、军事等领域的发展产生了深刻影响。信息化和经济全球化相互促进，互联网已经融入社会生活的方方面面，深刻改变了人们的生产和生活方式。我国正处在这个大潮之中，受到的影响也越来越深。网络安全"牵一发而动全身"，已成为信息时代国家安全的战略基石。

在传统的网络环境中，防火墙为企业内部网络提供了坚实的安全屏障，是企业网络安全的重要基石。SDN 作为新的网络架构理念，其基本特性包括转控分离、控制平面可编程和集中控制。借助 SDN 中心化的控制机制，企业用户可以从全局网络设备采集流量信息，建立起基于流量的实时和历史信息库，精准识别、阻断异常流量，实现基于流的类防火墙功能。此外，借助 SDN 开放的北向 API，用户可以按需定制北向应用，通过快速有效地将安全策略下发到安全设备，实现安全措施的快速部署以及安全事件的及时响应。SDN 新架构的引入为网络安全领域的创新提供了巨大的想象空间。

基于以上背景，本章将会开发一个类似防火墙的 SDN 服务，通过 SDN 开放的北向 API，开发定制的 SDN 应用开发。

本章介绍的应用要实现客户端与服务器的按需隔离（类似防火墙应用），需要至少两台主机、一台服务器、一台交换机和一台控制器，具体拓扑信息如图 7-1 所示。

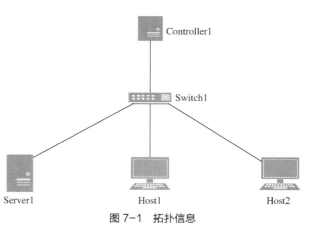

图 7-1　拓扑信息

7.2 北向 API 列表配置

控制器的北向 API 由控制器提供，可通过调用所述接口对控制器连接的交换机进行管理，管理操作包括流表的增、删、改、查，拓扑获取，交换机配置的更改等。与本次开发的相关北向 API 介绍如表 7-1～表 7-5 所示。

表 7-1　下发配置流表

项目	详细信息
URL	/restconf/config/opendaylight-inventory:nodes/node/{switch-id}/flow-node-inventory:table/{table-id}/flow/{flow-id}
Parameters（参数）	switch-id：交换机的 OpenFlow ID。 table-id：流表的 ID。 flow-id：流表的名称，须与 post data 中的 ID 保持一致
Method（方式）	PUT

Post Data（下发数据）	<pre>{
	    "flow": [
	        {
	            "id": "flow1", //流表的名称
	            "priority": 100, //优先级
	            "table": 0, //流表的 ID
	            "match": {
	                "in-port": "openflow:1:1", //匹配：入接口
	                "ethernet-match": {
	                    "ethernet-type": {
	                        "type": "2048" //匹配：以太网类型
	                    }
	                },
	                "ipv4-source": "30.0.1.3/32", //匹配：源 IP 地址
	                "ipv4-destination": "30.0.1.4/32" //匹配：目的 IP 地址
	            },
	            "instructions": {
	                "instruction": [
	                    {
	                        "order": "0",
	                        "apply-actions": {
	                            "action": [
	                                {
	                                    "order": "0",
	                                    "output-action": {
	                                        "output-node-connector": "openflow:1:2"
	//动作：转发至出接口
	                                    }
	                                }
	                            ]
	                        }
	                    }
	                ]
	            }
	        }
	    ]
	}</pre>

Response	{}

表 7-2　删除配置流表

Title	删除配置流表
URL	/restconf/config/opendaylight-inventory:nodes/node/{switch-id}/flow-node-inventory:table/{table-id}/flow/{flow-id}
Parameters	switch-id: 交换机的 OpenFlow ID。 table-id: 流表的 ID。 flow-id: 流表的名称
Method	DELETE
Response	Null

表 7-3　获取配置流表

Title	获取配置流表
URL	/restconf/config/opendaylight-inventory:nodes/node/{switch-id}/flow-node-inventory:table/{table-id}
Parameters	switch-id: 交换机的 OpenFlow ID。 table-id: 流表的 ID, 默认为 0
Method	GET
Response	略

表 7-4　获取实时流表

Title	获取实时流表
URL	/restconf/operational/opendaylight-inventory:nodes/node/{switch-id}/flow-node-inventory:table/{table-id}
Parameters	switch-id: 交换机的 OpenFlow ID。 table-id: 流表的 ID, 默认为 0
Method	GET
Response	略

表 7-5　获取实时拓扑

Title	获取实时拓扑
URL	/restconf/operational/network-topology:network-topology
Method	GET

Response	{
	　　"network-topology": {
	　　　　"topology": [{
	　　　　　　"topology-id": "ovsdb:1",　//OVSDB 协议获取的拓扑
	　　　　　　"node":[{
	　　　　　　　　"node-id": "ovs1",　　//交换机的 ID
	　　　　　　　　"ovsdb:connection-info": {
	　　　　　　　　　　"remote-ip":""　　//OVSDB 连接信息
	　　　　　　　　}
	　　　　　　　　},

Title	获取实时拓扑
Response	见下方代码

```
            },
            {
                "node-id": "ovs1/bridge/br-sw",        //交换机桥 ID
                "termination-point": [{
                    "tp-id": "eth1",             //接口 ID
                    "ovsdb:ofport": 1,           //接口的 OpenFlow 索引
                    "ovsdb:name": "eth1"  //接口名称
                }]

            }]
        },
        {
            "topology-id": "flow:1",        //OpenFlow 协议获取的拓扑
            "node": [{
                "node-id": "openflow:42115318632776",        //交换机 ID
                "termination-point": [{
                    "tp-id": "openflow:42115318632776:1"        //接口 ID
                },
                {
                    "tp-id": "openflow:42115318632776:2"
                }]
            },
            {
                "node-id": "host:fa:16:3e:29:3f:4c",        //主机 ID
                "termination-point": [{
                    "tp-id": "host:fa:16:3e:29:3f:4c"
                }]
            }],
            "link": [{
                "link-id": "openflow:42115318632776:3/host:fa:16:3e:40:24:9b", //连接信息 ID
                "source": {        //连接信息：源信息
                    "source-node": "openflow:42115318632776",
                    "source-tp": "openflow:42115318632776:3"

                },
                "destination": {        //连接信息：目的信息
                    "dest-node": "host:fa:16:3e:40:24:9b",
                    "dest-tp": "host:fa:16:3e:40:24:9b",
                }
            }]
        }]
    }
}
```

7.3 网络环境搭建

网络环境的搭建是网络实验必不可少的一个步骤，网络环境搭建的成功是网络实验取得良好成果的基础。本次开发的网络环境中的网络拓扑元件的配置如表 7-6 所示。

表 7-6 网络拓扑元件的配置

设备名称	作用	硬件环境
主机 1	客户端主机，提供 Web 服务，访问 URL 为 http://<Host1_ip>/vcdn-portal	CPU：2 核 内存：4 GB 磁盘：20 GB
主机 2	客户端主机	CPU：1 核 内存：2 GB 磁盘：20 GB
服务器 1	存放视频文件，提供流媒体服务。访问 URL 为 http://<Server1_ip>:8080/vcdnshow/video .html	CPU：4 核 内存：4 GB 磁盘：20 GB
交换机 1	负责数据包转发	CPU：1 核 内存：2 GB 磁盘：20 GB
控制器 1	对数据平面进行集中管控并部署 SDN 应用	CPU：2 核 内存：4 GB 磁盘：20 GB

7.3.1 拓扑搭建

根据拓扑要求，在 Mininet 可视化应用中拖动相关网元，网络拓扑如图 7-2 所示。

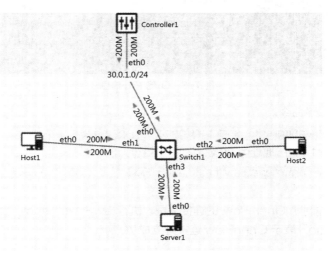

图 7-2 网络拓扑

说明　　本实验中 Controller1 的 IP 地址为 30.0.1.3，Host1 的 IP 地址为 30.0.2.5，Host2 的 IP 地址为 30.0.2.7，Server1 的 IP 地址为 30.0.2.14。

7.3.2　网络的 SDN 功能验证

搭建好网络拓扑后，需要通过以下 3 个操作来验证网络的 3 个 SDN 功能。

功能 1：使用 CLI 命令行实现交换机和 SDN 控制器的 OpenFlow 连接。

功能 2：使用 Postman 下发流表，使 Host1 与 Host2 不能 ping 通。

功能 3：使用 Postman 删除相应的流表，使 Host1 与 Host2 相互 ping 通。

以上 3 个功能的验证步骤如下。

1.　验证功能 1：使用 CLI 命令行实现交换机和 SDN 控制器的 OpenFlow 连接

（1）实验操作

步骤①　执行 ovs-vsctl show 命令，显示 OVS 拓扑信息，如图 7-3 所示。

```
root@openlab:~# ovs-vsctl show
da694c53-32ad-4e8d-a9b6-cb96bd867c6c
    Manager "ptcp:6640"
    Bridge br-sw
        Port "eth1"
            Interface "eth1"
        Port "eth3"
            Interface "eth3"
        Port "eth5"
            Interface "eth5"
                error: "could not open network device eth5 (No such device)"
        Port "eth2"
            Interface "eth2"
        Port "eth4"
            Interface "eth4"
        Port "eth7"
            Interface "eth7"
                error: "could not open network device eth7 (No such device)"
        Port br-sw
            Interface br-sw
                type: internal
        Port "eth8"
            Interface "eth8"
                error: "could not open network device eth8 (No such device)"
        Port "eth6"
            Interface "eth6"
                error: "could not open network device eth6 (No such device)"
```

图 7-3　OVS 拓扑信息

步骤②　执行以下命令。

ovs-vsctl　-set-controller br-sw tcp:<Controller1_ip>:6633

如果 Controller1 的 IP 地址为 30.0.1.3，则执行以下命令。

ovs-vsctl　-set-controller br-sw tcp:30.0.1.3:6633

（2）操作验证

查看 OVS 与控制器 OpenFlow 的连接情况。执行 ovs-vsctl show 命令，如图 7-4 所示，"is_connected:true"表示 OpenFlow 连接建立成功。

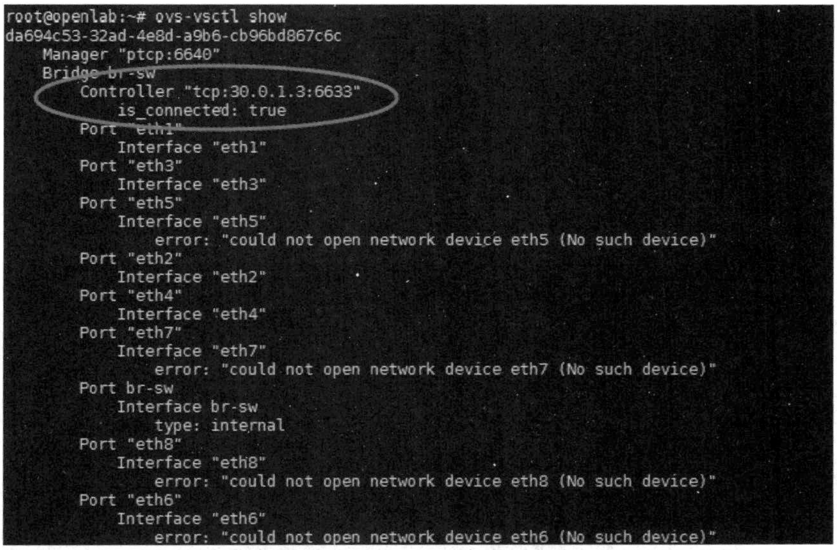

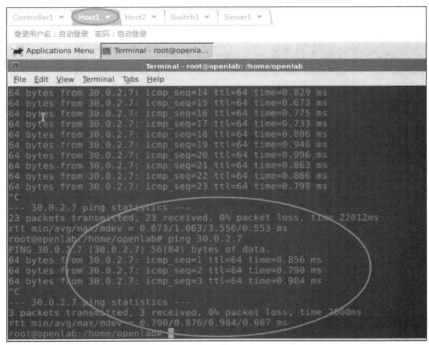

图 7-4　验证 OpenFlow 是否连接成功

2. 验证功能 2：使用 Postman 下发流表，使 Host1 与 Host2 不能 ping 通

（1）实验操作

步骤① 查看 Host1 与 Host2 的连通情况，如图 7-5 所示。默认情况下，Host1 能够 ping 通 Host2。

图 7-5　查看 Host1 和 Host2 的连通情况

步骤② 登录 Controller1，打开 Postman 工具，如图 7-6 所示。

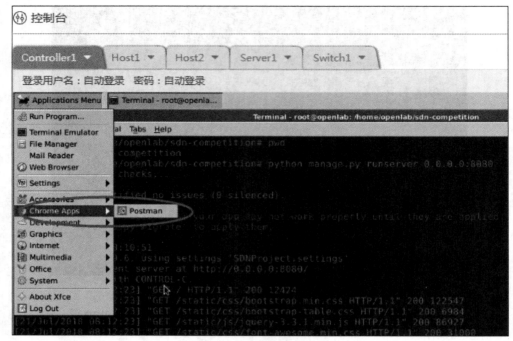

图 7-6　打开 Postman 工具

步骤③　使用"获取实时拓扑"REST API，查看 Switch1 的 node-id 信息，如图 7-7 所示。

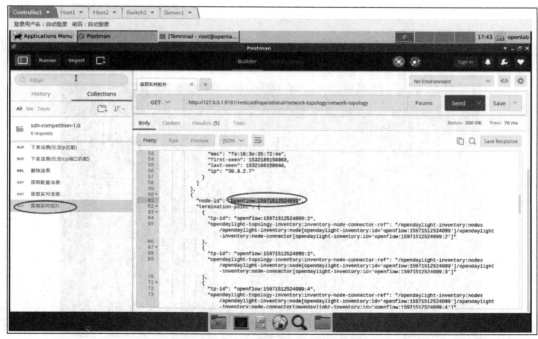

图 7-7　查看 Switch1 的 node-id 信息

步骤④　使用"下发流表(包含 IP 匹配)"REST API 下发流表，使用步骤③ 中查看的 node-id
替换 URL 中的 node-id，如图 7-8 所示。

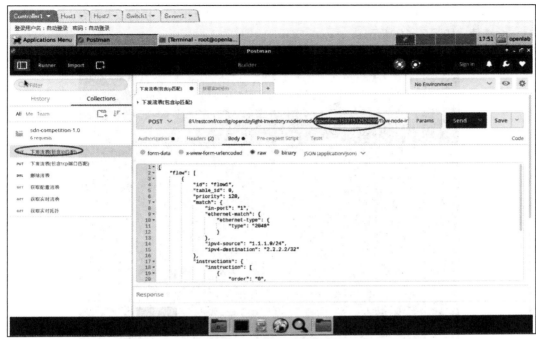

图 7-8　下发流表

步骤⑤　获取 Body 字段值，并填写 Body 字段值，如图 7-9 所示。

- "ipv4-source"的取值为 Host1 的 IP 地址，即 30.0.2.5/32。
- "ipv4-destination"的取值为 Host2 的 IP 地址，即 30.0.2.7/32。

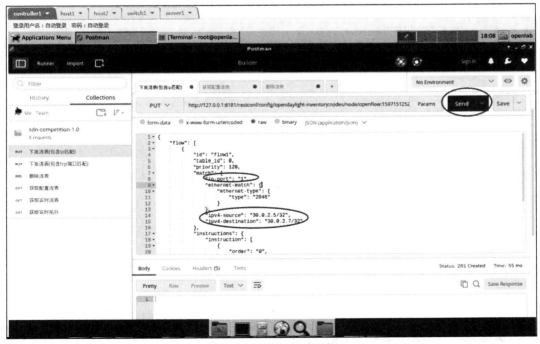

图 7-9　填写 Body 字段值

- "in_port"的取值来自 Switch1 与 Host1 的接口（如 eth1），执行以下命令，可获取 eth1 的 in-port 值，如图 7-10 所示。

```
ovs-ofctl show br-sw -O OPENFLOW13
```

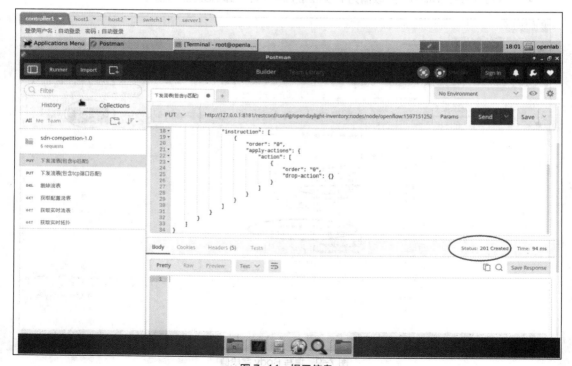

```
root@openlab:~# ovs-ofctl show br-sw -O OPENFLOW13
OFPT_FEATURES_REPLY (OF1.3) (xid=0x2): dpid:00000e86a8549d43
n_tables:254, n_buffers:256
capabilities: FLOW_STATS TABLE_STATS PORT_STATS GROUP_STATS QUEUE_STATS
OFPST_PORT_DESC reply (OF1.3) (xid=0x3):
 1(eth1): addr:fa:16:3e:39:3a:fc
     config:     0
     state:      0
     speed: 0 Mbps now, 0 Mbps max
 2(eth2): addr:fa:16:3e:14:ef:67
     config:     0
     state:      0
     speed: 0 Mbps now, 0 Mbps max
 3(eth3): addr:fa:16:3e:42:5e:ff
     config:     0
     state:      0
     speed: 0 Mbps now, 0 Mbps max
 4(eth4): addr:fa:16:3e:65:79:f9
     config:     0
     state:      0
     speed: 0 Mbps now, 0 Mbps max
 LOCAL(br-sw): addr:0e:86:a8:54:9d:43
     config:     PORT_DOWN
     state:      LINK_DOWN
     speed: 0 Mbps now, 0 Mbps max
OFPT_GET_CONFIG_REPLY (OF1.3) (xid=0x5): frags=normal miss_send_len=0
```

图 7-10　获取 eth1 的 in-port 值

步骤⑥　单击"Send"按钮发送请求，若出现图 7-11 所示圆圈内的提示信息，则表示流表下发成功。

图 7-11　提示信息

（2）操作验证

步骤① 执行以下命令，查看流表是否下发成功，如图 7-12 所示，可发现流表成功下发到 Switch1。

ovs-ofctl dump-flows br-sw -O OPENFLOW13

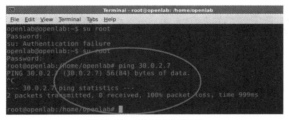

图 7-12 查看流表是否下发成功

步骤② 验证互通情况。在 Host1 上执行 ping 30.0.2.7 命令，如图 7-13 所示，结果显示不通。

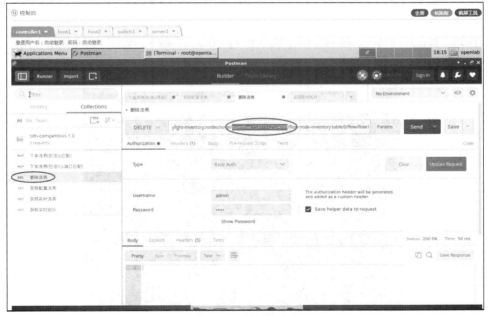

图 7-13 验证互通情况

3. 验证功能 3：使用 Postman 删除相应的流表，使 Host 1 与 Host 2 相互 ping 通

（1）实验操作

使用"删除流表"REST API，进行流表删除操作，使用实际的信息替换 URL 中的 node-id、flow-id 等信息，提交请求，若页面中显示 200，则表示流表删除成功，如图 7-14、图 7-15 所示。

图 7-14 删除流表 1

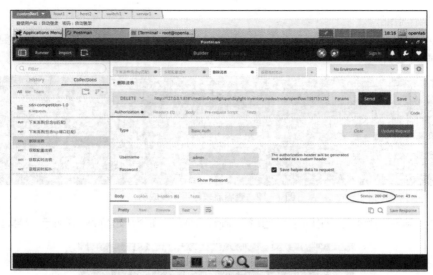

图 7-15　删除流表 2

（2）操作验证

步骤① 查看流表删除情况，执行以下命令，如图 7-16 所示。

```
ovs-ofctl  --dump-flows br-sw -O OPENFLOW13
```

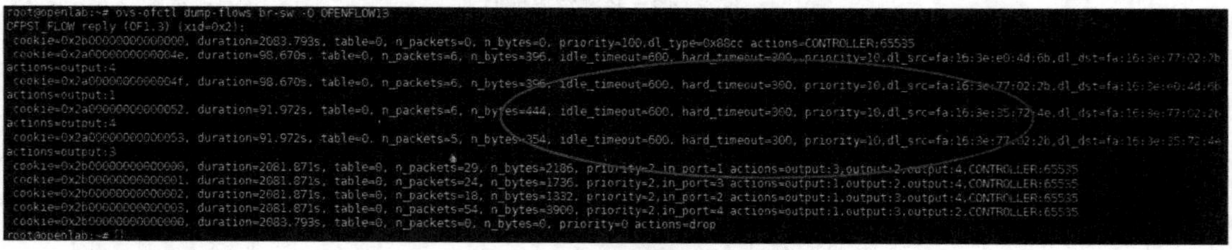

图 7-16　查看流表删除情况

步骤② 验证互通情况。在 Host1 上执行 ping 30.0.2.7 命令。如图 7-17 所示，执行结果显示 Host1 和 Host2 互通。

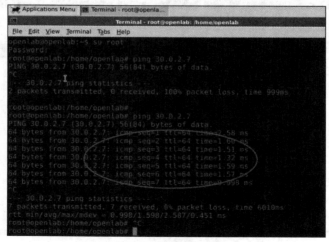

图 7-17　验证互通情况

7.4 防火墙应用开发

通过 7.3 节的验证可知下发流表可以实现网络主机和服务器之间的访问控制，所以我们的思路就是通过开发 SDN 应用来自动下发流表，实现网络组件之间的访问控制，以此来实现服务器的防火墙功能。要实现这样的功能，首先要做的是搭建服务器 Server1 的流媒体服务以及主机 Host1 的 Web 网站服务，然后 SDN 控制器开发 SDN 防火墙应用，通过自动下发流表来控制主机对服务器的访问权限。

7.4.1 搭建流媒体服务

在 Server1 服务器中，首先将服务器本地的流媒体视频保存于固定的视频文件夹中，在本小节的示例中，指存在/home/openlab/目录中给定的视频文件夹"dashvod"中，然后将该视频文件夹部署到 Nginx 指定的服务目录/usr/local/nginx/html/下，最后启动 Tomcat、Nginx 服务，实现对外的视频流服务。

注：Nginx 是一款自由的、开源的、高性能的 HTTP 服务器和反向代理服务器应用，同时是一个 IMAP、POP3、SMTP 代理服务器；Nginx 可以作为一个 HTTP 服务器进行网站的发布处理，也可以作为反向代理进行负载均衡的实现。Nginx 需要读者自行安装。具体操作如下。

（1）登录 Server1，将文件夹 dashvod 复制到 Nginx 服务目录下，可以参考以下代码。

```
root@openlab:~#cd /home/openlab/
root@openlab:/home/openlab#cp -r dashvod/ /usr/local/nginx/html/
```

（2）启动 Tomcat。可以参考以下代码。

```
root@openlab:~#cd /home/openlab/apache-tomcat-8.0.15/bin/
root@openlab:/home/openlab/apache-tomcat-8.0.15/bin#./startup.sh
root@openlab:/home/openlab#cp -r dashvod/ /usr/local/nginx/html/
```

（3）启动 Nginx，实现对外的流媒体服务。可以参考以下代码，如图 7-18 所示。

```
root@openlab:~#cd /usr/local/nginx/
root@openlab:/usr/local/nginx#./sbin/nginx
```

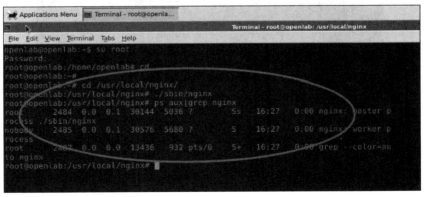

图 7-18 启动 Nginx

（4）登录 Host1，访问流媒体服务。访问 URL 为 http://30.0.2.14:8080/vcdnshow/video.html。

7.4.2 搭建 Web 服务

在 Host1 中，使用本地的自定义的 Web 程序来搭建 Web 网站，本书使用的是 Host1 本地 /home/openlab/目录中给定的 Web 程序 vcdn-portal，启动 Tomcat 服务器，实现对外的 Web 服务。（读者可以自行设置和编写 Web 程序；Tomcat 提供 Web 网站服务，其安装目录为 /home/openlab/apache-tomcat-8.0.15/。）具体操作如下，本教程仅供参考。

（1）登录 Host1，将 Web 程序 vcdn-portal 复制到 tomcat webapp 目录中。可以参考以下代码。

```
root@openlab:~#cd /home/openlab/
root@openlab:/home/openlab#cp -r vcdn-portal/ /home/openlab/apache-tomcat-8.0.15/webapps/
```

（2）启动 Tomcat，提供 Web 访问，执行以下命令，如图 7-19 所示。

```
root@openlab:~#cd /home/openlab/apache-tomcat-8.0.15/bin/
root@openlab:/home/openlab/apache-tomcat-8.0.15/bin#./startup.sh
```

图 7-19 启动 Tomcat

（3）登录 Server1，验证 Web 服务器搭建情况。通过 URL 访问 Web 服务，URL 为 http://30.0.2.5/vcdn-portal。

7.4.3 开发 SDN 防火墙应用

1. 功能描述

① 允许 Host1 访问 Server1 中的视频服务。

② 禁止 Host2 访问 Server1 中的视频服务，但是允许 Host2 访问 Server1 中的 SSH 服务。

③ 禁止 Server1 访问 Host1 中的 Web 服务，但是允许 Server1 访问 Host1 中的 SSH 服务。

2. 设计思路

（1）拓扑结构假设

Host1（IP 地址为 30.0.2.5）连接至 Switch1 的 1 口，提供 Web 服务（TCP 端口为 80）。

Host2（IP 地址为 30.0.2.7）连接至 Switch1 的 2 口。

Server1（IP 地址为 30.0.2.14）连接至 Switch1 的 3 口，提供视频服务（TCP 端口为 8080）。

（2）流表设计

拓扑连接 Switch1 后，Host1、Host2、Server1 默认互通，若满足以上需求，则需要下发流表拦截相关通信流量，设计流表如下。

- Flow1：拦截 Host2 访问 Server1 中的视频服务流量。

```
priority=110,   ethernet-type=2048,ipv4-source=30.0.2.7/32,   ipv4_destination=30.0.2.14/32,
ip_protocol=6, tcp_port_destination=8080, action=drop
```

- Flow2：拦截 Server1 访问 Host1 中的 Web 服务流量。

```
priority=110,   ethernet-type=2048,  ipv4-source=30.0.2.14/32,   ipv4_destination=30.0.2.5/32,
ip_protocol=6, tcp_port_destination=80, action=drop
```

说明　　以上流表为伪表达式，其中，ethernet-type=2048 用于指定匹配 IP 报文，ip_protocol=6 用于指定匹配 TCP 报文，tcp_port_destination 用于指定匹配目的 TCP 端口号，具体调用控制器下发流表规则可参考北向接口文档。

3. 应用开发

查阅 SDN 控制器北向 API 开发手册，在 SDN 控制器所在机器上开发 Web 应用。

（1）代码修改

基于 SDN 控制器的原型系统，新增以下代码模块来实现需求。

① 模块 1：前台页面的端口匹配信息的获取模块。

② 模块 2：给后台传输端口匹配项的传入模块。

③ 模块 3：表单验证模块。

④ 模块 4：将端口匹配项加入流表的组装模块，下发流表实现防火墙功能。

接下来展示各模块的参考代码（参考代码仅实现了核心功能，读者可自行按照每个模块的功能设计代码）。

① 模块 1：前台页面端口信息获取。

- js 处理函数如图 7-20 所示。

- 前台页面的 HTML 代码如图 7-21 所示。

② 模块 2：在传入后台数据中加入端口匹配信息，如图 7-22 所示。

③ 模块 3：表单验证，如图 7-23 所示。

④ 模块 4：后台处理传入数据，组装流表时需加入端口匹配信息，如图 7-24 所示。

```
279                    $("input[name='btnSelectAll']").attr("checked", "true");
280            } else {
281                    $("input[name='btnSelectAll']").removeAttr("checked");
282            }
283        });
284
285        $("#select_action").change(function () {
286            if ($(this).val() == "OUTPUT") {
287                    $(".output").removeClass("hide");
288            } else {
289                    $(".output").addClass("hide");
290            }
291        });
292
293        $("#select_layer4").change(function () {
294            var select_value = $(this).val();
295            if (select_value == "TCP" || select_value == "UDP") {
296                    $(".arrow").removeClass("hide");
297                    $(".port").removeClass("hide");
298                    $(".des_port").removeClass("hide");
299
300            } else {
301                    $(".arrow").addClass("hide");
302                    $(".port").addClass("hide");
303                    $(".des_port").addClass("hide");
304            }
305        });
306
```

图 7-20　js 处理函数

```
<input type="text" class="form-control" name="inputValue" key="ipv4_destination" placeholder="例如：30.1.0.1/32"/>
        </div>
    </div>
    <div class="form-group match_list">
        <div class="col-xs-6 ipv">
            <label class="col-xs-4 control-label">layer-4-match</label>
            <div class="col-xs-7">
                <select class="form-control" id="select_layer4">
                    <option value="">请选择</option>
                    <option value="TCP">TCP</option>
                    <option value="UDP">UDP</option>
                </select>
            </div>
            <div class="col-xs-1 arrow hide"><i class="fa fa-long-arrow-right fa-2x"
                                    style="color: #33cccc"></i></div>
        </div>
        <div class="col-xs-3 port hide">
            <label class="col-xs-5 control-label" style="">源端口</label>
            <div class="col-xs-7">
                <input type="text" class="form-control" key="port_source" name="inputValue" placeholder="uint32"/>
            </div>
        </div>
        <div class="col-xs-3 des_port hide">
            <label class="col-xs-7 control-label" style="">目的端口</label>
            <div class="col-xs-5">
                <input type="text" class="form-control" key="port_destination" name="inputValue" placeholder="uint32"/>
            </div>
        </div>
    </div>
</div>
```

图 7-21　前台页面的 HTML 代码

```
▼  📄 SimpleForwarder/static/js/index.js

 ...    ...   @@ ~274,12 +274,13 @@ function clearFlowModal() {
 274    274    $("#jsAddFlowBtn").on('click', function() {
 275    275        var formData = new FormData();
 276    276        var fields = $("#createFlow input[name='inputValue']")
        277    +     //填充流表内容
 277    278        jQuery.each(fields, function(i, field) {
 278    279            formData.append($(field).attr('key'), $(field).val());
 279    280        });
 280    281        formData.append('action', $("#select_action").val());
 281    282        formData.append('switch', $("#select_switch").val());
 282    -     console.log(formData);
        283    +     formData.append('layer4_match', $("#select_layer4").val());
 283    284        commit_flow(formData);
 284    285    });
 285    286
```

图 7-22　加入端口匹配信息

```
SimpleForwarder/forms.py
@@ -11,6 +11,8 @@ class AddFlowForm(forms.Form):
      ethernet_type = forms.IntegerField(max_value=65535, required=False)
      ipv4_source = forms.CharField(max_length=18, required=False)
      ipv4_destination = forms.CharField(max_length=18, required=False)
+     port_source = forms.IntegerField(max_value=65535, required=False)
+     port_destination = forms.IntegerField(max_value=65535, required=False)
      action = forms.CharField(max_length=128)
      output = forms.CharField(max_length=32, required=False)
      priority = forms.IntegerField(max_value=65535, required=False)
```

图 7-23　表单验证

```
SimpleForwarder/views.py
@@ -349,6 +349,28 @@ def _build_flow_match(request):
      if ipv4_destination:
          match_set['ipv4-destination'] = ipv4_destination

+     # 四层(TCP/UDP端口号)匹配
+     layer4_match = request.get('layer4_match', "")
+     port_source = request.get('port_source', "")
+     port_destination = request.get('port_destination', "")
+     if layer4_match:
+         if "TCP" == layer4_match:
+             match_set['ip-match'] = {
+                 "ip-protocol": 6
+             }
+             if port_source:
+                 match_set['tcp-source-port'] = port_source
+             if port_destination:
+                 match_set['tcp-destination-port'] = port_destination
+         if "UDP" == layer4_match:
+             match_set['ip-match'] = {
+                 "ip-protocol": 17
+             }
+             if port_source:
+                 match_set['udp-source-port'] = port_source
+             if port_destination:
+                 match_set['udp-destination-port'] = port_destination
+
      return match_set


@@ -389,7 +411,10 @@ def _record_flow(request):
          'in_port': request.get("in_port", ""),
          'ethernet_type': request.get("ethernet_type", ""),
          "ipv4_source": request.get('ipv4_source', ""),
-         "ipv4_destination": request.get('ipv4_destination', "")
+         "ipv4_destination": request.get('ipv4_destination', ""),
+         "layer4_match": request.get('layer4_match', ""),
+         "port_source": request.get('port_source', ""),
+         "port_destination": request.get('port_destination', "")
      }
      if "OUTPUT" == request.get("action", ""):
```

图 7-24　组装流表

（2）操作验证

登录 Switch1，执行以下命令，查看流表下发情况，如图 7-25 所示，验证流表是否已经下发。

```
ovs-ofctl dump-flows br-sw -O OPENFLOW13
```

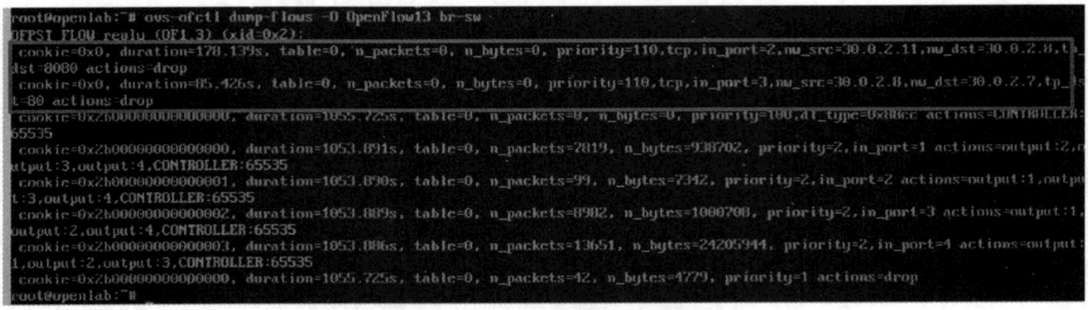

图 7-25　查看流表下发情况

验证防火墙功能，即验证下发的流表是否已经发挥作用，如图 7-26 所示。登录 Host1，验证 Host1 能够访问 Server1 中的视频服务。登录 Host2，验证 Host2 不能访问 Server1 中的视频服务，但能访问 Server1 中的 SSH 服务。登录 Server1，验证 Server1 不能访问 Host1 中的 Web 服务，但能访问 Host1 中的 SSH 服务。

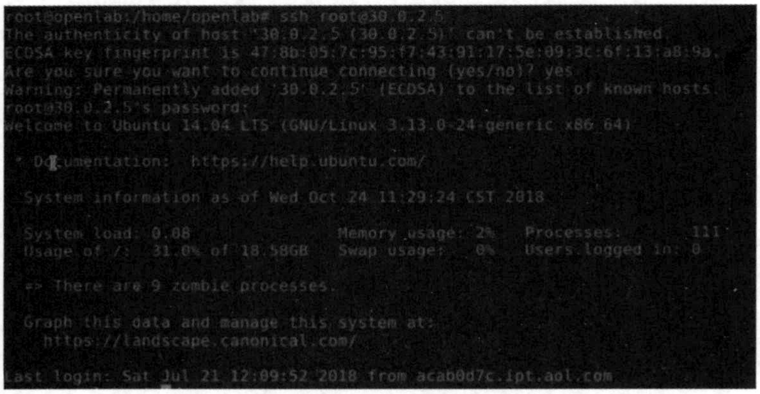

图 7-26　验证防火墙功能

通过查看 Host1、Host2 和 Server1 的互通情况，验证了下发的流表发挥了作用，最终证明开发的应用能够自动下发流表，起到了类似防火墙的功能。

7.5　本章小结

本章学习了如何使用 SDN 技术开发一些有实际用途的应用，同时知道了在 SDN 应用开发的过程中，北向 API 起到了重要作用。凭借 SDN 技术特有的优势，结合现在已有的网络功能，SDN 应用开发具有广阔的前景。

7.6　本章练习

1. 请简要谈谈 SDN 北向 API 的作用。
2. 请回答 SDN 防火墙的特点。
3. 请结合实际生活中的例子，谈一谈 SDN 的网络安全需求和挑战。